U0305832

编　委　会

主　　编　宋泽民　李章海　武　丽

副 主 编　李余湘　罗红香　陈永安

编写人员(按姓氏笔画为序)

龙庆祥(贵州省烟草公司黔南州公司)

刘会忠(贵州省烟草公司黔南州公司)

李余湘(贵州省烟草公司黔南州公司)

李章海(中国科学技术大学)

宋泽民(贵州省烟草公司黔南州公司)

张西仲(贵州省烟草公司黔南州公司)

陈永安(贵州省烟草公司黔南州公司)

武　丽(安徽农业大学)

罗红香(贵州省烟草公司黔南州公司)

罗倩茜(贵州省烟草公司黔南州公司)

赵羡波(福建中烟工业有限责任公司)

徐明勇(贵州省烟草公司黔南州公司)

韩忠明(贵州省烟草公司黔南州公司)

熊茂荣(贵州省烟草公司黔南州公司)

钼素营养
及其在烤烟上的应用

宋泽民　李章海　武　丽⊙主编

中国科学技术大学出版社

内容简介

本书是在科研项目研究成果的基础上，吸收国内外钼素营养的先进研究成果编写而成的。全书包括钼素营养概论、烤烟钼素营养作用、烤烟钼肥施用技术和烤烟施钼实践四部分。本书阐述了钼素营养的生物学功能，土壤中钼素的来源、形态和转化，影响土壤钼素有效性的因素及作物对钼素的吸收利用等。详细阐述了钼素营养对烤烟生长发育和品质形成的作用，烤烟产量和质量性状土壤有效钼缺乏临界值和烤烟施钼技术。对我国农业生产，尤其是烤烟生产科学使用钼肥具有重要的指导作用。

本书可供农业或相关专业研究者和从业者阅读。

图书在版编目(CIP)数据

钼素营养及其在烤烟上的应用/宋泽民，李章海，武丽主编. —合肥：中国科学技术大学出版社，2016.4

ISBN 978-7-312-03912-6

Ⅰ. 钼…　Ⅱ. ①宋…②李…③武…　Ⅲ. 钼—应用—烟草—施肥—研究　Ⅳ. S572.06

中国版本图书馆 CIP 数据核字(2016)第 023087 号

出版　中国科学技术大学出版社
安徽省合肥市金寨路 96 号，230026
网址：http://press.ustc.edu.cn

印刷　安徽省瑞隆印务有限公司

发行　中国科学技术大学出版社

经销　全国新华书店

开本　880 mm×1230 mm　1/32

印张　7.375

插页　4

字数　226 千

版次　2016 年 4 月第 1 版

印次　2016 年 4 月第 1 次印刷

定价　32.00 元

前　　言

钼元素具有多种生物功能，植物、动物和微生物以及人类生物体中有30多种酶的活性需要钼的参与。钼是生物生长发育的必需元素，具有高度特殊的生理、生化功能。因此它得到了当前生命科学研究者的关注。

一般来说，人类和动物主要从食物中获取钼营养，而植物主要从土壤和肥料中吸收钼营养。据相关资料报道，我国土壤的钼含量是0.1～6.0 mg/kg，平均含量是1.7 mg/kg，低于世界土壤的平均钼含量2.0 mg/kg。我国很多土壤属于低钼或缺钼土壤，土壤有效钼缺乏区域分布很广，包括广东、广西、江西、四川、湖北、安徽、浙江、江苏、河南、山西、陕西、宁夏、黑龙江、辽宁、甘肃、内蒙古、西藏等省(自治区)都是缺钼土壤的主要分布区。耕地和非耕地土壤的缺钼和严重缺钼的面积比例变幅为39.5%～96.2%，绝大多数在85%以上，严重缺钼的面积比例绝大多数在50%以上，基本不缺钼的面积比例绝大多数在10%以下。缺钼已经成为限制我国农业生产的重要因素之一。

我国的烟草消费约占世界总消费量的三分之一，常年烟草种植面积100万公顷左右，烟叶产量200万吨左右，2013年烟草行业税利超过9500亿元，是我国国民经济发展的重要支柱。黔南是我国贵州省的重要烟区之一，常年烤烟种植面积1.5万～2万公顷，产量2.5万～3.0万吨。黔南植烟土壤80%以上有效钼含量低于烤烟土壤有效钼缺乏临界值(0.20 mg/kg)。2008～2012年，黔南州烟草公司和中国科学技术大学合作开展了“烤烟钼素营养作用机理及应用研究”项目。该研究认为，钼元素也是烟草生长发育的必需元素，能增强烟草体内硝酸还原酶活性，促进烤烟硝态氮的吸收和转化，有利于烤烟的早发健长；能抑制烟叶烘烤过程中多酚氧化酶活性，从而降低酶促棕色化反应的发生，减少杂色烟和挂灰烟比例。缺钼土壤施钼能增加烟叶产量，改善烟叶油分，提高烟叶内在质量。该项目还系统地研究了烤烟产量和质量性状土壤有效钼缺乏临界值和烤烟施钼技术。为了推动项目成果在我国缺钼土壤农业生产上的应用，我们在项目研究成果的基础上，吸取了国内外有关钼素营养的研究成果，编写了此书，以期对我国农业生产（尤其是烤烟生产）中科学使用钼肥提供指导。

本书内容主要包括钼素营养概论、烤烟钼素营养的作用、烤烟钼肥施用技术和烤烟施钼实践四部分。可供农业或相关专业研究者和从业者阅读。

书中引用了同行的大量资料和成果，在此谨致谢忱。

由于编写时间仓促和作者学识有限，书中存在错误和疏漏在所难免，恳请读者批评指正。

编者

2016年2月

目　　录

第一章　钼素营养概论

第一节　钼素的生物学功能

一、钼素的概念及其发现

钼(Mo)是一种特殊的过渡金属元素，在地表和海水中含量丰富，而在地壳中含量较低(1.2～1.5 mg/kg)。钼元素是1778年被发现的，20世纪30年代发现钼是一些微生物必需的营养元素。1939年D. J. Arnon和P. R. Stout发现在番茄上存在着缺钼症状，证实钼是高等植物所必需的，钼是最后被证实的植物必需的微量元素。但是D. J. Arnon和P. R. Stout怀疑在田间条件下植物是否也会缺钼，因为植物对钼的需要量是很低的。他们认为“钼对高等植物的必需性可能注定它永远是仅供试验室欣赏的珍宝”。但是时隔不久，在1942年A. J. Anderson便证实了在澳大利亚的一些牧场上钼是三叶草生长的限制因子，每公顷牧草只施用5 g钼便会使产量显著增加。在以后的年代里，在成百万公顷的土地上证实了钼是牧草生长的限制因子。1953年，Richert等证实了提纯的黄嘌呤氧化酶中含有钼，并证实钼在哺乳类动物体内的代谢作用，确定钼是目前二、三过渡系列元素中唯一的生物体必需的微量元素。20世纪80年代，发现一个24岁青年在长期全肠外营养条件下出现的一系列症状通过补充钼后完全消失，由此认识到钼是人类又一必需的微量元素。近年来又发现钼是大脑必需的七种微量元素(铁、铜、锌、锰、钼、碘、硒)之一,而且认为钼是一种人类抗癌元素。钼素不仅对动植物的营养及代谢具有重要作用,对人体也有重要的生理功能,而且由于钼具有特殊的生理生化功能,因此得到了当前生命科学研究者的高度关注。

二、组成生物体的含钼酶及其功能

钼素具有多种生物功能,植物、动物和微生物都需要钼,有30多种酶的活性需要钼的参与。科学杂志上刊登的一篇题为《钼支撑生物无机团》的文章,揭示了钼在动物、植物和微生物的钼酶中所起的关键性作用以及钼的环境学、农学和生物医学意义。钼素对生物体的生理功能主要体现在含钼酶、碳氮代谢和激素代谢等多方面。下面介绍钼素的主要生物学功能。

钼是第二过渡系金属元素中唯一具有特殊生物功能的元素,但钼本身没有生物活力,钼的生理功能是通过各种钼酶或辅酶发挥作用的。含钼酶一般分为两种:一种是固氮酶,它含有特殊的多金属簇,称为铁-钼辅因子,固氮酶主要用于生物固氮中催化N_2还原成NH_3;另外一种是通过钼活性中心催化底物2个电子的氧化(水解)还原(脱氢)反应的氧转移酶和脱氢酶,如黄嘌呤氧化酶(XO)、亚硫酸盐氧化酶(SO)、醛氧化酶(AO)、吡哆醛氧化酶(PO)、硝酸还原酶(NR)、黄嘌呤脱氢酶(XDH)、二甲亚砜还原酶(DMSOR)等。含钼酶存在于所有生物体内,参与蛋白质、含硫氨基酸和核酸的代谢。含钼酶参与生物系统反应的共同特点是将偶数电子转移到底物,或者将底物的偶数电子向呼吸链传递,从而参与细胞的电子转运链。所有含钼酶几乎都含有钼辅因子(MoCo),通过氧化-还原反应,参与含钼酶的各种催化反应。生物体中各种含钼酶活性与Mo的含量有关,Mo是通过这些酶参与机体代谢而达到其营养作用的。现已证实高等植物中主要有4种含钼酶,分别为硝酸还原酶(NR)、黄嘌呤脱氢酶(XDH)、醛氧化酶(AO)和亚硫酸盐氧化酶(SO)。

（一）钼辅因子

钼辅因子（MoCo）是真核生物钼酶的重要组分，在小麦、大麦、烤烟、拟南芥等植物中都确证有钼辅因子的存在。所有的钼辅因子都有一个共同的与单个 Mo 配位结合的非蛋白有机组分，称为钼蝶呤。在利用钨而非钼的喜温性微生物中，钼蝶呤也与钨配合。整个辅因子单位，包括金属及其特异性配合物，被命名为钼辅因子（钨辅因子）。钼辅因子是植物体内硝酸还原酶、黄嘌呤脱氢酶、亚硫酸盐氧化酶、醛氧化酶等钼酶的共同组分之一。Mendel（1983）在烤烟、大麦和水稻中均发现了 MoCo 突变体植株，MoCo 缺失突变体会丧失硝酸还原酶、黄嘌呤脱氢酶和醛氧化酶活性。

高等植物的钼辅因子的合成大致有三步：先是鸟苷－X－磷酸衍生物转化为蝶呤化合物（称为前体 Z），前体 Z 形成钼蝶呤（MPT），最后 Mo 插入 MPT，产生有活性的钼辅因子。烟草突变体（Nicotiana Mutant）有 6 个基团位点（cnxA－cnxF）与有活性的钼辅因子的合成有关，其中 cnxA 位点突变体大体上能合成钼蝶呤，然而不能产生有活力的 MoCo 因子，而钼可修复 cnxA 位点突变体，产生有活性的 MoCo 因子。

（二）固氮酶

固氮酶是被研究得比较深入的一种钼酶。在生物界，所有固氮过程都需要固氮酶的参与。豆科植物根瘤和非豆科共生固氮结合体中均存在固氮酶，它参与豆科根瘤固氮菌和藻类、放线菌及固氮生物的固氮过程。生物固氮是在常温常压下进行的，而化学固氮则需要高温高压，需要消耗大量能源，从热力学的角度考虑，生物固氮的效率远高于化学固氮。钼是固氮酶的成分之一，因此钼是生物固氮所不可缺少的微量元素。生物固氮酶含钼、铁和酸不稳定性硫，都是由钼铁蛋白和铁蛋白大致以 2∶1 的比例构成，这两种蛋白单独存在时并没有固氮活性，仅在两个蛋白共同存在时才表现出固氮活性。豆科作物借助固氮酶把大气中的N_2固定为NH_3，再由NH_3合成有机含氮化合物。

$$N_2 + 6e^- + 6H^+ + 12ATP \xrightarrow{\text{固氮酶}} 2NH_4^+ + 12(ADP + Pi)$$

在固氮过程中，铁蛋白先接受铁氧还蛋白或黄素氧还蛋白的2个电子而被还原。还原态铁蛋白与Mg－ATP复合物通过P中心转移电子，同时Mg－ATP水解成Mg－ADP。还原态钼铁蛋白把电子转移到与钼铁辅因子结合的分子态氮上，N_2获得能量和电子后就能还原成NH_3。钼在固氮酶中起到了电子传递作用。钼还能提高豆科作物根瘤中脱氢酶的活性，加大氢的流入，增强固氮能力。钼不仅直接影响根瘤菌的固氮活性，而且也影响根瘤的形成和发育。缺钼时，豆科作物的根瘤发育不良，固氮能力下降。

（三）硝酸还原酶

硝酸还原酶（NR）催化硝酸盐同化反应的第一步，在氮代谢中具有至关重要的作用。通常认为，硝酸还原酶存在于细胞质中，是一种分子量为200～500 kDa的二聚体蛋白。NR是由钼辅因子、黄素腺嘌呤核苷酸（FAD）和细胞色素b557（cyt. b557）三部分构成，它是一个黄素蛋白。黄素腺嘌呤核苷酸是硝酸还原酶的辅基，而钼是硝酸还原酶辅基中的金属元素。每个结构为一个氧化还原中心，催化电子经历NAD(P)H⟶FAD⟶细胞色素⟶钼辅因子⟶硝酸盐的传递过程。植物吸收硝态氮素以后，必须经过一系列的还原过程，转变成NH_3以后才能用于合成氨基酸和蛋白质。在一系列的还原过程中，NR是同化无机氮的重要的限速酶，催化硝酸盐还原为亚硝酸盐的反应，NO_2^-在亚硝酸盐还原酶的催化下还原成NH_3，它是进一步合成蛋白质的原料。同时，NR又是一种诱导性酶，其活性受到NO_3^-和Mo共同诱导，NO_3^-诱导过程速度慢，需要形成依赖mRNA的前体蛋白，而Mo的诱导速度很快，因为钼只参与前体蛋白激活。供给钼素能提高硝酸还原酶的活性；除去钼，硝酸还原酶就会丧失活性，只有重新供给钼素才能恢复其活性。缺钼植株叶片中的硝酸还原酶，经施钼诱导可明显提高其活性。有试验证明，只供NH_4^+-N的植株并不需要钼；但按植物形成单位干物质计算，施 NO_3^- －N 的植株吸收的钼多于施 NH_4^+ －N 的植株，而硝酸还原酶中的钼主要起电子传递作用，它通过自身化合价的变化，把硝酸盐转变为亚硝酸盐，并进一步转变为 NH_3。缺钼时，植株内硝酸盐积累，氨基酸和蛋白质的数量明显减少。

$$NO_3^- + 2H^+ + 2e^- \xrightarrow{\text{硝酸盐还原酶}} NO_2^- + H_2O$$

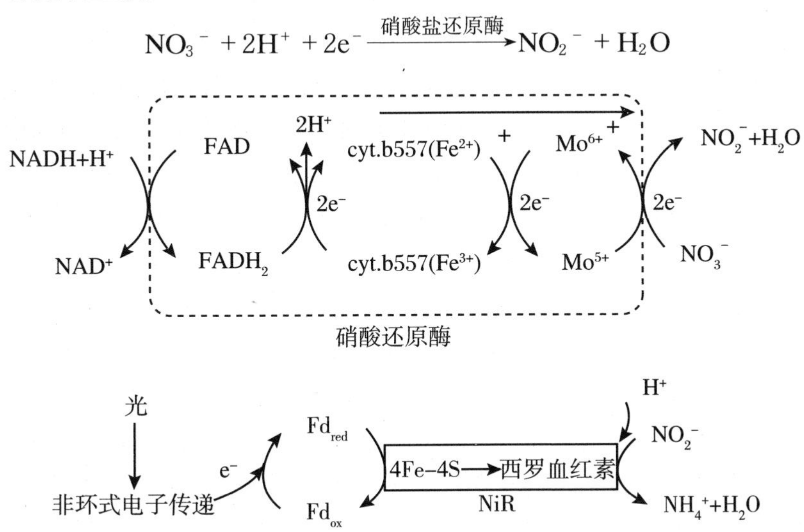

喻敏等的研究表明，冬小麦苗期的硝酸还原酶活性与种子钼含量成极显著正相关。钼能显著提高大豆的硝酸还原酶的活性，促进硝态氮的同化作用，提高大豆的抗坏血酸含量和呼吸酶活性。最近有研究表明，硝酸盐不仅是氮同化的底物，它还可能作为一种调控信号调节氮代谢和碳代谢过程并促进根系的发育。

（四）黄嘌呤氧化酶/脱氢酶

在动物体内，黄嘌呤氧化酶（XO）主要分布于动物肝、肾、肺和小肠黏膜内。XO 在核酸代谢过程中不仅能催化次黄嘌呤（$C_5H_4N_4O$）氧化为黄嘌呤（$C_5H_4N_4O_2$），而且能进一步使黄嘌呤氧化生成脲酸（$C_5H_4N_4O_3$）。

$$C_5H_4N_4O + O_2 + H_2O \xrightarrow{\text{黄嘌呤氧化酶}} C_5H_4N_4O_2 + H_2O_2$$

$$C_5H_4N_4O_2 + O_2 + H_2O \xrightarrow{\text{黄嘌呤氧化酶}} C_5H_4N_4O_3 + H_2O_2$$

植物体内的黄嘌呤脱氢酶(XDH)和动物体内的黄嘌呤氧化酶(XO)结构相似,含有两个相同的亚基,是一种同型二聚体结构,分子量为300 kDa,每个亚基包括一个钼辅因子、两个Fe_2-S_2中心、一个FAD以及一个烟酰胺腺嘌呤二核苷酸(NADPH)结合域,XDH和XO虽然名称不同,但它们是同一种酶的复合物。XDH是以脱氢酶而不是以氧化酶的形式存在于植物的多种组织与器官中,目前已从绿藻、豆类作物根瘤、小麦叶片中分离纯化出黄嘌呤脱氢酶。植物中的XDH通常与黄嘌呤和次黄嘌呤有高度的亲和性,也可能以嘌呤和蝶呤为底物,但亲和力较低。在脱落酸(ABA)间接合成途径中,据推测C_{40}类胡萝卜素裂解成黄嘌呤核苷后被黄嘌呤脱氢酶氧化成ABA。烟草突变体abal缺失合成XDH和ABA-AO的钼辅因子,ABA合成的最后一步脱落醛氧化为ABA受阻,ABA不能合成。黄嘌呤脱氢酶(XDH)可能与衰老过程有关,在衰老过程中,与氧自由基代谢相关的酶活性和过氧化物增加,XDH在活性氧代谢过程中所起的作用尚不清楚。对于XDH在细胞中的亚细胞位置也不清楚,最初认为它存在于微体中,后来有报道指出,在豌豆叶片的过氧化酶体中有XDH存在,催化黄嘌呤分解成脲酸。另一方面,对豇豆根瘤的免疫细胞化学研究表明,XDH存在于细胞质中,而对拟南芥的XDH序列分析未见响应的靶信号。

在很多豆科作物中,氮从根到地上部的运输形态是脲、尿囊素和尿囊酸,这几种物质主要由黄嘌呤在XDH作用下的催化产物脲酸转化形成,因此缺钼也会影响到氮素在植株中的向上运输,从而使得氮素营养吸收受阻,植株发育差。

(五)醛氧化酶

醛氧化酶(AO)存在于细胞质中,分子量约300 kDa,其单体包括FDA、Fe和钼辅因子。在动物体内,醛氧化酶参与细胞内的电子传递过程和体内醛的氧化,使醛氧化成羧酸,消除人体内有毒醛类的毒害作用。在对植物的研究中，玉米、番茄和拟南芥中的 AO 基因已经被克隆。拟南芥中编码 AO 的 4 种 cDNA 定位于不同的染色体上。AO 在植物体激素合成中有重要作用，AO 同工酶可以以脱落醛、吲哚－3－醛、吲哚－3－乙醛、苯甲醛为底物。拟南芥醛氧化酶同工酶 AO_3 催化 ABA 生物合成的最后一步，使脱落醛转变为 ABA，也有报道指出，AO 催化吲哚－3－乙醛转化为 IAA，拟南芥 IAA 过量突变体 surl 中醛氧化酶同工酶 AO1 的活性是野生型的 5 倍。AO 可以氧化玉米胚芽鞘吲哚－3－乙醛为吲哚－3－乙酸，在 IAA 合成部位——生长点 AO 分布较多，可见钼及醛氧化酶对 IAA 的合成有重要作用。MoCo 因子缺失的烤烟、大麦和番茄突变体也缺失 ABA－AO和 XDH，不能合成 ABA。植物体内的醛氧化酶是一个多基因家族表达的产物，它们催化 ABA 合成的最后一步，也可能催化 IAA 合成的最后一步，而 ABA 和 IAA 在植物的发育和增强对环境胁迫的适应性等方面都具有重要的作用。由于 AO 家族存在广泛的底物特异性，可以推测 AO 可能还参与植物激素合成以外的其他代谢活动，解毒作用和对病源物反应极有可能是 AO 的功能之一。

（六）亚硫酸盐氧化酶

亚硫酸盐氧化酶(SO)是在动物、植物和菌类生物中存在的一类含钼酶，有还原型和氧化型两种，动物体内主要分布于肝细胞线粒体两层膜之间的空隙处。SO 的唯一底物就是亚硫酸盐（SO_3^{2-} 或 HSO^{3-}），它的主要生理作用就是在蛋白质代谢过程中将半胱氨酸产生的有毒 SO_3^{2-} 氧化为无毒的 SO_4^{2-} 从尿中排出。其催化反应为

$$SO_3^{2-} + H_2O \xrightarrow{\text{亚硫酸盐氧化酶}} SO_4^{2-} + 2H^+ + 2e^-$$

SO 是否在植物体中存在，有很长时间的争议（Mendel and Bittner，2006）。直到最近才证实亚硫酸盐氧化酶是植物体中第四种钼酶，并确定它存在于过氧化酶体中，它是一种分子量为 90 kDa 的二聚体，也是迄今为止植物中发现的最小的钼酶，它能以细胞色素、铁氰化物或染料代替氧催化亚硫酸的氧化。从钼辅因子结构域的序

列看,不同来源的拟南芥 SO 和 NR 在序列上有相当大的同源性,这说明这些酶来自一个共同的家族。在哺乳动物 SO 中,在 N 端不仅有钼辅因子亚基,还有血红素。动物 SO 存在于线粒体的片层间,电子从亚硫酸盐传递给血红素,再传递到电子受体细胞色素 c,植物的 SO 很可能需要一个与血红素相似的电子受体蛋白,考虑到植物中 SO 存在于过氧化酶体中,细胞色素 b 极有可能充当 SO 的电子受体功能。既然在叶绿体中没有发现 SO,可以推测 SO 与叶绿体中的硫的同化吸收无关。

三、钼素与人类健康

钼作为人体必需的一种微量元素,对生命的正常新陈代谢和人类健康有着重要的作用。在人体中,钼的生理功能通过各种含钼酶的活性来实现,含钼酶存在于所有生物体中,通过氧化或还原作用,积极参与钼酶的各种催化反应,这些酶与糖类、脂肪、蛋白质、含硫氨基酸、核酸及铁蛋白中铁的代谢有关。人体的生化代谢过程有两种较为重要的含钼酶:黄嘌呤氧化酶与亚硫酸盐氧化酶。黄嘌呤氧化酶是核酸分解的黄嘌呤氧化成脲酸的必需催化剂,主要催化黄嘌呤羟基化并形成脲酸的反应。亚硫酸盐氧化酶催化含硫氨基酸的分解代谢,使亚硫酸盐变成硫酸盐。

成年人体内的含钼量在 9 mg 左右,分布于全身组织及体液内,以肝和肾脏内含量较多。1993 年 WHO 估计了成人钼的需要量为 100~300 μg/d。美国食品营养委员会(FNB)制定的成人钼,建议补给量(RDA)为 45 μg/d,孕妇、乳母为 50 μg/d,成年人和 19 岁以上孕妇、乳母最高可耐受摄入量(UL)均为 2 000 μg/d。2000 年中国营养学会制定的成人钼适宜摄入量(AI)为 60 μg/d,UL 为 350 μg/d。钼主要通过食物链进入人体。人体钼素摄入量减少,组织内钼的含量明显降低,而补充钼则有一定的预防疾病及医疗作用。据调查资料报道,缺钼导致儿童和青少年生长发育不良、神经异常、智力发育迟缓、影响骨骼生长、龋齿的发生率显著增加，而且会引起克山病、肾结石、大骨节病和食管癌等疾病，且易患高血压、糖尿病。更为严重的是，在一些低钼地区食管癌发病率高，机体内外环境中的钼水平与食管癌的死亡率成负相关，补钼后能降低食管癌的发病率。人体钼缺乏时，亚硝酸盐不能还原成氨，使亚硝酸盐在体内富集，将会导致癌症的发生。缺钼增加了二氧化硫中毒的敏感性，先天性亚硫酸盐氧化酶缺乏的小孩，有严重的脑损伤，智力发育迟缓，易于夭折；年轻人可表现为智力发育迟缓，有神经系统病变，多数还有晶体损害，这都与缺乏活性钼辅因子有关。1981 年，Ahumrad 等报道了一例由于长期使用完全肠外营养引起的钼缺乏症，病人出现心动过速、呼吸急促、剧烈头痛、夜盲、恶心、呕吐，继而全身水肿、嗜睡、定向力障碍，最后病人昏迷不醒。据资料报道，钼促进铁的新陈代谢，保持男子的性能力，钼还可以预防贫血和癌症。

图 1－1 说明了人类、动物、植物和土壤之间的密切关系。钼素通过植物和动物来源的食物进入人体。植物可视为一个中间的贮存器。钼素通过植物由原有的来源进入其他有机体，而植物生长和产品的质量又在很大程度上因土壤而异，从而形成了一个食物链。

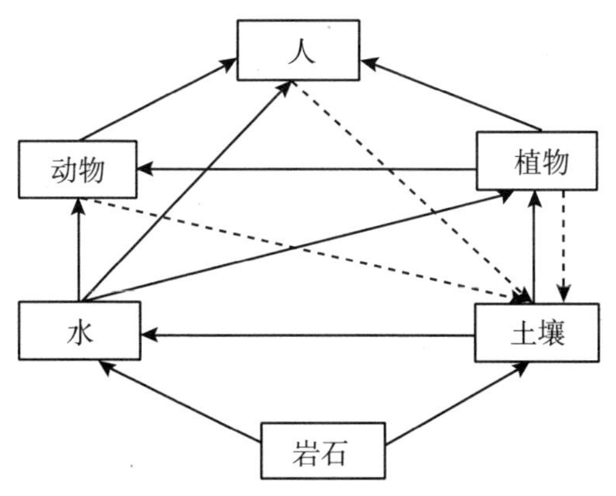

图 1－1 人类、动物、植物和土壤之间

（一）钼素与克山病

克山病（也称地方性心肌病），于1935年在我国黑龙江省克山县发现，因此得名，主要发生在我国从东北到西南的狭长地带内。在克山病病因研究中利用实验病理学及生物化学方法提示，克山病致病因素与缺钼有关。病区粮食中缺钼可加重动物心肌坏死的程度，向病区粮食中补充适量钼，可使心肌坏死程度大大减轻，这说明钼缺乏很可能是与克山病发病有关的因素之一。

王凡等人用克山病病区粮食添加黄豆粉、猪骨粉和钼酸铵喂养大鼠，3个月后再经灌胃给予受试动物亚硝酸钠3天，结果显示，钼酸铵和黄豆粉均能减轻克山病病区粮食中所存在的能加重心肌损伤因素的致病作用，其中以钼酸铵效果最显著，与对照组相比差异有显著性（$P<0.01$），说明钼酸铵确实能减轻亚硝酸钠与病区粮食协同作用所造成的心肌坏死病变。

在病区粮食作物中施用钼酸铵，并进行人群观察，观察到钼对克山病有良好的预防作用，能降低克山病的发病率。这可能是因为钼降低了粮食、蔬菜中硝酸盐及亚硝酸盐的含量（钼是植物硝酸盐还原酶的重要组分），间接地减少了造成急性心肌坏死缺氧的条件而起到预防作用。

此外，用克山病病区粮食加亚硝酸钠喂养的大鼠，其心肌细胞肌酸磷酸激酶和乳酸脱氢酶的含量可因加钼而减少，说明钼有减轻心肌损伤的作用。

对克山病心肌坏死发生机制的研究认为，克山病的心肌坏死可能是在心肌慢性代谢偏移的基础上，遇到急性缺氧因素的激发而造成的缺氧性心肌坏死，而急性缺氧因素很可能就是亚硝酸盐类物质。

缺钼能加重亚硝酸盐所致的心肌损伤，而补钼却能明显减轻亚硝酸盐的这种损伤作用。光镜检查结果表明，低钼动物心肌的坏死率及坏死面积均明显高于补钼组。电镜下，低钼组心肌超微结构改变也较补钼组明显。生化测定血清内代表心肌损伤的肌酸磷酸激酶和乳酸脱氢酶活性也有升高。病理和生化指标均证明，钼缺乏的确可使心肌对亚硝酸盐所致缺氧型心肌损伤的敏感性增高而发生严重的损伤，补钼却可明显减轻其损伤。

在克山病病区用植物凝集素做皮肤实验，测定细胞免疫功能，结果表明施钼肥观测点儿童植物凝集素试验阳性率(62%)明显高于未施钼肥观测点(26%)，而未施钼肥观测点植物凝集素阴性儿童口服钼酸铵10天后，植物凝集素皮试转阳性者高达68%。说明贫钼人群非特异性细胞免疫功能有下降，加钼能提高其免疫功能。

1973年，我国克山病病区水、土、粮食低钼状态有关的资料发表以后，陆续有报道指出，克山病病区自然生态环境中钼含量并不低，甚至比非病区要高，有些病区儿童钼的摄入量、头发钼和尿钼含量都比非病区高。有人认为克山病不像外源性缺钼所引起的地方病。关于克山病的病因(包括钼与克山病之间的关系)尚待深入研究。

(二) 钼素与癌症

医学研究表明，钼与癌症有关，许多癌症如食管癌、肝癌、直肠癌、宫颈癌、乳腺癌等都与缺钼有一定关系。

钼缺乏致癌机制探讨的研究发现，大部分化学物质致癌需经体内的细胞色素P450代谢，产生带有亲电子基团的"终致癌物"才能引起细胞恶变。细胞色素P450还与体内致癌物的解毒作用有关。钼对大鼠肝脏P450和脱甲基酶活性的影响研究发现，小剂量钼可加速致癌物的解毒作用，而大剂量钼相对地减缓致癌物的解毒作用。有理由认为，人体内一定量的钼具有降低摄入体内的硝酸盐、亚硝酸盐的危害，促进致癌物解毒，从而对胃黏膜及相关脏器起保护作用。体内含钼量与环境钼水平密切相关。环境钼缺乏，机体也呈钼缺乏状态，故人体适量补钼或给农作物施钼肥，改变环境与人体的缺钼状态，在某些疾病的防治上具有重要作用并已取得显著效果。

1. 钼与食管癌

有人在分析河南省七个县市50个乡686份饮水及909份粮食样品元素含量时发现，钼是与食管癌死亡率成负相关的元素之一，这与南非食管癌高发区玉米严重缺钼的报道一致，而且在高发区人群血液、头发和尿中钼的含量也较低。这些资料揭示了食管癌高发与低钼的相关性。

有人用N－甲基－N－苯基亚硝胺染毒大鼠，研究膳食中钼对所诱导的食管癌的影响。结果表明，高钼组大鼠食管癌发生率和发展速度显著低于低钼组，且食管和前胃的黄嘌呤氧化酶活性显著高于低钼组。这些试验揭示了黄嘌呤氧化酶在钼对食管癌的抑制作用中起着重要影响。另有试验表明，钼能抑制由N－甲基亚硝基胺所诱导的食管癌的生长，表明钼缺乏与食管癌发生率之间有密切联系。

通过对钼抑癌机制的研究，设想钼抑癌途径如下：首先在体内减少致癌物吸收，加速其解毒与排泄；当致癌物进入靶器官时，钼可能与其竞争，从而减少致癌物对DNA大分子的侵袭和增强靶器官对DNA烷化的修复能力。

关于缺钼致癌的作用机制可能也与人体硝酸盐同化过程有关，在硝酸盐还原过程中，必须有钼素参与（钼是亚硝酸盐还原酶的组成成分之一），地质环境相对缺钼（如土壤缺钼），仅能使部分的硝酸盐还原，从而造成环境和粮食中亚硝酸盐积聚，最终促成当地人发生食管癌病变。但是对河南林州进行的食管癌预防营养干预性试验结果表明，补钼没有明显降低食管癌死亡的效果。

2. 钼与胃癌

有人对胃癌患者发钼及血清钼含量进行检测发现，胃癌患者血液及头发中钼含量低于健康人，差别具有显著性意义。钼与胃癌死亡率成负相关（$r=-0.285, P<0.01$），胃癌死亡率高的地区土壤有效钼含量低。土壤钼含量低必然导致农作物及家畜钼含量不足，影响人体钼摄入量。缺钼时环境中亚硝酸盐含量增加，从而使胃癌发病率及死亡率增高。还发现胃炎、溃疡病人胃黏膜钼水平较正常人低。实验证明，钼对N－肌氨酸乙酯亚硝胺（NSEE）诱发小鼠前胃鳞癌有明显抑制作用。由此看出，人体处于相对低钼水平或缺钼状态是胃癌发生的原因之一，对胃疾病的发病机制可能也有重要作用。研究人员经多种方法调研分析钼与胃癌的关系，结果完全一致，故“钼缺乏是胃癌高发的危险因素和死亡率高的因素之一”的说法完全有理由确立。

此外，缺钼还会增加患鼻咽癌、肝癌和乳腺癌的风险。有关钼素抗癌的原因有：第一，亚硝胺类致癌物是诱发食管癌的重要因素，Mo

作为硝酸还原酶的成分，促进作物硝态氮的代谢，减少食物中硝酸盐和亚硝酸盐的积累，从而抑制亚硝胺类致癌物的产生；钼又能提高食物中维生素C含量，对体内亚硝胺类致癌物的合成也有阻断作用。第二，研究表明，癌症患者尿液黄嘌呤的含量超过正常人，而黄嘌呤氧化酶是将黄嘌呤氧化为次黄嘌呤，进一步氧化为脲酸的特色酶。第三，醛氧化酶使体内醛氧化成羧酸，消除人体内有毒醛类的毒害作用。

（三）钼素与龋齿

动物试验表明，钼能增强氟在大鼠体内的储留，因而对预防龋齿有一定作用。实验表明，饮水加钼、加氟比单纯加氟更能有效地降低大鼠龋齿发生率。流行病学资料表明，长期居住在高钼区的儿童龋齿率比低钼区的低20%。最新研究也指出，一种钼化合物氟钼酸铵，可以加强牙本质的抗酸溶解性，显著地抑制脱矿过程，被认为是一种有效的预防牙釉质和牙本质龋的新药。

（四）钼素的其他作用

钼与氟协作，可增加骨密度、骨中钙和镁含量，预防肾结石的发生。锌与钼联合使用时可拮抗氟对大鼠抗氧化系统的损伤作用，保护超氧化物歧化酶的正常水平，清除体内过多的丙二醛。但长期摄入过量钼时，需钼的黄嘌呤氧化酶活性增强，使嘌呤代谢失常，血中尿酶含量过高，关节软骨内尿素盐沉着，引起痛风。过多摄入钼素会使反刍动物产生中毒，生长迟缓、腹泻、脱毛、贫血、性功能减退、毛及肉的质量差，还可干扰铜的吸收、利用及生物学作用，形成缺铜症。

四、钼素与植物生长

（一）钼促进植物体内有机含磷化合物的合成

钼与植物的磷代谢有密切关系。据报道，钼酸盐会影响正磷酸盐和焦磷酸酯类化合物的化学水解作用，还会影响植物体内有机态磷和无机态磷的比例。缺钼时，植株体内磷酸酶的活性明显提高，不利于无机态磷向有机态磷的转化。在缺钼的情况下，施钼可使植物体内的无机态磷转化成有机态磷，而且有机态磷与无机态磷的比例显著增大。钼可促进大豆植株对^{32}P的吸收和有机态磷的合成，并能提高产量。还应该指出，缺磷时，植物体内可能会积累大量钼酸盐，从而造成钼中毒。

（二）钼参与植物的光合作用和呼吸作用

1. 钼与光合作用

钼在光合作用中的直接作用还不清楚，但钼素对叶绿素的影响早已引起人们的注意。示踪元素试验表明，叶绿素减少的区位往往正好发生在缺钼的同一脉间区内。钼对维持叶绿素的正常结构是不可缺少的。缺钼会导致植物的叶绿素含量下降，破坏叶绿体结构的稳定性，植株体内氮元素约一半是以叶绿素的形式存在。冬小麦在低温处理条件下叶绿素 a 占叶绿素含量的比值上升，缺钼冬小麦叶绿素合成前体叶绿素酸（酯）、镁原卟啉显著下降，氨基酮戊酸向尿啉原Ⅲ转化受阻，导致叶绿素合成受阻。李洪波等研究表明，适宜浓度的钼肥促进苋菜的生长，提高叶绿素含量，增加产量。韦莉萍等人试验也表明，以较低水平的钼处理就能提高甘蔗叶片叶绿素含量，有利于甘蔗对氮素的吸收和利用。

叶绿素是植物进行光合作用的媒介，因此缺钼时叶绿素含量的变化在某种程度上也会影响植株的光合作用。据北京师范大学试验研究结果，施钼可使植物光合作用强度比对照提高 10%～40%，表明钼也参与碳水化合物的代谢过程。孙学成研究表明，在低温胁迫下施钼能显著提高冬小麦叶片的净光合速率和气孔限制值。施钼及钼、硼配合使用还可显著提高花生叶片的光合强度。棉花的光合作用在施钼浓度 0.8%和 1.0%时达到极显著水平。因此，植株缺少钼素会影响叶绿素的合成和光合作用的进行。

2. 钼与呼吸作用

钼对植物呼吸作用的影响已有研究。早在 1957 年，崔澂就指出钼与其他金属元素对水稻种子呼吸作用的影响取决于其浓度，并且可能由于形成络合物的缘故,表现出能克服呼吸抑制剂的抑制作用。植物呼吸代谢中,线粒体是有氧呼吸和光呼吸进行的场所,喻敏(2000)研究发现,缺钼引起冬小麦叶片中线粒体发生变异,由长条形变为圆形且数目减少,并推测这可能与呼吸作用特别是光呼吸和膜系统受损有关。

多酚氧化酶(PPO)和抗坏血酸氧化酶(AAO)是植物体中普遍存在的含铜氧化酶。多酚氧化酶可催化酚的氧化,能将底物酚的电子传递到分子氧,从而形成水或过氧化氢。抗坏血酸氧化酶存在于细胞质中,是植物呼吸作用的一种末端氧化酶,它能通过将抗坏血酸氧化成脱氢抗坏血酸的过程,直接将呼吸链的电子传递给分子氧。Munshi 和 Mondy(1988)等研究发现,缺钼植株体内多酚氧化酶的活性升高,酚类化合物总量增加。刘鹏和杨玉爱(2000)研究发现,施钼明显降低了大豆叶片抗坏血酸氧化酶的活性。徐晓燕等(2002)的研究也表明(表 1-1),低钼胁迫下,烟叶 PPO 和 AAO 活性增加,施钼降低了不同烤烟品种叶片的 PPO 和 AAO 活性,有利于加强抗坏血酸的抗活性氧作用,NC89 和中烟 90 两个烟草品种相比较而言,NC89 品种烟叶的 PPO 和 AAO 对钼的反应较为敏感。植物体内抗坏血酸的含量常因缺钼而明显减少,这可能是因为缺钼导致植物体内氧化还原反应不能正常进行。

表 1-1　钼对烟草叶片 AAO 和 PPO 活性的影响

项目	处理	烟草品种					
		NC89			中烟 90		
		团棵期	现蕾期	成熟期	团棵期	现蕾期	成熟期
AAO (μmol AsA · mg^{-1} · min^{-1})	CK	0.42 a	0.54 a	0.78 a	0.30 a	0.39 a	0.60 a
	+Mo	0.18 b	0.20 b	0.38 b	0.20 b	0.25 b	0.50 b
PPO (U · mg^{-1})	CK	345.30 a	560.10 a	310.20 a	200.30 a	270.10 a	185.20 a
	+Mo	123.20 b	210.10 b	123.30 b	189.40 b	214.50 b	180.60 b

注:表中数据后面的小写字母表示差异达显著水平($P<0.05$)。下同。

（三）钼影响植物氮、碳代谢进程

1. 钼与植物氮代谢

钼的营养作用突出表现在氮素代谢方面。施钼能促进豆科作物和非豆科作物的氮代谢，提高氮肥利用效率。大豆施钼，固氮酶、谷氨酰胺合成酶、天门冬酰胺合成酶活性增加。NR是植物氮代谢同化过程中的关键限速酶，催化NO_3^-向NH_3的转化，使植物体吸收的NO_3^-能以NH_3的形式被利用，进一步合成蛋白质。而钼素作为NR的必需组分，直接影响到NR活性，因而钼在氮代谢过程中具有核心作用，在NR催化硝酸盐还原成铵态氮的过程中起电子传递的作用。门中华的试验结果表明，钼不但有利于NO_3^-－N的吸收和向NH_4^+－N的转化，也有利于NH_4^+－N向有机氮的转化，对NO_3^-－N代谢有重要作用。适量施用钼肥可减少花椰菜、小白菜、豇豆、苦瓜及其他蔬菜的硝酸盐含量。钼素供应状况对蕹菜硝酸盐含量的影响与其供应水平有关，当适量施钼时可减少蕹菜的硝酸盐含量；当钼素的供应水平超过一定范围后，蕹菜的硝酸盐含量则随施钼量的增加而增大。高等植物不能直接利用硝态氮合成氨基酸和蛋白质，硝态氮必须同化成氨态氮才能被植物利用。经过NH_4^+诱导1天后，黑麦草茎杆和根中的钼辅因子总量与有效钼辅因子均有增加，在NH_4^+－N生长的植株比在NO_3^-－N中生长的植株的酰脲、钼辅因子羟化酶（XDH和AO）含量高，随着NH_4^+浓度增加，XDH和AO含量增加，尿囊酸和尿囊素含量增加。

钼除了参与固氮作用和硝酸盐还原外，还可能参与氨基酸的合成与代谢。有人发现给植物供钼时，谷氨酸的浓度增加；在缺钼情况下，不仅硝酸还原酶活性降低，而且谷氨酸脱氢酶活性也有所下降。在发芽的豌豆核糖体组分中，钼能抑制核糖核酸酶的活性，使其保持在一种潜伏状态，对核糖体起保护作用。钼阻止核酸降解，也有利于蛋白质的合成。Venkatesan（2004）认为，钼素能增强茶叶硝酸还原酶活性，增加其氨基酸含量。秦亚光等（2008）研究表明，在一定的范围内，随着施钼量的增加，烤烟叶片的硝酸还原酶被激活，促进氨基酸和生物碱等化合物的合成代谢。孙智等（2004）研究发现，硼、钼配合施用，促进大豆籽粒中蛋白质累积，但单独使用并不表现正效应。但过多钼素供应会对植株产生毒害，有研究表明，在有效钼含量过高的土壤上施钼肥甚至会减少大豆籽粒的蛋白质含量。

氨基酸是蛋白质的组成成分，不同种类氨基酸含量变化将直接影响蛋白质的合成和蛋白质的种类。魏文学(2005)、曹卫星(1998)等研究了钼对小麦面粉中不同氨基酸含量和蛋白质种类的影响，表1-2结果表明，施钼影响了小麦面粉的氨基酸组成，使不同类型的蛋白质含量发生变化。在所测定的17种氨基酸中，与施钼处理的面粉比较，受缺钼影响较大的有6种氨基酸，分别是胱氨酸、蛋氨酸、酪氨酸、丙氨酸、异亮氨酸和亮氨酸，其中胱氨酸、蛋氨酸、酪氨酸含量占总氨基酸含量的百分数有所增加；丙氨酸、异亮氨酸和亮氨酸则一致减小。根据上述几种氨基酸的分子组成，冬小麦缺钼引起面粉含硫氨基酸中胱氨酸和蛋氨酸的比例有所增加，而具有脂肪族侧链的氨基酸中丙氨酸、异亮氨酸和亮氨酸的比例有所降低。施用钼肥也改变了不同类型蛋白质在面粉中所占的比例。3个田间试验样品的测试结果一致表明(表1-3)，施用钼肥有利于小麦籽粒中大分子蛋白质(碱溶蛋白)的形成，而减少了小分子蛋白质(盐溶蛋白、醇溶蛋白)含量。3个试点小麦面粉中的醇溶蛋白的含量分别降低了13%、20%和3%，而碱溶蛋白的含量则因施钼而有较明显的提高，分别比不施钼对照提高了4%、11%和30%。孙学成等试验表明，施钼会提高冬小麦各生育期叶片中脯氨酸含量，脯氨酸含量上升的幅度因温度而异，在温度较低的情况下，脯氨酸含量上升幅度较大。

表1-2　钼对小麦面粉中氨基酸含量占总氨基酸含量的百分数影响

氨基酸种类	当阳白散土		当阳黄土	
	CK	+Mo	CK	+Mo
天门冬氨酸	6.13%	6.47%	4.91%	4.74%
苏氨酸	3.18%	3.24%	2.92%	3.03%
丝氨酸	4.49%	4.41%	4.25%	4.08%
谷氨酸	29.68%	29.71%	29.22%	28.85%
甘氨酸	4.05%	4.12%	3.72%	3.95%

续表

氨基酸种类	当阳白散土		当阳黄土	
	CK	+Mo	CK	+Mo
丙氨酸	3.61%	4.02%	3.32%	3.82%
胱氨酸	3.40%	3.04%	3.98%	3.82%
缬氨酸	5.26%	5.20%	5.31%	5.80%
蛋氨酸	1.64%	1.57%	3.59%	2.77%
异亮氨酸	3.83%	4.22%	4.25%	4.35%
亮氨酸	6.57%	6.76%	6.37%	6.59%
酪氨酸	3.07%	2.75%	3.59%	3.03%
苯丙氨酸	5.48%	5.00%	5.71%	5.80%
赖氨酸	3.40%	3.43%	3.19%	3.16%
组氨酸	2.08%	2.06%	1.86%	1.98%
精氨酸	4.71%	4.71%	4.38%	4.35%
脯氨酸	9.42%	9.31%	9.43%	9.88%

表 1-3　钼对小麦面粉中不同类型蛋白质含量的影响

试点	处理	醇溶蛋白	盐溶蛋白	碱溶蛋白
当阳	CK	5.33%	1.87%	4.19%
	+Mo	4.63%	1.70%	4.34%
当阳	CK	6.79%	1.81%	4.21%
	+Mo	5.40%	1.66%	4.68%
枣阳	CK	5.62%	1.18%	2.57%
	+Mo	5.45%	1.07%	3.34%

施用钼肥可以增加鹰嘴豆(chickpea)根瘤数、蛋白质含量和产量。土壤直接施用钼肥和用钼肥拌种均可增加土壤有效氮含量。施钼影响了植株氮代谢的进行,促进了植株对氮素的吸收和利用。对生长在砂壤上(pH 为 8.3)的扁豆施用 1 mg/kg 的钼,植株吸氮量增加。而严重缺钼的黑绿豆,地上部分含氮量减少。生产上还发现,缺钼植物经常会伴随着氮素营养的缺乏,尤其豆科植物的黄化问题,这也说明了钼素在植物氮代谢中的关键作用。

2. 钼与植物碳代谢

钼素营养直接影响植物中碳水化合物的合成、运输和转移。缺钼玉米花粉粒中淀粉含量下降，缺钼小麦花器官中淀粉含量较低，这些都说明在低钼情况下植株生殖器官发育过程中碳水化合物利用受阻。缺钼冬小麦叶绿素含量下降，从叶片向生殖器官运输的光合产物减少，或由于碳水化合物代谢失调，最终引起冬小麦籽粒中淀粉和糖类含量下降。^{14}C 同位素示踪结果说明，缺钼冬小麦在 $^{14}CO_2$ 的同化力下，在同化产物分配上，缺钼植株心叶到第一叶中 ^{14}C 总活度比施钼植株低，说明施钼促进了碳同化产物向生长中心分配。在砂培条件下，钼含量过低（<0.02 mg/L）和过高（>0.2 mg/L）都会引起鹰嘴豆（chickpea）生物量和产量下降，这可能是光合作用过程受阻或碳水化合物代谢受阻引起的。甘巧巧（2005）试验表明，施钼提高了冬小麦分蘖期叶片中纤维素、半纤维素、原果胶等的含量，增强光合作用，促进碳水化合物的合成转移。在缺钼土壤上施钼，能增强花椰菜等作物的光合作用，从而增加糖含量，提高品质。常连生等（2005）研究表明（表 1－4），施钼处理的油菜鲜重在移栽后 18 天、25 天和 32 天测定，与对照相比差异达到显著水平，干重和叶绿素含量在不同时期均比对照有明显提高，说明施钼有利于提高油菜的叶绿素含量，促进生长和干物质合成，从而提高产量。

表 1－4　钼肥对鲜食油菜生长和叶绿素的影响

测定项目	处理	移栽后天数(d)			
		18	25	32	39
鲜重(g/株)	CK	1.48 b	2.79 b	5.18 b	6.78 a
	＋Mo	1.57 a	3.68 a	6.57 a	7.04 a
干重(g/株)	CK	0.12 b	0.21 b	0.40 a	0.53 b
	＋Mo	0.14 a	0.28 a	0.46 a	0.59 a
叶绿素含量(mg/kg)	CK	10.39 b	14.76 a	16.51 b	18.92 a
	＋Mo	11.74 a	14.88 a	18.43 a	19.59 a

在缺钼土壤上土施或喷施钼肥可明显增加油菜、小白菜和苦瓜

等蔬菜的糖含量，而对于豇豆和花生等豆科作物而言，施钼可增强其生物固氮作用和氮素同化作用，促进体内碳水化合物向含氮化合物及脂肪的转化，继而减少可溶性糖含量。因此，在生产中应充分考虑钼对碳代谢在不同作物间的影响差异。

（四）钼增强抗逆性，影响激素代谢

1. 钼影响激素代谢

钼通过钼酶调控植物激素如脱落酸（ABA）和生长素（IAA）的合成。LOS5/ABA3 基因编码一种钼辅因子（MoCo）磺化酶，它催化磺化钼辅因子的产生，而磺化钼辅因子是植物 ABA 合成的最后一步中醛氧化酶（AO）所必需的。Hudson（2005）、Gupta（1981）研究发现，缺钼植物的 ABA 含量降低，内源激素水平受到影响。张学成等（2006）研究表明，施用钼肥能提高低温期间冬小麦的 ABA、可溶性糖、游离氨基酸和可溶性蛋白质等低分子量碳氮化合物含量，显著提高质膜中磷脂含量和脂肪酸的不饱和度。缺钼植物叶片症状大多会出现枯萎现象，可能是因为缺钼阻碍 ABA 合成，致使气孔开张异常、水分蒸发等。施木田和陈如凯（2004）关于苦瓜叶面喷施锌、钼肥料的研究表明，钼可以显著提高苦瓜叶片 IAA 含量。

2. 钼增强抗逆性

钼通过钼酶调控激素（ABA 和 IAA）合成，进而影响植株的抗逆性。LOS5/ABA3 基因在植物的不同部位表达，其表达水平影响 ABA 的含量，进一步研究表明，LOS5/ABA3 基因调控 ABA 合成和胁迫应答基因，拟南芥 LOS5 突变体的抗寒力、抗旱力和对盐胁迫的抵抗力受损，和另外一种 ABA 缺失突变体 aba1 相比，LOS5 突变体对低温应答基因的调控更具有专一性。植物对不良环境的忍受能力是一种生理上的适应过程。在逆境胁迫下，一方面植物体内产生大量的 H_2O_2、O_2^-·和·OH 等活性氧，这些高破坏性的活性氧将启动膜脂过氧化作用，造成膜系统的氧化损伤；另一方面植物体可动员保护系统中的酶类物质抵御和清除活性氧，抑制膜脂过氧化，维持膜

系统的稳定性，使各种代谢有序进行。例如，低钼胁迫对大豆最显著和直接的效应是产生活性氧，各类保护酶的活性明显降低，增加膜的通透性，破坏膜的完整性。聂兆君(2008)试验表明，随着钼水平的提高，小白菜中抗坏血酸过氧化物酶、单脱氢抗坏血酸还原酶、脱氢抗坏血酸还原酶活性均呈上升趋势，抗坏血酸氧化酶的活性下降。徐晓燕等(2002)研究表明，低钼胁迫使烟叶中的抗坏血酸氧化酶、多酚氧化酶的活性明显增加，同时过氧化物酶、超氧化物歧化酶的活性下降，并且施钼还能够促进烤烟中的抗膜脂过氧化胁迫，从而提高烤烟植株体内的酶类协同抗氧化。钼能提高冬小麦的抗寒性，施钼植物在低温胁迫后光化学反应和光合能力增加，氮代谢加强，叶和干种子钼辅因子增加。施钼显著提高质膜中磷脂含量和脂肪酸的不饱和度，降低叶片 MDA 含量和细胞渗透率，维持和保护细胞及其生物膜结构的稳定性，因而使冬小麦的抗寒力显著提高。干旱胁迫可以诱导拟南芥 aba3 基因表达，而 aba3 基因参与含钼酶 AO 和 XDH 活化过程。干旱条件下，高氮水平下春小麦籽粒产量减少而生物量增加，而用钼肥拌种或钼和锌同时拌种均会使水分胁迫下小麦籽粒产量增加。作物缺钼时，维生素 C 的浓度显著减少；对作物补施钼肥后，维生素 C 的浓度显著上升，并在数天后恢复正常。可见，钼与维生素 C 的形成有关。但营养液中过量的钼含量会减少番茄果实的维生素 C 含量。钼能提高植物的抗逆性，施钼烤烟对花叶病抗性增强；还能减少或消除铁、锰、铜等金属离子毒害作用。

（五）钼促进繁殖器官的建成

钼除了在豆科作物根瘤和叶片脉间组织积累外，在繁殖器官中含量也很高，这表明它在受精和胚胎发育中的特殊作用。一些研究表明，当植物缺钼时，花的数目减少。番茄缺钼表现出花特别小，而且丧失开放的能力；缺钼使西瓜类花粉受到损害，结果率大大降低；玉米植株缺钼时抽雄延迟，花的数目减少，大部分花不能开放，花粉生产力降低，花粉活力显著受到抑制，花粉中蔗糖酶活性很低，萌发能力差（表1-5）。

表1-5 不同供钼水平对玉米花粉生产力和生活力的影响

供钼水平(mg/g)	生产力			
	含钼量(μg/g)	花粉粒数	直径(μm)	生活力
20	92	2 437	94	86%
0.1	61	1 937	85	51%
0.01	17	1 300	68	27%

有资料报道，种子含钼量有时可作为预测植物对钼反应敏感程度的指标。例如，当豌豆种子中钼的含量为0.65 mg/kg时，施钼没有反应；而含量为0.17 mg/kg时，钼肥有良好肥效。又如在缺钼的土壤上，玉米种子含钼为0.08 mg/kg时，出苗正常；含钼为0.03～0.06 mg/kg时，幼苗即出现缺钼症状；含钼为0.02 mg/kg时，则会出现严重的缺钼症状。种子中有足够的钼，可以保证生长在缺钼土壤上的幼苗能正常生长并获得较好的产量(表1-6)。

表1-6 缺钼土壤上大豆籽粒含钼量与籽粒产量的关系

籽粒含钼量(mg/kg)	籽粒产量(kg/hm^2)
0.05	1 505
19.0	2 332
48.4	2 755

第二节 土壤中钼含量及其存在形态

土壤是植物所需钼素的主要来源。土壤中或多或少都有钼素的存在，但土壤中的钼素并不一定全部能够被植物吸收利用，能够被吸收利用的这一部分钼素含量又未必能满足植物的需要。土壤中钼素供给不足的原因一般有两种：一种是由于土壤中的钼素含量过低；另一种并不是由于钼素含量过低，而是不良的土壤条件的影响，使土壤中的钼素处于不能被植物吸收利用的状态。前者是土壤类型所决定的，后者是土壤条件的影响。因而，土壤中钼元素供给情况的研究对于农业中正确地应用钼肥具有重要意义。

一、土壤中钼的来源

在地壳的大多数岩石中都有钼的存在，但其含量是很低的。在岩石圈中，钼含量平均约为 2 mg/kg。岩石的钼含量如表 1－7 所示。在基性火成岩和超基性火成岩中，钼含量低于酸性岩。在酸性火成岩如花岗岩中钼稍有富化现象。沉积岩的钼含量常较火成岩高，而钼含量最低的是碳酸盐岩石和砂岩。

表 1－7　岩石的钼含量

岩石类型		含量(mg/kg)
火成岩	超基性岩(橄榄岩等)	0.2～0.4
	基性岩(玄武岩、闪长岩等)	1.4
酸性岩(花岗岩等)		1.9
变质岩(片岩等)		2.0
沉积岩(黏土)		2.0
碳酸岩		0.2～0.4

火成岩的普通矿物中以黑云母含钼最多。在硅酸盐的结构中钼所占的位置还不完全清楚，可能是 Mo^{4+} 代换了 Fe^{3+}、Al^{3+} 或 Ti^{4+}。在沉积岩中，钼在页岩中富化，其存在状态不详，可能是被吸附的 MoO_4^{2-} 离子。而在黑色页岩和有机质含量较高的磷灰土中都常含有较多的钼素，有时高达 300 mg/kg 以上，可能是有机态的或者代替了黄铁矿中的铁。

原生矿物辉钼矿(MoS_2)为主要含钼矿物，其分布广泛。不溶性的含钼矿物有钼铅矿($PbMoO_4$)、钼钨钙矿($CaMoO_4$)和铁钼华矿[$Fe_2(MoO_4)_3 \cdot nH_2O$]等。有时在铜矿石中也有辉钼矿作为次要成分存在。此外，长石和铁镁矿物如黑云母和橄榄石中也含有一定量的钼。钼有多种原子价，而以 Mo^{6+} 和 Mo^{4+} 为最重要，其中 Mo^{4+} 为主要形态，在表生条件下形成的钼酸盐中，钼则是高价的。

沉积岩的钼含量有高有低。在风化和沉积过程中，沉积岩常使母质中的钼保存下来。在其形成条件利于积累和沉淀钼时，所形成的沉积岩中则含有较多的钼。含钼最少的沉积岩是砂岩，一方面是由于它所含有的矿物很稳定而难以风化，另一方面是在形成过程中经历了高度淋洗，可溶部分几乎完全损失。

变质岩由于变质作用只改变钼的形态和分布的位置，一般并不改变其含量。

含钼矿物风化时，硫化钼经溶解和氧化作用形成钼酸根离子 MoO_4^{2-} 而进入土壤溶液，钼是以阴离子状态存在的。在有大量 Ca^{2+}、Cu^{2+}、Mn^{2+}、Pb^{2+}、Zn^{2+} 存在时，或者有大量的有机质和碳酸钙时，钼酸根离子常形成沉淀。此外，也可能有 $MoO_3 \cdot 3H_2O$、MoO_2Cl_2 和 MoO_2Fe 等化合物存在。与其他金属相比较，钼容易风化而释出，钼酸盐也易于溶解和移动。地表水和地下水中含有钼是正常现象，在干旱地区的河水中有时钼含量可达 10 mg/kg。水中所溶解的钼常为河流和湖泊及底部的嫌气层所截留，与硫化物一起存在于沉积物中。

由于在风化的过程中，钼很容易释放，或成为土壤钼，或成为海洋沉积物，且溶解性和移动性较高，很容易被淋失。因此，成土母质对土壤钼的生物有效性在一定程度上产生影响。

二、土壤中钼含量及其分布

（一）有效钼含量分级

土壤中全钼和有效态钼含量决定了土壤的供钼能力，但一般来说，土壤的全钼含量并不宜作为评价土壤供钼能力的指标，一般用土壤有效钼含量来评价土壤对植物的供钼能力。钼的生物有效性指植物在特定环境下吸收和利用钼的程度。有效态钼包含土壤溶液的钼和吸附态钼。土壤中绝大部分是难溶性钼，存在于矿物晶格、铁锰结核和氧化铁铝内，是植物不能直接吸收的，占全钼量的80%～90%。有效钼含量高主要是因为土壤溶液中的钼和有机复合态钼含量高；有效钼含量低则反映土壤整体钼水平低，也可能是由于土壤带正电荷表面吸附的钼和分散的晶形或无定形次生钼复合物的存在和形成。有效钼含量的多少直接影响植物的吸收，很大程度上能反映钼的生物有效性。基于此，刘铮(1979)对土壤有效钼含量状况进行分级(表1－8)。

表1－8 土壤有效态钼含量及其分级

等级	含量(mg/kg)	对缺钼敏感的农作物的生长情况
极低	<0.10	缺钼，可能有缺钼症状
低	0.10～0.15	缺钼，但无缺钼症状(潜在性缺乏)
中等	0.16～0.20	不缺钼，农作物生长正常
高	0.21～0.30	
很高	>0.30	

(二) 世界钼含量与分布

1. 全钼含量

钼主要存在于土壤中的各种矿物，而土壤的各种矿物的组成直接来源于各种成土母质，因此决定土壤中钼含量的第一个因素是成土母质的含钼量，其次才是成土因素的各种作用。世界各国土壤中全钼的含量高低差异较大，但世界土壤的正常含钼量平均是2.0 mg/kg。土壤钼含量的差异，主要是由于土壤类型，并且反映出不同气候带和地理区域间所存在的差异。就一定的土壤类型而论，这些差异往往能够反映出成土母质中钼的丰度。土壤中钼的分布规律：温带和寒温带地区土壤的钼含量较低，常低于1 mg/kg；干旱和半干旱地区土壤的钼含量较高，平均含量是2～5 mg/kg；热带和湿润地区土壤的钼含量与干旱、半干旱地区土壤相近。就土类而论，低位泥炭土、腐泥土等含钼较多,高位泥炭土、灰壤和砂土等较少。在酸性土壤如砖红壤中,钼有富化现象,以由花岗岩发育的为最突出。水成土和排水不良的土壤常有较高的钼含量,上面所生长的植物含钼也较多,有时发生钼毒现象。在生物积累作用较强的土壤如黑钙土有较高的钼含量;生物活动性低的土壤中钼含量较低,栗钙土、灰钙土和盐土等属于这一类型,其钼含量分别为 4.6 mg/kg 和 1.1 mg/kg或更低。土壤中钼含量资料积累得较多的还有美国,500 个土壤标本的分析结果说明平均钼含量是 2.3 mg/kg,大多数标本的钼含量为 0.6~3.5 mg/kg;近来根据更多的资料所得的钼含量范围为 0.1~40 mg/kg,平均钼含量为 1.2~1.3 mg/kg;总的趋势是美国东部地区的钼含量远低于西部地区,这是由于成土母质的影响。美国东部地区的很多土壤是由海相和冰川来源的砂质成土母质所形成的,所以缺钼土壤分布于东部,而钼毒土壤主要分布于西部。

在美国加利福尼亚州、西北太平洋区、内布拉斯加州等地均有对钼有肥效反应的报道。加拿大东部的土壤以酸性粗质地和高度淋溶为特征,因此易缺钼。在新西兰和澳大利亚,缺钼面积也可观。

2. 有效态钼含量

有效态钼含量较低的土壤存在于不同的气候带中,包括酸性土壤和一定类型的石灰性土壤,尤其是质地较轻的和含有多量铁结核的土壤。有效态钼含量较高的土壤则是富含有机质的土壤,例如泥炭土和腐殖质土以及盐土、水成土等。有效态钼含量约占全钼含量的 2%~20%,因土壤类型而异。例如,在一些冲积物上轻度发育的土壤中,有效态钼占全钼含量的 9%,而在泥炭土中则高达 20%,在水成土中钼含量较低,所占全钼含量的比例较小。在石灰性土壤中则相反,尤其是干旱地区土壤。例如,美国加利福尼亚州的干旱地区土壤中水溶态钼高达 0.3~3.9 mg/kg,占全钼的 50%~70%;佛罗里达州的湿润地区土壤则仅有 0.001 mg/kg,占全钼的 0.5%。热带和亚热带地区土壤的有效态钼含量如表 1-9 所示。

表 1-9　热带、亚热带土壤中有效态钼含量(醋酸盐缓冲溶液提取)

单位:mg/kg

土　壤	标本数	最低含量	最高含量	平均含量
旱成土	69	0.01	0.94	0.22
变性土	25	0.01	0.39	0.11
铁质硅铝土	33	0.01	0.31	0.11
铁铝土	55	0.01	0.12	0.05
黑色石灰土	26	0.01	0.61	0.23
红树林土/几内亚	43	0.01	1.05	0.22
冲积土/几内亚	94	0.01	1.28	0.22
地中海红土/塞浦路斯	16	0.02	0.36	0.14
多种土壤/坦桑尼亚	69	0.01	2.67	0.19

3. 钼的剖面分布

土壤母质中所含的钼,由于受成土作用的影响,会在剖面中发生再分配。我国南方质地较轻的水稻土中,有效钼有淋溶和沉积现象,其他水稻土类型则有表聚的趋势。河北土壤中,全钼在剖面中的分布因不同土类而异,山地草甸土中的钼在表层富集,在褐土淋溶和生物积累的双重作用下,钼在剖面中呈上下多、中间少的分布特点,即具有耕层富集和底层沉积的特征。钼在暗栗土剖面中的分布是以向下淋溶为主要趋势,而在地形部位低的草甸栗钙土中,却为表层富集。河北省其他土壤如潮土、石灰性潮土、脱潮土等均有表层富集现象。至于在水稻土中,可见耕层轻微富集、心土淋溶、底层沉积现象,这与南方水稻土有很大区别。甘肃省土壤有效钼分布,在风沙土、灰漠土中呈表层富集,这主要与强烈蒸发有关。而黑垆土、淋溶褐土、灰钙土、灌漠土等则以在心土或底土沉积为主。有效钼含量为表土层<心土层<底土层。

(三) 我国土壤钼含量与分布

1. 全钼含量

我国土壤的钼含量根据现有资料是 0.1～6 mg/kg,平均含量为 1.7 mg/kg,低于世界土壤平均含钼量,绝大多数土壤的钼含量波动于很小的范围内。

土壤的钼含量因土壤类型而异，不同类型的土壤的钼含量常有一定的差异。我国主要土壤的钼含量如表1－10所示。

表1－10 我国主要土壤的钼含量

单位：mg/kg

土壤	含量范围	平均含量
棕壤	1.0～4.0	2.2
褐土	0.2～3.0	1.4
黑土	0.5～2.1	1.4
黑钙土	2.0～4.2	2.7
草甸土	0.5～4.0	1.8
塿土、黄绵土	0.4～1.1	0.7
黄潮土、青黑土	0.5～2.6	0.8
黄棕壤	0.3～1.4	0.8
红壤	0.3 ～ 12	2.4
赤红壤	0.1～3.0	1.8
砖红壤	0.5～3.1	1.9
黄壤	0.1～4.5	1.5
紫色土	0.3 ～1.1	0.6
红色石灰土	0.5～2.8	1.8
黑色石灰土	0.3～1.0	0.7

土壤钼含量与成土母质有一定的关系。由不同成土母质发育的同一类型土壤中，钼含量可能有相当大的差异。按成土母质区分，有时更能反映出土壤含钼量的差异。可以用红壤区土壤来说明，例如玄武岩和花岗岩发育的各种土壤的钼含量最高，砂岩发育的最低，含量差异可达4倍以上(表1－11)，一定的沉积物如第四纪红色黏土和

石灰岩发育的土壤的钼含量为中等或较高。各种成土母质发育的红壤的平均钼含量可以粗略排列成下述的顺序:流纹岩>花岗岩>第四纪红色黏土>石灰岩>千枚岩>页岩>砂岩。

表 1-11 不同成土母质发育的红壤的钼含量

单位:mg/kg

土壤类型	成土母质	全钼		有效态钼	
		范围	平均值	范围	平均值
砖红壤,赤红壤	花岗岩	0.52~2.40	1.06(32)	痕迹~0.27	0.08(41)
	玄武岩	0.57~3.10	2.09(26)	0.14~0.40	0.27(37)
	页岩	0.62~0.72	0.67(4)	0.04~0.10	0.06(5)
	砂岩	0.42~1.12	0.58(12)	0.02~0.10	0.05(15)
	片麻岩	0.07~2.00	0.69(8)	痕迹~0.18	0.08(13)
红壤	花岗岩	0.50~3.86	2.15(15)	0.03~0.65	0.18(59)
	玄武岩	0.30~1.93	1.17(16)	0.04~0.41	0.16(21)
	石灰岩	0.75~3.90	1.15(11)	0.03~0.39	0.15(12)
	页岩	0.73~1.29	0.91(7)	0.03~0.35	0.12(17)
	砂岩	0.36~0.80	0.50(20)	痕迹~0.20	0.09(46)
	千枚岩	0.60~1.48	0.94(7)	0.05~0.13	0.09(11)
	流纹岩	0.60~4.90	2.56(5)	0.02~0.14	0.06(6)
	第四纪红色黏土	0.86~4.50	1.64(20)	0.04~0.56	0.19(64)

注:括号内数字是分析的样本数。

黄土母质所形成的土壤的钼含量很低。下面所列的几个黄土母质的钼含量说明了这一情况(表 1-12)。黄土母质的钼含量较低与其矿物组成有关。黄土中的矿物以石英和长石为主,云母和碳酸盐碎屑也很多,还可以检出锆石、电气石、石榴石、辉石等,这些矿物含钼都很少,因此这些矿物形成的土壤的钼含量也较低。

表 1－12　黄土母质的钼含量

单位：mg/kg

采集地点	钼含量
甘肃庆阳（西峰镇）	0.8
甘肃正宁（子牛岭）	0.8
甘肃甘谷	0.8
甘肃榆中	0.9
陕西宜君	0.7
陕西岐山	0.4

我国土壤中钼的分布，在空间上有逐渐递变的特征。如表 1－13 所示，我国 14 省（市、区）土壤中全钼的平均含量为 1.42 mg/kg，除了上海和云南钼含量较高外，其他各省全钼含量均值都低于 1.7 mg/kg，全钼含量从南到北有降低的趋势。

表 1－13　土壤中的全钼含量

单位：mg/kg

土区	省（市、区）	范围	平均	土区	省（市、区）	范围	平均
铁铝土、水稻土	云南		2.38	淋溶土、半淋溶土	河南	0.1～2.5	0.68
	广西	0.2～28.5	1.30		山西	0.21～1.12	0.55
	福建	0.3～4.8	1.58		河北	0.18～2.52	0.61
	江西	0.3～3.2	1.50		辽宁	0.01～49.1	0.79
	湖南	0.1～3.6	0.95		吉林	0.28～2.58	1.00
	浙江	0.4～8.9	1.30	干旱漠土	甘肃	0.42～5.1	1.10
	湖北	0.2～28.4	1.30				
	上海		4.90				

土壤全钼含量并不能代表对植物的供给情况，但是呈碱性和中

性反应的土壤的全钼含量很低的时候，经长期的集约耕种以后，往往会发生缺钼现象。有时还可以根据土壤全钼含量估计家畜是否受钼毒的影响。例如，全钼含量高于 20 mg/kg 时，家畜可能遭受钼毒和缺铜。也可以根据河流冲积物的全钼含量确定高钼土壤的分布情况。低钼土壤则有酸性砂土、有铁磐的酸性土壤、质地较轻的冲积土和栗钙土、灰化土等。在这些土壤上生长的植物的钼含量很低，易发生缺钼。

2. 有效钼含量

土壤中钼的可给性与土壤酸度、有机质和湿度等多种因子有关。表 1 - 14 中的低钼土壤的全钼含量、有效态钼含量及两者比值都较低，有效态钼平均含量一般都低于 0.15 mg/kg，有效态钼与全钼的较低比值也说明了陕西黄土母质发育来的土壤中钼的供给水平很低。

表 1 - 14　黄土及黄河冲积物发育的土壤中钼的含量范围和平均含量

单位：mg/kg

采集地点	土壤名称	有效态钼含量	全钼含量	有效态钼/全钼
陕西中部及北部	埁土、黄绵土	痕迹～0.32 （平均 0.11）	0.04～1.1 （平均 0.7）	0.03～0.17
江苏北部	黄潮土	痕迹～0.25 （平均 0.07）	0.04～2.6 （平均 0.8）	0.01～0.11
江苏南部	黄棕壤*	痕迹～0.19 （平均 0.07）	0.03～1.4 （平均 0.8）	0.02～0.30

注：* 为下蜀黄土发育。

表 1 - 15 是一些我国低钼土壤的全钼、有效态钼含量及两者比值，均说明该土壤中钼的供给水平是很低的。

表 1－15 黄土、黄河冲击物发育的土壤的钼含量(表层)

单位:mg/kg

采集地点	土壤名称	成土母质	有效态钼	全钼	有效态钼/全钼
陕西岐山	黄绵土	黄 土	0.06	0.7	0.09
陕西宜君	黄绵土	黄 土	0.07	0.7	0.10
陕西延安(麻洞川)	水稻土	黄 土	0.12	0.7	0.17
陕西延安(南泥湾)	水稻土	黄 土	0.05	0.4	0.13
河南中牟	黄潮土	黄河冲积物	0.08	1.0	0.08
河南开封	黄潮土	黄河冲积物	0.14	—*	—
河南郑州	黄潮土	黄河冲积物	0.07	—	—
江苏淮阴	黄潮土	黄河冲积物	0.04	0.5	0.08
江苏铜山	黄潮土	黄河冲积物	0.02	0.6	0.03
江苏宿迁	黄潮土	黄河冲积物	0.07	—	—
江苏南京	黄棕壤	黄河冲积物	0.02	0.9	0.02
江苏溧阳	白土	黄河冲积物	0.10	1.0	0.10
上海川沙	黄泥土	近代冲积物	0.07	0.5	0.14

注：* 为未测定。

我国南方红壤区的大多数土壤中钼的供给水平也很低，其共同特点是全钼含量高而有效态钼含量低，显然这是由于在酸性反应下有效态钼被吸附固定的缘故。红壤区土壤的钼含量如表 1－16 所示。由表 1－16 可知，除了石灰岩土以外，有效态钼含量都很低，基本上低于 0.15 mg/kg。

表 1－16 红壤区土壤的钼含量

单位:mg/kg

土壤类型	全 钼		有效态钼	
	范 围	平均值	范 围	平均值
砖红壤	0.50～3.10	1.94(37)	痕迹～0.50	0.19(63)
赤红壤	0.14～3.03	1.83(55)	痕迹～ 0.70	0.09(70)
红壤	0.30～11.86	2.43(102)	痕迹～0.68	0.14(405)
黄壤	0.10～4.49	1.53(49)	痕迹～1.18	0.14(105)
紫色土	0.32～1.10	0.55(7)	0.02～0.22	0.08(38)
红色石灰土	0.50～2.83	1.83(25)	痕迹～0.63	0.22(28)
黑色石灰土	0.32～1.02	0.68(7)	痕迹～0.14	0.04(7)

注：括号内数字是分析的样本数。

就有效态钼含量与全钼含量的比值而论，我国大多数土壤低于0.10，常低于0.05，如表1-17所示，这也说明全钼含量高而有效态钼含量偏低的情况。

表1-17　一些红壤区土壤的钼含量

单位：mg/kg

采集地点	土壤名称	成土母质	有效态钼	全钼	有效态钼/全钼
江西进贤	红壤	红色黏土	0.10	0.9	0.11
江西鹰潭	红壤	红砂岩	0.08	0.8	0.10
江西宜春	红壤	石灰岩	0.09	3.2	0.03
江西弋阳	红壤	千枚岩	0.05	0.6	0.08
海南那大	赤红壤	花岗岩	0.24	4.9	0.05
广东儋县	赤红壤	砂质片岩	0.05	2.0	0.03
广东高州	富铝化红壤	花岗片麻岩	0.10	2.8	0.04
广东福山	砖红壤	玄武岩	0.07	21.3	0.01
广东湛江	砖红壤	凝灰岩	0.13	2.3	0.06

在我国南方，水稻土分布很广，而豆科绿肥作物和油菜等十字花科作物也种植在水稻土上，因而水稻土的钼的供给情况有重要意义。就全钼含量而论，南方的酸性水稻土含量最高，北方的石灰性水稻土最低，与旱地一致。而有效态钼含量在石灰性水稻土与酸性水稻土之间差异不明显(表1-18)。

表1-18　水稻土的钼含量

单位：mg/kg

土壤类型	全　钼		有效态钼	
	范围	平均值	范围	平均值
酸性水稻土	0.25～3.26	1.32(142)	0.02～0.60	0.14(221)
中性水稻土	0.27～1.38	0.69(61)	痕迹～0.34	0.09(72)
石灰性水稻土	0.26～1.21	0.57(24)	痕迹～0.44	0.12(31)

注：括号内数字是分析的样本数。

3. 我国的缺钼土壤

一般来说，易缺钼的土壤包括：

① 酸性土壤，特别是游离铁、铝含量高的红壤、砖红壤，淋溶作用强的酸性岩成土、灰化土及有机土；

② 北方土母质及黄河冲积物发育的土壤；

③ 硫酸根及铵、锰含量高的土壤(抑制作物对钼的吸收)。

就我国目前资料分析，有效钼缺乏的土壤分布面积很广，主要分布范围在我国中部、北方的石灰性土壤，主要是黄土、黄河和淮河冲积物发育的各种土壤，如黄绵土、黄潮土、砂姜黑土等。我国很多土壤属于低钼或缺钼土壤，这些土壤可区分成两种类型，但是导致低钼和缺钼的原因有所不同。北方的低钼和缺钼土壤包括黄土母质和黄土性母质发育的各种土壤与黄河冲积物发育的土壤等。黄土母质主要分布于黄土高原，长江中下游的下蜀黄土有类似的性状。在上述的土壤中，全钼和有效态钼含量都较低，黄河流经黄土高原，携带大量冲积物到下游，华北平原便是黄河冲积物沉积而成。黄河泛滥次数很多，受黄河冲积影响的土壤的面积因而很大，除了华北平原还有淮北平原等。这些受黄河冲积影响的土壤，在一定程度上与黄土发育的土壤相似，全钼和有效态钼含量都较低，因而在我国尤其北方构成了大面积的低钼和缺钼土壤。

表1－19所列资料可以说明我国土壤有效钼含量及其分布特点。表中所列的吉林、内蒙古等10个省(自治区、直辖市)中，除上海外，耕地加非耕地土壤缺钼和严重缺钼的面积比例变幅为39.5%～96.2%，绝大多数在85%以上，严重缺钼的面积比例绝大多数在50%以上，基本不缺钼的面积比例绝大多数在10%以下。表中所列的内蒙古、河北等6个省(自治区)中，耕地土壤缺钼和严重缺钼的面积比例变幅为55.3%～62.95%，而基本不缺钼的多数为10%～13%，内蒙古的耕地土壤基本不缺钼的甚至不到1%。

表 1-19　全国部分省(自治区、直辖市)土壤耕(表)层有效钼(Mo,mg/kg)分级面积比统计

省(自治区、直辖市)	面积(万公顷)	>0.30	0.30～0.20	0.20～0.15	0.15～0.10	<0.10	全区平均
				耕地[1]			
内蒙古	727.85	4.1	8.4	0.9	23.7	62.9	0.14
河北	751.82	14.5	12.3	11.6	17.2	44.4	0.19
山西	521.51	2.7	6.9	10.1	20.0	60.3	0.09
西藏	45.37	18.1	14.6	12.5	6.6	48.7	0.22
四川	1 114.07	7.7	9.5	10.9	22.5	49.4	0.15
浙江	237.79	6.0	7.8	12.4	22.9	50.9	0.13
				耕地+非耕地[2]			
吉林	1 866.23	30.4	20.1	10.0	11.2	28.3	0.21
内蒙古	11 418.86	7.5	4.6	3.1	20.4	64.4	-
山东	1 211.04	0	0.2	3.6	42.9	53.3	0.08
河南	1 375.69	1.0	1.7	3.9	12.9	80.5	0.08
山西	1 454.03	3.3	8.6	8.4	15.9	63.8	0.09
陕西	1 992.76	3.6	2.0	9.1	19.0	66.3	0.10
上海	2.55		40.2[3]	38.9	20.9	0	0.23
安徽	1 035.50	1.6	3.3	5.4	33.2	56.5	0.08
湖北	1 257.40	0.9	5.3	5.3	13.4	75.1	0.06
广西	1 614.37	1.1	5.6	4.5	13.1	75.7	-

注:① 耕地包括水田、旱地、菜园等;② 非耕地包括林地、草地、果园、茶园;③ 包括>0.3 mg/kg 级;④ 钼含量不超过 0.10 mg/kg 为严重缺乏,0.10～0.15 mg/kg 为缺乏,0.15～0.20 mg/kg 为基本不缺。

三、土壤中钼的存在形态

钼是化合价变化的金属元素,在土壤中一般是以无机或有机形态存在。钼在土壤中的氧化态从+2 价到+6 价,但只有+6 价易溶于水,因此+6 价的钼容易被植物吸收。钼在土壤中的存在方式一般有 4 种类型:可溶解于水的水溶钼,存在于有机物质中的有机态钼,原生矿物和铁铝氧化物所固定的难溶态钼,以 MoO_4^{2-} 和

$HMoO_4^-$形式被土壤胶体所吸附的代换态钼，这 4 种类型在条件适当的情况下能够迅速地相互转化。

土壤溶液中钼的形态因土壤 pH 的变化而不同，pH 大于 5 时，以 MoO_4^{2-} 离子存在；pH 为 2.0～5.0 时，以 $HMoO_4^-$ 和 H_2MoO_4 存在；pH 为 1.0～2.0 时，以 H_2MoO_4 存在；pH 小于 1.0 时，则以钼的离子存在。当然，土壤溶液中还有螯合态钼存在，这些有机态钼来自植物残体。这种含钼离子在有大量 Ca^{2+}、Cu^{2+}、Mn^{2+} 或 Zn^{2+} 时容易形成沉淀，而溶液中的离子则主要被黏粒矿物和铁铝氧化物所吸附或包蔽，因而土壤中的钼可区分成以下几个部分：土壤溶液中的钼（钼酸盐）、带正电荷的固体表面上吸附的钼酸根离子、铁铝氧化物等次生化合物中所包蔽的钼、有机态钼和矿物中的钼。其中前 3 个部分是对植物有效的钼。

根据上述的区分法和钼在各种提取剂中的溶解度，常将钼区分成下列的 4 个部分：水溶态钼、代换态钼、有机态钼和难溶态钼。或者简化成 3 个部分：水溶态钼（包括可溶的钼酸盐，是对植物有效的钼）、氨溶态钼或易络合（对植物不完全有效，但能够转化为对植物有效的）、低价氧化钼（指五价以下的氧化钼，对植物无效，氧化后成为有效的）。

并且，根据氧化钼在一定条件下的相互关系得出土壤中钼的循环模式：

$$(\text{水溶态钼})MoO_4^{2-} \rightleftharpoons MoO_3 \rightleftharpoons MoO_2$$
$$MoO_3 \rightleftharpoons Mo_2O_5 \rightleftharpoons MoO_2$$

MoO_3 是酸性氧化物，与钾、钠、镁等迅速反应而形成可溶的钼酸盐，或者还原成二氧化钼或五氧化二钼。在酸性反应下，利于上述反应向形成氧化物的方向进行。将几种形态的钼简述如下：

(1) 水溶态钼　指可溶的钼酸盐，也可能包括少量 MoO_3，是对植物有效的钼，含量极低。水溶态钼含量主要受 Fe_2O_3 对钼酸根的吸附所控制。在碱性反应下，水溶态钼含量较高，并且易于移动和遭受淋洗。

(2) 代换态钼　在黏粒矿物和次生矿物带正电荷的表面上都能

吸附钼酸根离子 MoO_4^{2-}，一般认为是与 OH^- 相代换。在砖红壤化过程中钼被紧密吸附而成为非代换态。钼酸根离子的最大吸附量出现在 pH 为 3～6 时，pH 大于 6 时吸附迅速减弱，pH 大于 8 时几乎不再被吸附。以黏粒矿物试验，斑脱石在 pH 为 7.5 时停止吸附钼，高岭石在 pH 为 8.1 时停止吸附钼。此外，铁、铝、钛、锰的氧化物都能够吸附钼，而氧化铁对钼的吸附较其他元素的氧化物和黏粒矿物紧密。在含有较多氧化铁的酸性土壤上经常出现缺钼现象，这些土壤的全钼含量并不低，有效态钼却很少，便是由于钼被氧化铁吸附固定，不能为植物吸收利用。

(3) 有机态钼　关于有机态钼的结合方式目前还未能完全了解。在泥炭土(高位泥炭土除外)和排水不良的土壤中都含有较多的钼。钼与腐殖酸的结合可能与它和多羟基酚（如焦儿茶酚、焦倍酚等)的结合相似。钼与含有正羟基的有机化合物(酚、醇、羟酸和一元有机酸等)能够形成可溶的络合物，这些络合物也可能与金属离子形成不溶化合物。此外，钼还能与含氮化合物(如酪氨酸、酪酸、磷脂、蛋白质)以及碳水化合物相结合。有机态钼常因微生物活动而分解，释放出钼而继续参与土壤中的循环。

(4) 难溶态钼　指原生矿物和次生矿物晶格中的钼。有人将铁锰结核和铁铝氧化物中的钼也列入难溶态钼中，但是在使用酸性草酸盐溶液作为有效态钼的提取剂时，有部分钼从铁铝氧化物中溶解，所以铁铝氧化物中的钼既不是全部不能被植物所利用，又会被提取剂溶解得过多，导致分析结果偏高而不能很好地代表对植物有效的钼。

钼在原生矿物中具有亲硫性和亲硅性。亲硫性表现在与硫相结合而形成硫化矿，如辉钼矿；亲硅性使之常存在于硅酸盐的晶格中，一般在长石和云母中作为伴生元素，可能是 Mo^{4+} 与 Al^{3+} 发生了代换所造成的。此外，钼也以含氧阴离子 MoO_4^{2-} 的形态存在于铅钼矿、钼钨钙矿和铁钼华等含钼矿物中。

第三节 影响土壤钼有效性的因素

有效态钼主要包括水溶态和代换态钼，是能被植物吸收利用的钼素。土壤中钼的赋存形态会影响钼素对植物的有效性。土壤中不同形态的钼在一定条件下可较为迅速地相互转化。每一类形态的钼对植物都具有一定的有效性，但是一般水溶态钼和有机结合态钼含量较高会导致土壤钼的有效性较高。由于土壤钼素有效性受到土壤酸碱度、有机质、土壤含水量、根际、铁铝氧化物及肥力等因素的综合影响，土壤有效钼含量还不能真正反映钼的生物有效性，所以有效态钼含量的评价需要同时考虑这些因子（表 1－20），才能获得比较可靠的结果。

表 1－20 影响土壤中钼的有效性的因子

增大有效性的因子	降低有效性的因子
土壤溶液中 OH^-、PO_4^{3-}、CO_3^{2-} 浓度增加	土壤溶液中 H^+ 浓度增加
用 CaO、$Ca(OH)_2$、$CaCO_3$ 处理土壤	土壤中 $Al(OH)_3$ 和代换铝增多
施用多量磷肥（PO_4^{3-} 供给增多）	过量 $Fe(OH)_3$、Fe^{3+}、Mn^{2+} 存在
有机质的矿化	施用酸性肥料而未施石灰
	钼与含 R_2O_3 的酸性腐殖酸结合

一、土壤酸碱度

影响土壤钼的生物有效性最大也是最重要的土壤因素是酸碱度（pH）。土壤 pH 会影响土壤中钼素的形态、溶解度、代换作用和吸附作用，进而影响到植物对钼元素吸收利用的有效性。在碱性条件下，钼的可给性增大，所以缺钼多发生在酸性土壤上。一般来说，在一定范围内，土壤 pH 的提高通常会导致土壤有效钼含量的增加。每当 pH 上升一个单位时，MoO_4^{2-} 离子的浓度增大 100 倍。这是由于在

pH 小于 5.5 的酸性土壤中，MoO_4^{2-} 更易被土壤胶体所吸附，从而导致其有效性降低；在碱性土壤上，土壤对钼素的吸附能力显著降低，植物就能吸收利用更多的 MoO_4^{2-}，因而钼素的有效性增加；当 pH 高于 8 时，石灰性土壤中 HCO_3^- 又会抑制作物对钼元素的吸收，因为土壤有机质本身含有一定量的钼素，它可以通过微生物活动释放出来供作物吸收利用，同时，有机质胶体又会对钼素产生吸附作用来减弱其有效性。我国南方红壤区的大多数土壤钼素供给水平较低，且共同特点是全钼含量高但有效钼含量低，这主要是因为酸性条件下有效态钼被吸附固定了。另外，在酸性土壤条件下，铁氧化物、铝氧化物更容易与 MoO_4^{2-} 结合反应，从而降低钼的有效性。

前文已述，在土壤中存在着多种形态的钼，可分成两类：一类是各种形态的氧化钼之间的相互转化，另一类是三氧化钼转化为钼酸盐。而上述反应与 pH 密切有关，在酸性条件下，平衡向有利于形成 MoO_3 的方向移动，钼酸盐被还原，可给性下降；pH 较高时，则有相反的结果。在 pH 上升到较高数值时，甚至最不易溶的钼酸铅 $PbMoO_4$ 都会溶解。此外，土壤中钼的可给性与 pH 的关系，不仅与矿物和氧化物的溶解度有关，还与固相对钼的吸附作用有关，后者将在下文中讨论。至于有机态钼，则受 pH 改变的影响较小，远不如它对可溶性钼盐或离子态钼的影响那样显著。

大量资料说明，在酸性土壤中钼的可给性较低，施用石灰会使钼的可给性增大。农业生产实践和试验都说明，适量的施用石灰能够满足或者部分满足农作物对钼的需要，因而可以不施钼肥或者少施钼肥。pH 升高时，土壤中的有效态钼增多。有的报道认为，两者间成显著的正相关；有的报道则认为，这种正相关仅在 pH 小于7.9时存在，pH 大于 7.9 时这种关系不稳定，增减无规律。试验证实，施用石灰使土壤 pH 为 6.5，即对各种营养元素的可给性都比较适宜的酸度，农作物不一定能够达到最高产量，若同时施用少量钼肥便会使产量进一步提高，这种情况说明石灰与钼肥互相配合是有益的。

实际上土壤中钼的可给性与 pH 之间的关系还是比较复杂的。土壤中的水溶态钼虽然随着 pH 升高而增多，但是植物所吸收的钼却未必相应地提高，这种情况可能是由于土壤中的碳酸盐、酸性碳酸盐和氢氧根妨碍了植物对钼酸根离子的吸收,也可能是由于大量施用石灰时碳酸钙吸附钼而使它的溶解度降低。在土壤全钼含量很低的时候,pH 对钼的可给性的影响并不十分显著,施用石灰不一定会使有效态钼增多。也就是说,在酸性土壤上施用石灰的效果往往因土壤而异,植物缺钼现象也会出现在中性反应的土壤上和施用了适量石灰的酸性土壤上。这种情况说明单独根据有效态钼含量或 pH 来评价土壤中钼的供给情况都有一定的局限性,将两者同时加以考虑会获得较满意的效果。在酸性土壤中,植株吸钼量的 35%~65% 依赖于土壤 pH,Reda、Davies(1956)根据土壤 pH 和有效态钼含量求得钼值:

$$钼值 = pH + [有效态钼含量(10^{-6}) \times 10]$$

例如,对苜蓿来说,缺钼的临界值是 7.2;当钼值是 8.2 时,不会发生缺钼现象;当钼值小于 6.2 时,钼肥在一般情况下是会有效的。使用钼值来评价钼的供给情况可作图 1-2 所示的图解。

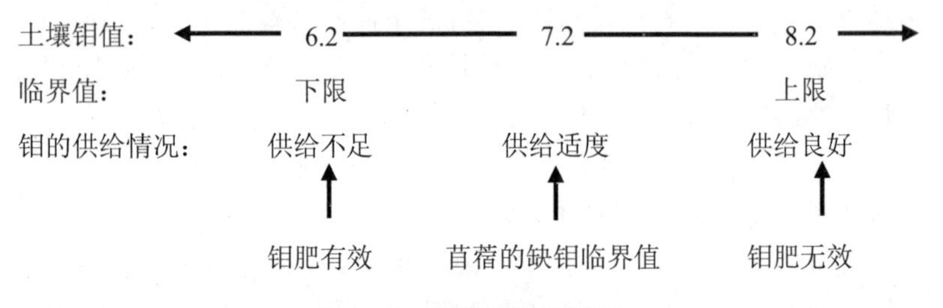

图 1-2　钼值与需肥情况

朱瑞卫则将土壤钼值修正为

$$钼值 = pH + [有效态钼含量(10^{-6}) \times 10] - 0.1 \times 黏粒含量(\%)$$

由植物中的钼含量也可以反映出钼的可给性和供给情况的差异,或者区分出缺钼和钼毒地区,这些差异都与土壤的 pH 密切相关。试验证实,各种土壤上生长的苜蓿和红三叶草的钼含量与土壤 pH 有密切关系,pH 小于 5.5 的土壤上采集上述牧草,它的钼含量都在 0.4 mg/kg 以下;施用石灰使 pH 为 6.4~7.3,在这些土壤上生长的上述牧草的钼含量相应地提高到 0.7~3.5 mg/kg。类似的报道很多,表 1-21 就是一个例子。有时施用石灰使农作物的钼含量成倍地增加，产量相应提高，如图 1－3 所示。

表 1－21　施用石灰对土壤和植物钼含量的影响

石灰用量(g·kg^{-1}土)	土壤 pH	大麦的钼含量(mg/kg)
0	5.6	0.19
0.8	6.0	0.22
1.7	6.4	0.40
2.5	6.9	0.66
3.5	7.1	1.26
5.0	7.6	1.93
10.0	7.8	2.79
15.0	7.9	3.21
20.0	7.8	3.42

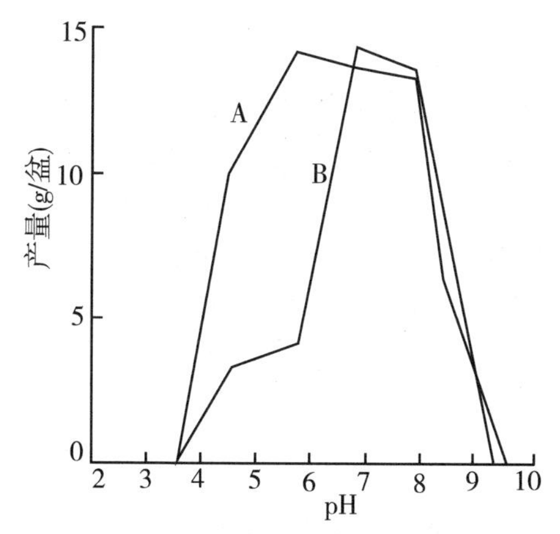

图 1－3　土壤 pH 对三叶草产量的影响

A—施石灰；B—对照

二、土壤有机质

土壤有机质影响土壤钼的有效性。与土壤有机质结合的钼，随着有机质的矿化而释放，可被作物吸收利用，这部分钼的含量随土壤有机质的含量而变化。土壤有机质含量增加，其有效钼含量也会增加，并且这种影响在 pH 较低的土壤中更为常见。钼固定在土壤中或者与有机质结合主要是通过被氧化铁吸附进而结合到有机质上。但 Mulder (1954)和 Bradley(2004)研究发现缺钼也会发生在有机质含量较高的土壤中，而施用钼肥之后会显著缓解植物的缺钼症状。关于土壤有机质与钼的可给性的关系的报道是不一致的。有的资料说明在有机质含量较高的土壤中钼的可给性也较高，有机质含量与有效态钼含量之间成正相关；有的资料则认为是负相关或者全然无关。但是曾经发现在有机质含量较高的土壤上存在着缺钼，钼肥效果显著；而在富含有机质的土壤又发现含有较多的代换态 MoO_4^{2-} 离子；将厩肥、泥炭等富含有机质的肥料与土壤在一起培育时也曾经发现有较多的钼被提取出。这些情况说明有机质与有效态钼含量间的关系是复杂的，并且可能与试验的具体条件的差异有关。在为数不多的试验的基础上做出的结论，往往不能在广泛的范围里应用。

有机质与钼的可给性关系还会受其他土壤条件影响。影响土壤中钼的可给性的因子很多，单独考虑一个因子，有时不如把几个因子同时加以考虑会获得更可靠的结论。例如，在土壤排水和 pH 不同的情况下，有机质含量与钼的可给性之间存在着不同的关系。例如，在呈酸性反应的水藓泥炭上会发生缺钼，而在呈碱性反应的富含有机质的排水不良的土壤上则会发生钼毒。表 1－22 说明土壤有机质含量、排水情况、pH 与有效态钼含量间的关系，在富含有机质并且排水不良的土壤上，在微酸性反应下，有效态钼的含量最高。

表 1－22　有机质含量、排水情况、pH 与有效态钼含量间的关系

排水情况	有机态碳含量	pH	平均钼含量(mg/kg)	
			土壤有效态钼	牧草
排水良好	4.0%	6.5	0.39	3.1
排水不良	6.4%	6.5	0.44	3.9
排水极为不良	10.7%	6.6	2.36	13.0

三、土壤含水率

土壤含水率也是影响土壤中钼素有效性的因素之一。在排水不良的土壤中钼的可给性较高。Davies、Lemon (1963)在温室模拟试验中设置土壤不同水分含量的处理,结果表明,土壤有效钼含量与土壤含水量之间成显著正相关。这是由于在排水不良、水分含量较高条件的土壤中,有机质分解比较缓慢,有积累现象,土壤长期处于还原状态时,Fe^{3+} 离子会因积水造成的还原条件而减少,这样被氧化铁胶体包蔽的钼素释放出来,以增加土壤有效钼含量,土壤中存在较多的 MoO_4^{2-},因而其有效性增加。因此,在排水良好的土壤中 MoO_4^{2-} 积累较少,钼素会进入水体而发生转移,从而使得水体中钼素含量增加。在上述的土壤上会观察到植物钼含量提高,有时会使食用这些植物的家畜患有钼毒病。牛羊钼毒病的早期名称为泥炭腹泻病(peat scours),本身便说明了钼毒病是在排水不良的土壤上发生的。英美等国关于牛的钼毒病的报告中大都包括对泥炭土、低洼的黏重土壤和含有多量有机质的排水不良的土壤的叙述。而在排水良好的土壤中则有效态钼含量较低,同时,牧草的钼含量也是较低的。在排水不良的亚表土中常有钼、钒、铬等元素积累。在出现高钼牧草的地方,土壤大都有灰色的亚表土,说明它的排水情况是不好的。通过控制土壤水分含量的温室试验,也证实了钼的可给性与湿度间的关系。但是土壤水分含量似乎不是影响湿润土壤中的钼的溶解度的主要因素,在水土比为 1∶1～1∶10 时,土壤中的钼的溶解度仅仅稍有增加,而在湿土中扩散作用和质流都有所加强,其结果便是为植物根部提供了更多的钼,这可能是排水不良的土壤上植物钼含量较高的原因之一。另外,排水不良的土壤的深层渗漏水所溶解的钼不会发生损失,亚表土排水受不透水的底土或者永久性高水位的限制,可溶解的钼停留在根区,也会使植物所吸收的钼增多。看来这些原因都可能导致土壤有效态钼含量和牧草的钼含量偏高。虽然排水不良使有效态钼含量增大的原因是多种多样的,而钼毒区的土壤往往是排水不良的,说明排水情况与钼的可给性之间常有密切的关系。

四、吸附作用

钼酸根离子被带正电荷的土壤胶体所吸附，主要是与黏粒矿物和含水的铁铝锰氧化物的 OH^- 相代换，这些无机胶体对钼的吸附和固定与土壤中钼的可给性有密切关系。目前关于钼的吸附的机制还不能认为已经完全明确，一般认为土壤中钼的吸附和固定大致有三种方式，即阴离子的代换吸附、被铁铝锰等氧化物所吸附及包蔽和形成难溶的钼酸盐。这里主要讨论前两者。

黏粒矿物如高岭石、斑脱石、埃洛石等都能够吸附相当数量的钼，这种吸附反应使平衡系统的 pH 上升，因而钼的吸附与 pH 有密切关系。在一定 pH 范围内，pH 降低的情况下，对钼的吸附增多。钼的最高吸附量在 pH 为 3～6 时，pH 大于 6 时吸附迅速减弱，pH 大于 8 几乎不再被吸附。各种黏粒矿物吸附钼的能力和与 pH 值的关系不同。

黏粒矿物吸附钼的能力排序为埃洛石＞囊脱石＞高岭石，并且都低于氧化铁和氧化铝。这些黏粒矿物吸附钼的 pH 范围是由中性到微酸性，与土壤吸附和固定钼的范围相符（图 2－3）。

土壤中的铁、铝、锰、钛的氧化物也能够吸附和固定钼，氧化铁和氧化铝对钼的吸附能力大于黏粒矿物。氧化铁对钼的吸附可用下列反应式表示：

$$Fe_2O_3 + 3H_2O \rightleftharpoons 2Fe(OH)_3$$

$$2Fe(OH)_3 + 3Na_2MoO_4 + 6HCl \rightleftharpoons Fe_2(MoO_4)_3 + 6NaCl + 6H_2O$$

$$Fe_2O_3 + 3Na_2Mo_4 + 6HCl \rightleftharpoons Fe_2(MoO_4)_3 + NaCl + 3H_2O$$

酸性土壤中铁氧化物带正电荷，能与 $MoO_4{}^{2-}$ 反应。含游离铁氧化物的土壤对土壤溶液中的 $MoO_4{}^{2-}$ 吸附量大。试验表明，随着铁氧化物（Fe_2O_3）含量的增加，吸附到土壤矿物的钼也随之增加。而且，Fe_2O_3 对钼的吸附效果随 pH 变化而变化，pH 从 7 升高到 9 时，在含 100 μg 钼溶液中，加入 100 mg Fe_2O_3 振荡 15 小时后，Fe_2O_3 吸附的钼从 98 μg 减少至 22 μg（Jones，1956）。铝氧化物也能从土壤液相中移走钼，但在相同条件下，其吸附效果不如铁氧化物（Jones，

1957)。

这些氧化物对钼的吸附均与 pH 有关,氧化铁吸附钼的 pH 范围最宽,集中在 pH 为 2～7.5 时,氧化铝次之,集中在 pH 为 4.5～6.5 时。在含氧化铁较多的土壤如红壤在 pH 为 6～6.5 时仍能吸附大量的钼;将氧化铁除去后,则吸附钼的 pH 范围就显著地降低(图 1－4),并且与一些黏粒矿物对钼的吸附的 pH 范围相似。对于 MoO_4^{2-} 阴离子的代换位置显然是由这些氧化物提供的,铁与钼之间相当稳定的相关关系说明了这一问题,并且在矿质土壤中对钼的吸附多寡与游离氧化铁含量有关。因而通过测定土壤氧化铁的结晶度、活性铁的比例(无定形铁/游离铁)和土壤 pH 可以推断土壤对钼肥的需要程度。用酸性草酸盐溶液提取土壤的有效态钼时,也与无定形铁和游离氧化铁含量有良好的相关关系。它所提取的钼不仅包括代换态钼,而且与铁和铝等络合而释放出钼。

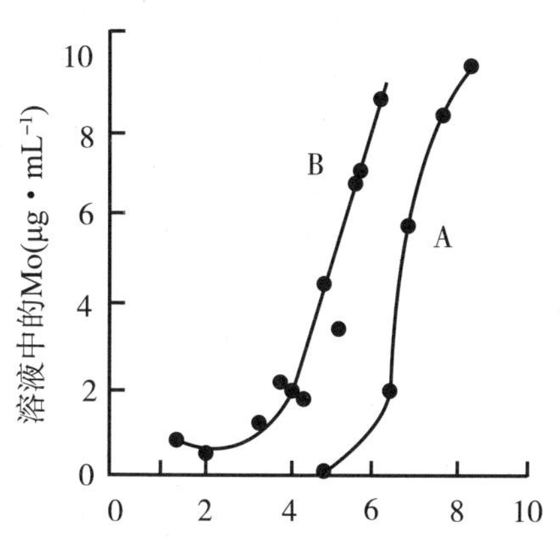

图 1－4　土壤吸附钼与 pH 的关系

A—红壤;B—红壤(铁已除去)

土壤中钼的吸附和固定与钼的可给性有密切关系。以三叶草进行栽培试验,并将铁、铝的氧化物加入土壤中,证实二者都能使三叶草的钼含量下降(图 1－5)。用苜蓿试验有相同的结果。这些试验都说明了钼的吸附与钼的可给性之间的关系。

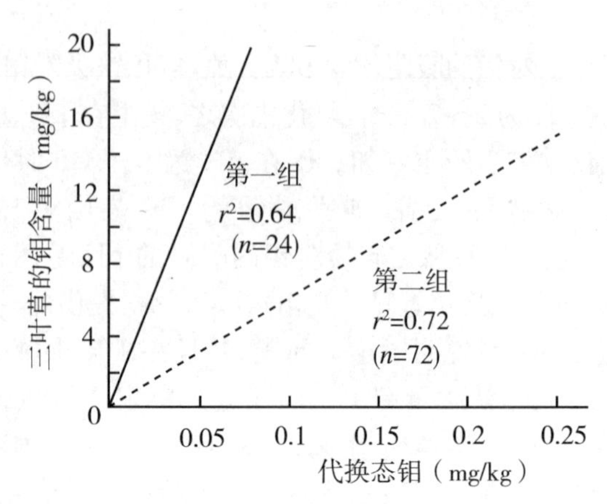

图 1-5 土壤有效态钼、无定形铁与苜蓿的钼含量间的关系

第一组—高含量的无定形铁；第二组—低含量的无定形铁

关于土壤中的钼的吸附现象，一般认为与磷的吸附相似，实际上两者间有一定的差异。例如，在石灰性土壤中磷与钙会形成沉淀，而钼则相反。$CaMoO_4$的溶解度很大，不易形成沉淀或者持久地存在于土壤中。pH 下降时，例如 pH 从 6 下降到 4 时，钼的吸附比磷的吸附约增大 20 倍，因此两者的吸附现象应区别对待。

五、根际

根际是植物根系活动的区域，在这一区域中，植物根系会不断地与土壤及其微生物相互作用，与土壤环境之间进行物质和能量的交换，使得各种无机/有机物质、有益/有害物质进入生命系统，参与物质循环。植物根系吸收阴阳离子不平衡以及根系分泌物可引起根际土壤 pH 变化，土壤 pH 的改变会引起微量元素（如 Fe、Mn、Zn 和 Cl 等）及重金属元素的生物有效性发生改变。不同作物或同一作物不同品种的根系分泌物的种类和数量也存在着基因型差异，因此可能会影响钼素在土壤中的化学形态及其生物有效性。

六、温度

温度不仅影响土壤钼的有效性和植物对土壤钼的吸收，还影响植物对钼的运输和利用。王运华研究发现，低温是冬小麦施钼的有效条件之一，生长于酸性黄棕壤上的冬小麦在气温低于5℃时，容易出现严重的缺钼症状，气温回升后，缺钼症状消失。这可能是因为土壤钼的有效性、植物对钼的吸收和运输及钼酶生理功能的发挥与温度有关。

生长于较高温度（30 ℃）条件下的根瘤菌比生长于较低温度下的根瘤菌累积的钼多2倍（Walmsley & Kennedy，1991）。低温时根瘤菌甚至不吸收钼（Shah 等，1984），由于钼的运输是一个需能的主动过程，受到低温的抑制，低温时钼向根瘤菌细胞的运输能力差（Walmsley & Kennedy，1991；Pienkos & Brill，1981）。

七、农业技术措施

农业生产中的一些技术措施会对钼肥追施效果有直接影响。许多作物都验证了施用石灰和钼肥有显著的交互作用，两者同时施用比单独施用石灰的植株中钼素含量要大。酸性土壤对于钼肥中的钼元素离子存在有直接影响，因此在酸性土壤中追施钼肥时，追施石灰可以降低土壤的酸性，从而促进钼元素的可供给性，更好地满足作物对钼元素的需要。但在酸性土壤中追施钼肥时，需要考虑土壤酸性和石灰的适宜配比，以得到更好的钼元素吸收效果。在土壤全钼含量较低的时候，pH 对钼素的可给性影响并不显著，施用石灰未必能使土壤中的有效钼增多。

另外，在实际施肥过程中，肥料元素间的配比会影响作物对钼元素的吸收效果。例如，钼和硫元素之间存在着相互影响、相互制约的复杂关系，它们的缺乏可能会同时发生，相互抑制吸收，硫酸根与钼酸根离子会争夺农作物根系上的吸附位置，含硫的肥料还会增加土壤酸度，降低土壤中钼的可给性。而钼和磷存在着协同关系，一方面钼酸根可被磷酸根从土壤胶体的吸附点解吸出来，提高土壤中可用性钼素含量；另一方面磷钼酸离子的形成更易被植物吸收。在微量营养元素中，铜、锰和钼素均存在拮抗关系。一方面，锰影响作物对钼的吸收，导致钼的缺乏；另一方面，锰的可给性在酸性土壤中大于石灰性土壤，这时土壤中钼素的可给性很低，锰的可给性增大会加重锰、钼之间的矛盾。因此，在作物施肥管理中，要根据营养元素之间的关系，合理施用和搭配肥料类型，最大限度地提高土壤中的养分利用。

八、钼素与其他元素的关系

土壤中各种元素之间相互影响，或拮抗或促进。当土壤中大量存在某一个化学元素或者大量施用某种元素的肥料，有时会对另一个元素有促进吸收作用，但有时也会因拮抗而引起另一个元素的缺乏，从而导致对该元素的“诱发性缺乏”。

大量资料说明，钼与许多化学元素间有一定的关系。例如，钼、磷两个元素间存在着相互促进的关系，而钼、硫间则有拮抗关系。这些元素与钼的关系的机理虽然还未完全明确，但是在试验和生产实践中都能够观察到这种关系的存在。现对钼与相关元素之间的关系分述如下。

（一）钼氮关系

钼与氮之间的关系较为复杂，曾经发现将钼肥施入土壤后，燕麦的氮含量降低；也曾观察到钼与不同形态的氮肥有不同的关系。在缺钼土壤上施用硫酸铵时，燕麦不表现出缺钼症状，而施用硝酸钾或尿素时，燕麦出现严重的缺钼症状；施用硝态氮肥时，农作物吸收的钼较施用铵态氮时多，农作物的钼含量随着铵态氮肥的增加而减少，如表1－23所示。

表 1-23　硫酸铵对牧草的钼含量的影响

硫酸铵用量(kg/hm²)	土壤 pH	牧草的钼含量(mg/kg)
0	6.7	12.0
250	6.7	6.0
500	6.5	3.9
1 000	6.4	3.6

(二) 钼磷关系

很久以来便已经证实钼与磷之间存在着相互促进的作用,同时施用钼肥与磷肥使钼的吸收效果大增,远超过单独施用钼肥。在溶液培养试验中证实,高水平的磷使植物吸收的钼增多 10 倍。在土壤中可观察到同样的现象,但因土壤而异,并与土壤条件有关。在酸性土壤上磷对钼的可给性的作用最为显著,可能是由于形成磷钼酸盐络合物易于被植物吸收,或者使钼由被吸附的络合物中释放出来而被植物吸收。当磷以 $H_2PO_4^-$ 的形态存在时,对促进钼的吸收的作用更为突出。在施用浓缩过磷酸钙时,对钼的吸收有促进作用,而在施用含有 SO_4^{2-} 的过磷酸钙时,则植物吸收的钼减少。有的试验结果则证实,只有磷和硫的缺乏都得到校正时,钼肥才能够产生效应。

(三) 钼硫关系

钼与硫之间存在着拮抗关系。在溶液培养试验中证实,有 SO_4^{2-} 离子存在时,植株的根、茎、叶中的钼含量都有所下降,将硫酸钙加入土壤中也获得同样的效果。从表 1-24 中可以看出,随着硫酸钙用量的增加,牧草的钼含量显著降低。

表 1-24　硫酸钙对牧草中钼含量的影响

硫酸钙用量(t/hm²)	土壤 pH	牧草的钼含量(mg/kg)
0	6.7	10.0
7.5	6.7	11.0
15.0	6.7	6.0
30.0	6.7	1.7

钼与硫之间的关系似乎与钼的供给水平有关。试验证实，当土壤的钼的供给水平很低时，施用含 SO_4^{2-} 的肥料使植物生长不良，而在钼的供给水平较高时，则钼、硫之间成正的相关关系。钼与硫的拮抗关系则被应用于钼毒土壤的改良工作中，施用硫酸铜是降低植物对钼的吸收的有效措施。钼与磷、硫间的关系比较复杂，石膏能使植物的钼含量降低或升高（与土壤类型有关），过磷酸钙对钼的吸收的影响也因具体情况而异，所含有的磷酸盐使钼的吸收增多，而所含的硫酸盐则使之减少，两者之中哪一个占主导地位，受实际试验条件影响，具体的土壤条件不同，可能有不同的作用效果。

（四）钼铜关系

钼与铜之间的拮抗关系表现在多方面，在泥炭土施用铜肥是一个重要的增产措施，但是同时也导致了植物的钼含量降低，而在牧草上施用钼肥，则使牧草的铜含量下降。这种相互作用在豆科植物上表现得最为明显。能够使土壤中钼的可给性提高的各种因子，对植物吸收铜都有抑制作用。钼铜关系对氮的代谢也有很大的影响。

钼、铜、硫间的密切关系，表现在植物尤其是牧草上，影响着家畜的健康。在动物体内这三个元素同样存在着相互关系。牧草的钼铜比及它们与动物营养的关系受植物中的 SO_4^{2-} 含量的控制，SO_4^{2-} 供给增多则植物对铜的吸收减少，钼过多会导致缺铜，而钼过少又会导致铜中毒。这种情况说明了保持土壤养分平衡对植物和动物营养均衡的重要意义。

（五）钼铁关系

钼与铁之间存在着拮抗关系。施用钼肥使燕麦和甜菜的铁含量下降，还可能导致发生缺铁症状，而高量的铁又会使植物发生缺钼。当铁的供给水平低的时候，施用钼肥会使番茄产量下降；当铁的供给水平高的时候，施用钼肥却会使产量提高。在红三叶草上也观察到类似的现象。这可能是由于钼干扰铁的代谢，或者是由于钼限制铁由叶脉向叶脉间的组织流动。另外，钼铁关系又因锰的水平而异。

（六）钼锰关系

钼与锰之间的拮抗关系，表现在多种植物上，包括豆科和非豆科植物，并且与铁的供给水平有关。钼的供给水平很高时，除了能够诱发缺铁以外，还可能加重锰过量所导致的缺铁现象。一般情况下，钼锰比可以用来评价这两个元素的供给情况，但是当植物中的锰含量达到 100 mg/kg 时，不论钼锰比的大小，施用钼肥都难以校正过量的锰所引起的种种症状。

（七）钼钨关系

钼与钨是同系物，存在竞争性拮抗作用。随着钨的增加，植物体钼的含量降低，硝态氮含量升高。钨能代替钼与辅因子结合，但形成的钨辅因子没有活性（Heimer 等，1969；Notton & Hewitt，1971），导致硝酸还原酶前体蛋白的超量表达，形成的硝酸还原酶却没有活性。利用这一点，有一些研究在培养介质中加入钨，来研究作物对缺钼的反应。但加入的钨如果较高，有可能对植物造成毒害。

另外，Mo 与 Cd 存在拮抗作用；Mo 与 B、Zn 等配施均能有效促进植物生长。

第四节　植物对土壤有效钼的吸收、缺乏和补充

一、植物对钼的吸收与利用途径

在植株体内，钼素属于移动性中等的元素，植物对钼的吸收和利用与其生长环境密切相关。钼主要存在于韧皮部和维管束薄壁组织中，在韧皮部内可以转移。在较低的 pH 条件下，钼易被土壤胶体所吸附，在较高的 pH 下，土壤有效钼含量较高。钼在土壤中的氧化态从 +2 价到 +6 价，但只有 +6 价的钼是可溶性的，易被植物所吸收。

植物根系从土壤中吸收钼的主要形态为 MoO_4^{2-}，植物机体的代谢影响根系对 MoO_4^{2-} 的吸收速率，但有关植株对钼素的吸收方式一直存在着争论。一部分人认为植物吸收钼是被动吸收，如有人发现植物根系钼的吸收量与外界溶液浓度成正比例，降低温度和加入抑制剂对植物根系吸收钼几乎无影响。而大多数人认为植物吸收钼可能是一个主动吸收的过程。有人发现，PO_4^{3-} 促进植物对钼的吸收而运至顶部，认为这种离子间的相互作用暗示了钼的主动吸收。到目前为止，植物中还没有发现钼的运转子，因此认为钼酸盐是通过其他阴离子的运转子运输的。在番茄植株中，在缺磷情况下，采用放射性标记的钼的吸收量增加 5 倍，由此推断，钼酸盐的吸收可能通过磷酸盐的吸收系统进行。硫酸盐的运转子也可能参与钼酸盐的吸收，因为大量硫酸盐存在的情况下，钼酸盐的吸收受到抑制。在丝状真菌中，也发现钼酸盐通过硫酸盐运输系统协同运输现象。在大肠杆菌中，一种高亲和性的 ABC 型硫酸盐运转子可以作为低亲和性的钼酸盐运转子。对绿藻的突变分析第一次较为详细地揭示了真核生物中钼酸盐的运输机制，绿藻有两类钼酸盐的运输系统：一类是高亲和力的，低容量的运转子，它对钨不敏感，但可被 0.3 mmol 硫酸盐所抑制；另一类是低亲和力的，高容量的运转子，它能被钨酸盐而不是硫酸盐所抑制。一旦钼酸盐进入植物体内，在 pH 大于 4.0 的环境下，可溶性的钼酸盐是主要存在形式，通过韧皮部和木质部这两种运输系统进行转运。

二、植物体内钼含量与分布

（一）植物体内钼含量

植物体内的钼含量很低，视植物种类而异，并且含量变幅很大，有的小于 0.1 mg/kg，有的大于 300 mg/kg，正常含钼量是 0.1～0.5 mg/kg。国内外资料表明，豆科作物含钼量明显高于禾本科作物。一般情况下，豆科植物钼含量较高，为 0.73～2.3 mg/kg，而草类（禾本科）则为 0.33～1.5 mg/kg，有时每千克豆科植物中可达几十到几百毫克。植物钼含量又因生长阶段而异，即使不同部位的含量也不相同。另外，同一种植物生长在不同的土壤上，其钼含量也会有很大的差异，例如在石灰性和中性土壤上生长的植物，平均含量为 11 mg/kg，而在酸性土壤上生长的同种植物仅含有钼不到 1 mg/kg。这种情况说明植物吸收的钼的量与土壤 pH 之间成正相关关系。在植物性食物中，钼含量差异较大，为 0.07～1.75 mg/kg，含量较高的是豆类，较低的是水果，各种谷粒间的差异则较小，平均为 0.5 mg/kg。一些植物的钼含量如表 1－25 所示。牧草钼含量如表 1－26 所示。表 1－26 中第一项所列的为牧草的正常钼含量，当地的家畜无钼毒症状。第二项为美国钼毒区的牧草的钼含量。美国的钼毒区主要分布于西部的石灰性土壤上，牧草以苜蓿、三叶草、甜三叶草为主，其钼含量可达 6～8 mg/kg 或者更多，而在东部的酸性土壤区，牧草的钼含量则低于 1 mg/kg，无钼毒现象。这种情况说明了牧草的钼含量高低的重要意义。

表 1－25　一些农作物的钼含量

单位：mg/kg

农作物	钼含量
小麦、大麦、燕麦、玉米等	0.03～0.07
三叶草、番茄、菠菜	0.15～0.50
花椰菜、油菜	0.40～0.80
甜菜、洋葱、胡萝卜	2 左右

表 1－26　牧草的钼含量

单位：mg/kg

生长地	草类(禾本科)		豆科牧草	
	范围	平均值	范围	平均值
芬兰	0.23～0.91	0.45	0.20～1.30	0.70
德国	0.08～1.04	0.33	0.21～0.50	0.80
日本	0.04～3.05	0.72	0.01～3.64	0.92
波兰	0.02～1.68	0.33	0.02～3.56	0.50
瑞典	0.20～4.80	1.40	0.30～20.50	2.50
美国	0.70～6.80	3.70	18.90～39.60	26.60

（二）作物体内钼素分布

在作物生长所必需的16种营养元素中，植物对钼的需要量低于其他任何一种，其含量范围为0.1～300 mg/kg（干重），通常含量不到1 mg/kg。豆科作物含钼量较高，其种子含钼量为0.5～20 mg/kg，根瘤中含钼量也很高，因为豆科作物的根瘤有优先累积钼的特点，如豌豆根瘤中钼的含量比叶片高出10倍。谷类作物含钼量一般为0.2～1 mg/kg，且以幼嫩器官中含量较高，叶片含钼量高于茎和根。叶片中的钼主要存在于叶绿体中。一般作物含钼量低于0.1 mg/kg，而豆科作物低于0.4 mg/kg时就有可能缺钼。

表1-27的数据表明，豆芽从相同的营养液（含钼4 mg/L）中吸收的钼多于番茄，说明它们对钼的需要量是不同的。同时还可以看出，菜豆根部钼的含量明显高于茎和叶，尤其是叶片的含钼量还不足总量的10%；而番茄则不同，根所吸收的钼，大约有50%可运往茎叶，且叶片中钼的含量显著高于茎。这可能反映了不同植物体内钼运输的特点。

表1-27 菜豆和番茄植株中钼的含量和分布

植株部位	菜豆		番茄	
	含量/干重(mg/kg)	占比	含量/干重(mg/kg)	占比
总量	1325	100.0%	918	100.0%
叶	85	6.4%	325	35.4%
茎	210	15.9%	123	13.4%
根	1030	77.7%	470	51.2%

大豆植株在缺钼时，其钼主要分布在根和叶中；钼充足时，主要分布在根和茎中；但后期钼主要存在于种子中（吴明才和肖昌珍，1994）。生长在田间条件下的大豆，在花芽出现以前吸收的钼很少，种子中的钼对植株早期生长及根瘤固氮起着重要作用；在结荚以后大豆开始吸收土壤中的钼，植株所有器官的含钼量增加，但到满荚期，根和荚壳中钼含量迅速下降，种子中含钼量相应增加，而根瘤、茎

和叶片中含钼量并不如此，说明从这些器官向种子转移钼是微不足道的。盆栽试验结果表明，在土壤有效钼严重缺乏时，籽粒中积累的钼很少，绝大部分的钼分布在营养器官中，随着土壤有效钼水平提高，穗部及其籽粒中钼含量和积累量迅速增加，穗部积累的钼占总量的60%以上，当土壤有效钼含量高于0.136 mg/kg以后，籽粒中积累的钼占总量的50%以上，穗部成为冬小麦成熟期积聚钼的中心。当土壤有效钼达0.216～0.376 mg/kg时，小麦籽粒含钼量仍在人畜安全摄入量范围内。在田间条件下，钼肥和氮肥配合施用影响了抽穗期冬小麦各器官中钼含量及其分布。低氮施钼时，茎中钼含量是所有处理条件中最高的：高氮缺钼时，麦穗中钼含量高于茎、叶；在其他处理条件下，冬小麦抽穗期叶片中钼含量均高于穗、茎。

三、钼素营养诊断

必需营养元素与作物产量间的关系可以由图1－6说明。当营养元素供给非常贫乏，即作物严重缺乏营养的时候，作物生长不良，外部往往出现缺乏元素症状。在施用所缺乏元素以后，作物生长良好，缺乏症状消失，产量相应地提高。当这一元素中度缺乏，即供给稍有增加，但是仍然不能满足作物需要时，外部没有可见的缺乏症状，但是体内则存在着种种生理学或组织学的不正常现象，称为“潜在性缺乏”。这时，施用所缺元素后仍然会有一定的效果，产量也会有所提高，但是增产幅度小于严重缺乏的时候。当这一元素供给良好时，作物生长正常，对所施肥料没有反应，只会形成奢侈吸收和浪费肥料。在作物并未缺乏营养元素，在奢侈吸收的情况下继续施用所缺元素时，反而会因为供给过量，作物生长受抑制，产量下降，有的时候还会出现可见的中毒症状。过量施肥的危害是多方面的，虽然有时由于作物对这一元素的容许量较大，并没有表现出中毒现象，但是在体内和籽实中含量过高，被动物食用后可能影响健康，因此也是应当避免的。

A	B	C		D	
严重缺乏	潜在性缺乏	适量	奢侈吸收	过量	
有可见的缺乏症状，施用后显著增产，症状消失或减轻	无可见的缺乏症状，施用后产量和质量提高	生长最好，产量和质量最高	生长良好，但可能影响对其他元素的吸收	产量下降，有中毒症状或无症状	营养元素浓度增加

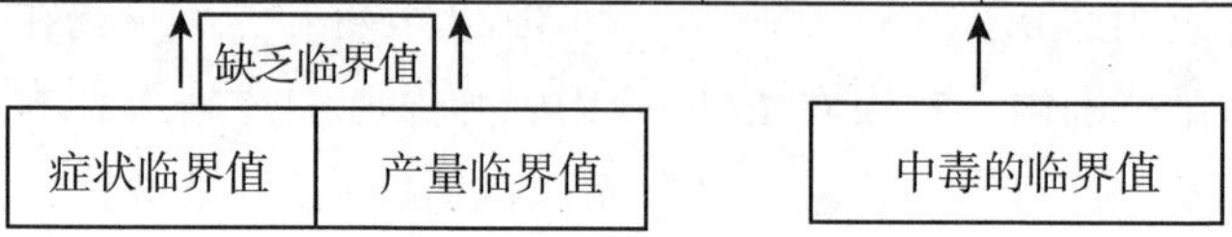

缺乏临界值

症状临界值　产量临界值　　中毒的临界值

图 1-6　必需营养元素的临界值分布

虽然钼素是植物需要量最少的微量营养元素，但是它在农业生产中所起的作用却很大。由于钼对固氮作用有重要意义，它的供给情况对豆科植物的影响也最突出，所以在农业中应用钼肥多以豆科植物为主要对象。有效态钼是评价土壤中钼的供给情况的适宜指标。根据土壤分析结果和大豆植株生长情况将有效态钼含量及其评价区分为五级的分级方法，0.15 mg/kg 为豆科植物缺钼临界含量。土壤有效态钼含量低于 0.15 mg/kg 时，豆科植物可能对钼肥有良好反应；含量为 0.10～0.15 mg/kg 时为轻度缺钼，豆科植物没有缺钼症状，但对钼肥可能有反应，为潜在性缺钼。以上的评价指标是针对豆科植物而言的，对于其他农作物应进行验证或另外确定评价指标。

（一）钼素营养的基因型差异

植物矿质营养遗传是当前营养研究的热点。目前正在开展铁、硼、铜、钾、氮、锰、磷等元素的营养遗传研究，而钼的营养遗传方面的研究很少。然而不同作物及同一作物的不同品种钼素营养存在基因型差异。不同作物对钼的需要量和吸收能力不同，造成植株含钼量不同；同一作物不同基因型品种或品系钼素营养也存在明显差异。大豆对钼肥的吸收还与熟性有关，熟性越早，钼含量越低。目前在烤烟、大麦、番茄和水稻中均发现钼辅因子(MoCo)突变体植株，钼辅因子(MoCo)缺失突变体通常丧失 NR、AO、XDH 和 SO 酶活性。喻敏等(1999,2002)从34个冬小麦品种中筛选出钼高效品种和钼低效品种各一个,在缺钼条件下,前者能获得90%以上的产量,而后者获得的产量少于50%;在低钼条件下,冬小麦钼高效品种中钼的累积量显著高于低效品种,高效品种茎秆和叶中的钼向繁殖器官(如颖壳和种子)分配的量多,显示冬小麦钼高效品种和低效品种的钼吸收和利用效率是有差异的。

(二) 作物缺钼诊断

钼肥的应用是由豆科牧草开始的。不同的作物种类对钼的需求程度和吸收能力不同,造成植株钼含量不同,一般来说,豆科作物>叶菜类>禾本科,即大豆>白菜>小麦>谷子>玉米>水稻(曹仁林,1995)。不同作物对缺钼的反应也不同,适合在碱性土壤上生长的植物往往对缺钼比较敏感,如花椰菜、各种甘蓝、菠菜、西红柿、甜菜和油菜对缺钼特别敏感;芹菜、紫花苜蓿、胡萝卜、亚麻和三叶草次之;谷物、牧草、棉花比较不敏感。水果中以柑橘对钼的需要量较大。根据对钼肥反应的大小,可以将常见的农作物区分成三组,如表1-28所示,其中以三叶草、苜蓿和花椰菜为最突出,禾本科植物为最小或者无反应。根据一些农作物在缺钼土壤上的试验结果,也可判断出它们的需钼量大小,大麦、小麦、燕麦和玉米的钼含量为0.03～0.07 mg/kg时生长正常,番茄、甜菜、菠菜的含钼量为0.10～0.20 mg/kg时仍然会出现缺钼症状。豆科需钼量较非豆科高出2～3倍。

表1-28　一些农作物对钼的敏感程度

高	中	低
三叶草	苜蓿	大麦、小麦、水稻
花椰菜	卷心菜	胡萝卜
莴苣	燕麦	芹菜
菠菜	大豆	玉米
	豌豆	马铃薯
	甜菜	棉花
	柑橘	禾本科牧草
	番茄	

作物含钼量可用来判断土壤中钼的供给情况和估计钼肥的效应。作物含钼量因作物种类而异，双子叶作物尤其是十字花科作物和豆科作物含钼量较多，一般为 2 mg/kg 左右，对钼有较大的需要量；禾本科作物含钼量较少，仅为 0.03～0.07 mg/kg，对土壤中钼的供给情况和钼肥不十分敏感。作物不同部位的含钼量也有很大差异，苜蓿根的含钼量为 35 mg/kg，叶 7 mg/kg，茎 4.3 mg/kg，根瘤的含钼量比根部其他组织多 5～15 倍。一般作物的含钼量小于 0.1 mg/kg时会发生缺钼症状。牧草中含钼大于 15 mg/kg 时，会引起家畜中毒。部分作物的不同部位缺钼诊断指标如表 1－29 所示。

表 1－29 部分作物的缺钼临界值(干物质 mg/kg)

作物	取样部位	临界值	作物	取样部位	临界值
小麦	孕穗期顶端	<0.18	苜蓿	开花期叶片	<0.10
	抽穗期植株	<0.30		初花期叶片	<0.28
	穗	<0.20		收获期全株	<0.55
玉米	根系	<0.30	红三叶草	开花期植株	<0.15
	茎秆	<0.11		萌发期植株	<0.20
	雄花穗	<0.10	烤烟	56 天叶片	<0.10
棉花	根系(生长 69 天)	<0.30	柑橘	叶片	<0.08
	茎秆(生长 69 天)	<0.11	柠檬	叶片	<0.13
	雄花穗(生长 69 天)	<0.10	孢子甘蓝	全株	<0.08
甘肃	56 天植株	<0.13		叶片	<0.08
大豆	株高 33 cm 左右	<0.19	结球甘蓝	叶片	<0.08
甜菜	主茎上完全展开叶	<0.10	莴笋	叶片	<0.06
	开花出现症状叶	<0.15	菠菜	56 天叶片	<0.10
番茄	56 天叶片	<0.13	南瓜	56 天叶片	<0.20
萝卜	56 天叶片	<0.06	花椰菜	56 天顶	<0.04
芜菁	56 天以上植株	<0.03		尾鞭症状叶片	<0.07

除了植物种类以外，在农业中应用钼肥时还应注意土壤类型。如上文所述，容易发生缺钼的是酸性土壤，在石灰性土壤上缺钼较

少。在酸性土壤上施用石灰能使 pH 升高，有助于克服缺钼现象。但是在酸度较高的土壤上，石灰与钼肥配合施用常能得到满意的效果，单独施用石灰往往收效不大。同一农作物生长在不同酸度的土壤上有不同的钼含量(表 1－30)，一方面说明在酸性土壤上钼的供给不足，植物的钼含量较低，另一方面也反映出对钼肥的需要因土壤而异，应区别对待。

表 1－30　生长在不同的土壤上的同一农作物的钼含量

单位:mg/kg

农作物	土壤	块根	叶
甜菜	黑钙土	0.36	1.97
	生草灰化土	0.15	0.70
三叶草	黑钙土	—	2.60
	生草灰化土	—	0.68
	生草灰化土＋石灰	—	1.08
燕麦	黑钙土	—	0.39
	生草灰化土	—	0.10
	生草灰化土＋石灰	—	0.53

在植物和动物体中，钼、铜、硫三个元素间的关系同样存在着。在钼的供给过多时，虽然植物本身很少会表现出中毒症状，但是对于食用这些植物的动物来说，却会有很大的影响。例如，在畜牧业中家畜的缺钼现象很少报道，而钼毒问题却十分重要。这种情况除了与土壤类型有关以外，还受施肥活动的影响，是不能忽视的。在患有钼毒病，实际上就是过量钼导致的缺铜症时，给家畜注射铜的化合物是很有效的治疗法，也是钼铜拮抗关系的实际应用的例子。大多数动物需钼量少于 1 mg/kg，不超过 6 mg/kg 是安全的。羊与牛相比较则有较高的容许量。若铜的供给充足，对钼的容许量也较高。铜的供给小于 4 mg/kg，则 5 mg/kg 钼便可能对家畜健康有影响。这种情况再次说明了钼铜关系的重要意义。

上述情况说明了牧草的钼含量研究的重要性。钼素与牧草的关系有两方面：一方面，钼素供给充足时牧草生长良好，钼是豆科牧草共生固氮作用所必需的，它的供给充足时牧草生长繁茂，蛋白质含量增加；另一方面，钼素供给充足则牧草中各元素比例适宜，有助于家畜保持合理的微量元素营养。家畜营养平衡时健康状况良好，畜产品相应增加。营养平衡如钼铜平衡十分重要，钼过多会导致家畜缺铜，钼过少又会导致铜中毒。试验证实，在加拿大西部地区的牧草中，铜、钼的临界比值是2，钼含量更高时会使家畜患有缺铜症。英国的报道则认为上述比值应为 4。我国有面积辽阔的牧区，类似的工作有待展开。

除了豆科植物以外，对其他植物来说钼素营养研究也十分重要。钼除了参与植物的氮的代谢以外，对于碳水化合物的转化和运转、抗坏血酸的合成都起着重要作用，尤其是与抗坏血酸间的关系意味着可能与氧化还原反应有关。因而钼肥的应用将会逐渐扩展到非豆科植物，钼在农牧业生产中的作用也就会变得日趋重要。

四、植物对钼素的缺乏症状与中毒反应

植物钼素营养诊断的目的，是明确植物对钼素营养的需要情况，以便及时地、合理地施用钼肥，来满足植物对钼素的需要，达到提高产量和质量的目的。所以，钼素营养诊断是施用钼肥的准备工作和不可缺少的技术。

植物钼素诊断技术的内容和途径很多，可以根据植物的生长情况和植株症状加以判断；或者根据植物样品进行化学分析，测定钼素的含量来进行评价；或者就植物进行生物化学分析和组织学的比较，来明确它们的需要情况。常用的诊断技术有以下几种：

(1) 就植物生长情况进行诊断，包括：

① 目视诊断：根据植物外部的可见的缺乏症状进行诊断。

② 叶片诊断：根据对叶片进行钼素处理后的反应进行诊断。

(2) 化学分析：

① 植物的化学分析：根据植物或植物的某一器官或部位中的钼素进行诊断。

② 植物的生物化学分析：根据植物体中的代谢产物或酶的活性

进行诊断。

（3）显微镜观察：根据植物体内的组织学的改变进行诊断。

（4）栽培试验：盆栽试验、幼苗试验和田间试验等。

同时采用以上几种方法对植株生长进行诊断，能获得较为准确的结果，做出正确的营养丰缺判断。但在生产上，对钼素营养诊断经常采取最简便的方法，即根据植物生长情况进行目视诊断。本节主要讨论了植物常见的钼素缺乏症状和中毒反应。

（一）植物缺钼症状

已报道有缺钼症状的植物种类包括草本植物、农作物和树，缺钼症状随作物种类而不同。一般的情况是双子叶植物对于缺钼较单子叶植物敏感，豆科植物和一些十字花科植物是缺钼的指示植物。敏感作物主要是十字花科作物如花椰菜、萝卜等，其次是柑橘以及蔬菜作物中的叶菜类和黄瓜、番茄等。豆科作物、十字花科作物、柑橘和蔬菜类作物易缺钼。

对缺钼敏感的植物的生长情况判断可作为钼的供给情况的指标。多年研究总结发现，高等植物中有近 50 种植物出现缺钼症状，植物种类不同，缺钼症状也不尽相同。根据多数研究及实验表明，钼的供给不足时，植物缺钼症有两种类型：一种是叶片脉间失绿，甚至变黄，易出现斑点，新叶出现症状较迟；另一种是叶片瘦长畸形、叶片变厚，甚至焦枯。一般表现叶片出现黄色或橙黄色大小不一的斑点，叶缘向上卷曲呈杯状，叶肉脱落残缺或发育不全。不同作物的缺钼症状有所差别，缺钼与缺氮症状相似，但缺乏专一性，应多方面观察。但缺钼叶片易出现斑点，边缘发生焦枯，并向内卷曲，组织失水而萎蔫，一般症状先在老叶上出现，继而在新叶上出现，有时生长点死亡，花的发育受抑制，籽粒不饱满。根据作物症状表现进行目视判断，典型的症状如花椰菜的“鞭尾病”，柑橘的“黄斑病”容易确诊。一些植物的缺钼症状简述如下。

（1）大豆　豆科植物的缺钼症状与缺氮症状相似，缺钼首先表现在老叶且根瘤发育不良，形状很小，不同之处是严重缺钼叶片，由于 NO_3^- －N 积累，叶缘出现坏死组织（彩图 1）；缺钼降低了大豆植株的根长、根的干重和株高，大豆根系的体积和叶面积大大减少。低钼降低了大豆的主茎节数、总荚数、百粒重及单株粒数和粒重等。各种豆科植物的缺钼症状类似(彩图2)。

(2) 花椰菜　缺钼叶片出现浅黄色失绿叶斑，继之黄化坏死，破裂穿孔，症状由叶脉发展到全叶。叶缘为水渍状或膜状，部分透明并迅速萎缩。叶缘向上卷曲，有时在叶缘发病以前，叶柄先行枯萎，但在全叶枯萎时仍不脱落。老叶呈深绿到蓝绿色，严重时叶缘全部坏死脱落，只剩下主脉和靠近主脉处有少量叶肉残留。残余的叶肉使叶片成为狭长的畸形，并且起伏不平，通称“鞭尾病”或“鞭尾现象”(Whiptail)(彩图3)。

(3) 油菜　叶片凋萎和焦灼，叶片弯曲的现象不明显，但常有“鞭尾现象”，植株呈丛生状。

(4) 卷心菜　缺钼叶片弯曲，叶缘为水渍状，叶脉常呈紫色，叶肉为橄榄绿色。叶片向四面张开而不易包心。幼叶褐色，有坏死部分，叶缘变形。

(5) 苜蓿　叶脉间出现失绿叶斑，逐渐扩展到全叶，叶片枯萎而脱落。下部叶片失绿现象严重，叶色与缺氮时相似，全叶均匀黄化(彩图4)。根瘤小而分散，不着生于主根，形状为卵圆形。

(6) 甜菜　缺钼叶片狭窄，由灰绿色发展成均匀的黄绿色，与缺氮相似。叶脉间失绿不明显，将叶片迎着阳光观察，才能观察到失绿部分(彩图5)。叶片或叶柄凋萎，叶柄调萎常发展到坏死，全叶枯萎而死亡。叶缘向上卷曲，全叶由主脉向上弯曲，有时呈焦灼状，严重缺钼时枯萎。轻度缺钼时，只有叶片呈黄绿色(与缺氮相似)，叶缘粉红色，叶片卷曲、凋萎，由叶尖开始呈浅褐色焦灼状。

(7) 柑橘　叶片上首先出现水渍状区域，继而扩大成失绿斑点，略呈卵圆形，最后形成大的黄到金黄色叶斑，不规则的分散在叶脉间，严重时叶缘卷曲，萎蔫，可出现坏死。在叶片背面，在叶斑处有褐色的胶状小突起，称为“黄斑病”(彩图6)。“黄斑病”先从老叶或茎的中部叶片始，渐及幼叶及生长点，最后可导致整株死亡。冬季落叶严重，对产量有很大影响。

禾本科作物仅在严重缺钼时才表现叶片失绿(彩图7)，叶尖和叶缘呈灰色，开花成熟延迟，籽粒皱缩，颖壳生长不正常；番茄缺钼在第一、第二真叶时叶片发黄、卷曲，随后新出叶片出现花斑，缺绿部分向上拱起，小叶上卷，最后小叶叶尖及叶缘均皱缩死亡（彩图8）；叶菜类蔬菜缺钼（彩图9），叶片脉间出现黄色斑点，逐渐向全叶扩展，叶缘呈水渍状，老叶深绿至蓝绿色，严重时显示“鞭尾病”症状。萝卜缺钼时也表现叶肉退化，叶裂变小，叶缘上翘，呈“鞭尾”趋势。

从植物营养器官和生殖器官的微观结构来看，低钼胁迫下植物坏死区的叶绿体变成鳞茎状并增大，基粒片层减少，类囊体膨胀且不规则，叶绿体表面膜发展成圆形状突起，最终可能破裂。花椰菜“鞭尾叶”病斑上的薄壁组织和栅栏组织呈蜂窝状，细胞增大破裂。

（二）植物高钼毒害

虽然植物对钼的需求量较低，但对高钼的忍耐性很强，缺钼和钼中毒之间的差异很大，差异的倍数可达10^4。大多数植物在钼的浓度大于100 mg/kg的条件下并无不良反应。Adriano（1986）报道，当大豆、棉花和萝卜的叶片钼含量分别达80 mg/kg、1 585 mg/kg和1 800 mg/kg时，生长仍未见异常；刘鹏等在大豆盆栽试验中发现，当土壤施钼量达17.61 mg/kg时，大豆叶片的钼含量可达61.87 mg/kg，大豆叶片中的硝酸还原酶活性与正常施钼相近，大豆根系活力虽低于正常施钼，但仍高于低钼胁迫处理。茄科植物的钼素中毒症状表现较敏感，叶片失绿，番茄和马铃薯小枝呈红黄色或金黄色。Warington（1955）在极端条件下观察到，植物钼中毒时将产生褪绿和黄化现象，可能与Fe代谢受阻有关。Hecht－Bu－cholz的研究结果显示，植物钼中毒时叶片畸形、茎组织变色呈金黄色，可能是由于液泡中形成了钼儿茶酚复合体（彩图10～彩图12为常见作物钼中毒症状）。研究发现，含钼高的牧草大多长在中性到碱性反应的潮湿土壤上，这些土壤常有较厚的A1层或A1层上覆盖一薄层泥炭或腐殖土。在这些有毒害问题的区域还可能存在泥炭凹地。加利福尼亚州中部广大的三角洲地区、俄勒冈州克拉马斯地区广大的盆地和佛罗里达的埃弗格莱兹沼泽地上钼毒害一般均与有机土有关。

植物在大田条件下发生钼中毒的情况极少，但牲畜对钼十分敏感，长期取食的食草动物会发生钼毒症，由饮食中钼和铜的不平衡引起。对于饲用植物来说，植物中钼含量超过 10 mg/kg 将对动物尤其是反刍动物产生毒害（常见的腹泻病）。施用硫酸盐等酸性肥料可降低土壤中钼的有效性，从而降低植物的钼中毒。铜含量较高时，钼的容许含量也较大。还可采取施用硫和锰元素肥料以及改善土壤排水状况等其他一些措施来减轻钼毒害。

五、钼肥的种类与使用

（一）钼肥的种类

市面上钼肥的品种较少，如表 1－31 所示，而以钼酸盐应用得比较广泛，钼酸钙和三氧化钼溶解度低，不常使用。钼酸铵和钼酸钠易溶于水，都是常用的钼肥。可单独施用或者加入到常量元素肥料中，常用的载体是过磷酸钙。通常是将钼酸盐或三氧化钼加入过磷酸钙中。含钼玻璃肥料与易溶的钼酸盐同样有效。

表 1－31 钼肥的种类与性质

肥料名称	成 分	钼含量	形状与溶解度
钼酸铵	$(NH_4)_6Mo_7O_{24} \cdot 4H_2O$	54%	白色晶体，易溶于水
钼酸钠	$Na_2MoO_4 \cdot 2H_2O$	39%	白色晶体，易溶于水
钼酸钙	$CaMoO_4$	48%	白色结晶粉末，不溶于水
三氧化钼	MoO_3	66%	白色晶体，微溶于水
含钼玻璃肥料	硅酸盐	2%～30%	不溶于水
硫化钼	MoS_2	60%	铅灰色，不溶于水

注：引自张洪昌主编的《肥料应用手册》，中国农业出版社，2010。

1. 钼酸铵

（1）物化性质　无色或浅黄色，单斜结晶，相对密度为 2.38～2.98，溶于水、强酸及强碱，不溶于醇、丙酮。在空气中易风化失去结晶水和部分氨，加热到 90 ℃时失去一个结晶水，190 ℃时即分解为氨、水和三氧化钼。

(2) 农化性质　钼在作物中的作用是参与氮的转化和豆科作物的固氮过程。有钼存在，才能促进农作物合成蛋白质。缺钼时豆科作物固氮减弱或不能固氮。豆科和十字花科作物对钼比较敏感。钼肥对大豆、花生、蚕豆、苜蓿和油菜等有良好肥效。

(3) 生产方法

氨浸法：钼精矿经焙烧、氨化即得钼酸铵。

碱法：钼精矿经焙烧，再经碱浸，得钼酸钠，再与氯化铵和氨水反应得到钼酸铵。

(4) 钼酸铵的主要技术指标　如表1－32所示。

表1－32　农用钼酸铵的主要技术指标

指标名称	指标	指标名称	指标
Mo	≥56%	Fe	≤0.01%
MoO_3	≥84%	CaO·MgO	≤0.008%
Cu	≤0.001%	倍半氧化物	≤0.02%
As	≤0.005%	氯化碱渣	≤0.15%
S	≤0.05%	碱金属	≤0.1%
P	≤0.002%	正硅酸	≤0.03%
Mn	≤0.01%		

(5) 施用方法　钼肥可做基肥、追肥、种肥或根外追肥。钼肥使用量很小，一般每亩只施用30～200 g。

(6) 包装及贮运　铁桶内衬塑料袋包装，净重59 kg或木桶40 kg或50 g小袋，100袋装入一铁桶中。应贮存于阴凉、干燥库房中，运输保持干燥，防治受热，不可与酸性物品共贮混运。

2. 钼酸钠

有效组分含量(Mo)为39.6%。白色结晶粉末，相对密度为3.28，溶于水，在100 ℃或较长时间加热时就会失去结晶水。可做基肥、追肥、种肥和叶面喷施用。

3. 三氧化钼

有效组分含量(Mo)为66.6%。浅绿色或淡黄色粉末，加热时呈鲜黄色，为层状斜方晶体。在空气中很稳定，于600 ℃开始升华，当达到熔点 759 ℃时显著升华。无水三氧化钼几乎不溶于水，但易溶于纯碱或氨的溶液，生产钼酸盐。也能溶于盐酸、磷酸、硝酸、硫酸以及硫酸和硝酸的混合物中。很少单独施用，常将三氧化钼加到过磷酸钙中制成含钼过磷酸钙施用。

4. 含钼废水、废渣

工业钼酸铵生产厂每年要排放大量含钼废水和废渣，每生产1吨钼酸铵约有废渣 0.4 t，废水 1.6 m^3。含钼废渣是钼焙沙用氨水或碱浸渍后的剩余渣。未经处理的含钼废渣，有效组分含全钼10%～16%，水溶态钼 1%～5%，有效态钼 1.3%～6%。废水是指在浓缩、中和结晶后由二次母液稀释后的废液，废水中含钼2～3 g/L。含钼废渣及废水可以做基肥或种肥施入土壤，使用量依含钼量多少确定，一般每亩施钼 25～50 g。其肥效一般可持续 2～4 年。

近年来，高效钼、活性钼和氨基酸钼等商品钼肥的研制，有效地提高作物对钼素的吸收和利用。

（二）钼肥使用方法

钼肥主要用于豆科植物和十字花科植物如花椰菜等。由于钼肥价格昂贵，一般不用来做基肥或追肥施入土壤，而用于种子处理和根外追肥等。由于作物需钼量较少，采用少量钼拌种、浸种、喷施均可满足作物对钼的需要。一般黄豆、苕子等采用拌种，水稻、棉花籽等采用浸种，果树和蔬菜等可采用叶面喷施。拌种和浸种的种子不能食用，也不能做饲料用，以防中毒。现将钼肥常见使用方法分别介绍如下。

1. 种子处理

种子处理所需肥料较少，是钼肥施用较为常用的方法，效果好，施入土壤时均匀且节省肥料。种子处理有拌种和浸种两种方法。

(1) 浸种　浸种是指用清水或各种溶液浸泡种子的方法。根据王立克等的研究，钼浸种可提高苜蓿硝酸还原酶的活性和粗蛋白质的含量，降低粗纤维的含量，提高苜蓿的饲用价值。赵海泉发现，钼浸种处理后，紫花苜蓿的发芽率比对照提高 25%（表 1－33），加快了种子的萌发，提高种子的活力，种子活力指数和叶片叶绿素含量分别比对照提高 85.92%和 29.41%，说明钼浸种能明显促进紫花苜蓿的生长。

表 1－33　钼浸种对紫花苜蓿种子活力和叶片叶绿素含量的影响

处理	发芽率	发芽率达50%天数	发芽指数	苗重(g)	活力指数	活力指数对比	叶绿素含量(mg/g FW)
对照	72%±3%	4	35.82±1.1	1.69±0.21	60.57	100%	1.53
Mo	90%±5%	2	57.75±1.5	1.95±0.17	112.61	186%	1.98

刘鹏进行钼、硼浸种萌发试验，设 Mo1（0.1 mg/L）、Mo2（1 mg/L）、Mo3（10 mg/L）和 B1（0.1 mg/L）、B2（1 mg/L）、B3（10 mg/L），以用蒸馏水处理为对照(CK)，分别浸种 6 h、12 h、24 h 后，于第 1 天、第 3 天和第 5 天定时观察各处理的发芽率。结果表明(表 1－34)，与对照相比，低浓度的钼提高了大豆种子的萌发率，但随着浓度的增加，萌发率逐渐下降，对大豆种子萌发产生了抑制作用。从各处理萌发率比较来看，钼单独浸种的效果最好，而钼、硼同时浸种的效果较差。另一方面，浸种时间的长短对萌发率也有影响，以12 h浸种时间处理萌发的效果最好，浸种时间过长或过短都不利于萌发。

表 1－34　钼浸种对大豆种子萌发率的影响

处理	浸种时间								
	6 h			12 h			24 h		
	发芽天数			发芽天数			发芽天数		
	1	3	5	1	3	5	1	3	5
CK	2	18	69	4	56	78	6	54	73
Mo1	8	71	81	14	88	96	15	83	87
Mo2	4	59	72	7	68	82	6	66	71
Mo3	1	16	66	3	59	75	5	58	62
B1＋Mo1	2	51	69	1	61	80	6	63	68
B2＋Mo2	0	16	62	3	58	41	1	58	61
B3＋Mo3	0	20	36	0	25	42	1	21	38

生产上，一般可采用 0.05%～0.1%钼酸铵溶液浸种 12 h(肥液用量要淹没种子)，浸后捞出晾干再播种；浸种时应在木制或瓷制容器中进行，不能用铁或铝制容器浸种，以防钼酸铵与铁、铝产生化学

反应,使钼肥失效。

(2) 拌种　施立善等研究表明,钼肥拌种能增加花生中粗脂肪含量和蛋白质含量,蛋白质含量的增加速率比粗脂肪含量的增加速率快,也就是说增施钼肥对花生中蛋白质含量的影响较大。郑承翔试验结果表明,花生拌钼肥促进了根系发育和根瘤的增加,增强了花生的固氮能力,各生育时期叶片数增加,干物质积累增加,对产量有了极大的提高。

拌种一般适用于溶液吸收量大而快的种子,拌种量一般每千克种子用2～3 g钼酸铵。拌种时先按拌种量计算出所需钼酸铵量和所需溶液量。例如拌15 kg肥液,先将肥料用少量热水溶解,然后用冷水稀释到所需溶液量。将种子放入容器内搅拌,使种子表面均匀沾上肥液,晾干后即可播种。

浸种所用肥料的浓度较小,浸种时有较多的水分进入种子,在土壤较干时不利于发芽。而拌种则可以使更多的肥料附着在种子上,拌种时进入种子的水分较少,因而比较安全。以多种肥料的混合物包被在种子外面,是一种很好的办法,避免了施用微量元素肥料的技术困难,尤其利于机械化播种。

2. 叶面喷施

叶面喷施是钼肥最常用的根外施肥方法。叶面喷施是通过叶面渗透作用直接进入植株体内参与生理代谢作用,有利于肥液吸收和渗透。叶面喷施的优点很多,例如:① 所需肥料的量较少;② 易于均匀施肥;③ 迅速生效,因而在生长季节发现缺乏钼素时能够很快地加以补救,比较机动;④ 缺乏某一元素虽未完全肯定,也可通过喷施加以试验和肯定。当然,喷施也有一定的缺点,例如:① 有时需要在生长前期喷施,但是植株和叶面积都较小,所吸收的肥料因而不多,需多次喷施;② 有时有药害,尤其是溶液浓度较大时;③ 有时对于校正缺乏现象已为时过晚,不利于获得最高产量;④ 作用期较短,无后效,因而不能代替土壤施肥;⑤ 所需费用及劳力较多,多次喷施则更是这样。

杨小霞等采用活性钼、氨基酸钼和对照在苗期、开花期、结荚期、鼓粒期等不同时期进行肥料喷施,试验表明(表1－35),使用叶面喷施钼肥，可使植株茎秆变粗，生长旺盛，有利于植株抗倒伏，施钼延长了植株生育时期，在生长过程中也可减少大豆的落花落荚率，对增加大豆荚数、荚粒数和百粒种均有明显的作用。

表 1-35 喷施钼肥对大豆生长和产量的影响

处理	株高(cm)	茎粗(cm)	荚脱落率	单株荚数(个)	单株粒重(g)
活性钼	110.7	0.65	24.2%	26.2	12.97
氨基酸钼	113.7	0.64	22.4%	29.6	13.2
对照	103.3	0.47	30.7%	20.9	11.2

根据不同作物的生长特点，在营养关键期喷施，可取得良好效果，并能在作物出现缺钼症状时及时有效地矫治作物缺钼症状。喷施肥液浓度为 0.05%～0.1%。喷施时期：喷施应在无风晴天下午 4 时后进行，每隔 7～10 天喷 1 次，共喷 2～3 次，每次用肥液量为 50～75 L/667 m^2。

（三）后效问题

将微量元素肥料施入土壤常有一定的后效。种子和喷施后效较小或者可以略而不计。

后效的影响有两方面：一方面可以持续几年，不必年年施用；另一方面连续施用使在土壤中积累的微量元素增多，不利于农作物生长。

此外，植物对钼的需要量很小，连年施用钼肥使植株和籽实的钼含量提高。当种子的钼含量增加到一定水平以后，已能够满足植物整个生命循环的需要，这时继续施用钼肥不再有效，只能形成奢侈吸收，一方面浪费了肥料，另一方面对于食用这些高钼农产品的动物的健康有不良影响。例如，豌豆等豆类的一个豆粒中含有 0.5 mg 钼时，便足够形成成熟植株的一个生命循环的需要，或者已超过了几倍，不再需要钼肥。大豆在开始结荚时，上部的或成熟的叶片含钼量少于 1 mg/kg 时可视为缺钼，超过 10 mg/kg 时则已经过量。牧草等植物的钼含量为 10～20 mg/kg 或更高时可能对食草动物有害，从而患有钼毒症或者导致缺铜。所以，要根据具体情况进行试验，明确植物含钼水平和需钼程度来考虑施肥问题，并勤于监测和分析。

后效大小应通过定位试验连续观察几年来决定，除了生长情况和产量等观察项目以外，还应当配合土壤分析和植物分析，监测有关的微量元素的含量。由于各地的土壤类型、土壤条件、农作物品种、气候条件、施肥水平和耕作制度不尽相同，应有计划地分区进行定位试验，观察后效，并明确后效的持续时间，最后决定所需的施肥时间间隔。

第二章　烤烟钼素营养的作用

贵州省是我国烤烟生产的第二大省，本书项目组前期通过对贵州黔南烟区的田间调查发现，该州南部烟区（如平塘县）和北部烟区（如贵定县）旺长后期烤烟烟叶表现存在明显差异，而且烤后烟叶普遍存在南部烟叶油分差、北部烟叶油分好的现象。经过对黔南植烟区烟样中的钼素含量进行测定分析，发现黔南南部烟叶的含钼量低，而北部烟叶的含钼量高。因此，项目组以贵州黔南州烟区为例，对全州植烟土壤中的有效钼含量进行了检测，明确该州有效钼含量区域分布。2008～2012 年，黔南州烟草公司和中国科学技术大学合作开展了“烤烟钼素营养作用机理及应用研究”项目，项目深入研究烤烟钼素营养作用机理和土壤有效钼缺乏临界值，为烤烟科学施钼提供了理论基础。

第一节　钼素营养对烤烟干物质形成和钼素积累的影响

烤烟栽培的主要目的是采收叶片，烟叶既是烟株的营养器官，又是其经济器官。干物质积累是烟叶光合作用产物的最高形式，烟株的生长发育和产量、品质的形成很大程度取决于干物质的积累和分配。钼素是烤烟生长发育过程中必需的微量营养元素，植株中的钼素含量在根、茎和叶等不同器官中变幅较大，钼素的丰缺状况影响并调控着烟株的干物质积累及其在各器官中的分配情况。因此，项目采用盆栽和大田试验相结合的方法，设置不同的钼素营养水平，针对烟株不同器官干物质积累和钼素在烟株各器官中的积累、分配及利用率等进行研究，以揭示烤烟对钼素的吸收和分配规律。

一、材料与方法

（一）盆栽和大田试验设计

盆栽试验于2010年在中国科学技术大学烟草与健康研究中心试验站进行。供试土壤为黄棕壤，烤烟品种为K326。试验设4个钼剂量水平和CK（清水）5个处理：CK为每盆施钼0 g（本底0.08 mg/kg土），T1为每盆施钼1.35 mg（0.22 mg/kg土），T2为每盆施钼2.70 mg（0.35 mg/kg土），T3为每盆施钼4.05 mg（0.49 mg/kg土），T4为每盆施钼5.40 mg（0.62 mg/kg土），每种处理重复12次。分别在处理后0天、处理后20天、处理后40天、处理后55天和处理后70天取样测定。供试钼肥采用合肥华徽生物科技有限公司生产的“烤烟专用高效钼肥”，将该钼肥兑水稀释1 000倍（每瓶80 mL专用钼肥含MoO_3 2 g，每瓶专用钼肥兑水80 kg）。取风干土样做土壤理化性状分析，主要理化性状：pH为8.1，有机质含量为10.6 g/kg，水解氮含量为43.6 mg/kg，速效磷含量为27.3 mg/kg，速效钾含量为243.3 mg/kg，有效钼含量为0.08 mg/kg。大田试验于2010年在贵州黔南都匀进行，选用试验田的土壤有效钼含量为0.01 mg/kg。试验设CK（L0）和施钼L1、L2、L3（0.135 mg/kg、0.270 mg/kg、0.540 mg/kg）三个水平的处理，钼肥施用方法同盆栽试验。

（二）测定指标与方法

1. 土壤和烟叶钼素的测定

土样采集后自然风干，用塑料棍压碎过筛（孔径1 mm），装入塑料袋中备测。采用中国土壤学会农业化学专业委员会编写的《土壤农业化学常规分析方法》中提供的方法，其中钼的测定方法略有改进。土壤有效钼采用草酸－草酸铵浸提，KCNS比色法测定；烟叶含钼量采用干法灰化，用 HCl 溶解灰分，KCNS 比色法测定；土壤 pH 测定采用电位法；有机质采用电热板加热－重铬酸钾容量法；水解氮测定采用碱解扩散法；速效磷测定采用 0.03 N NH_4F－0.025 N HCl 浸提－钼锑抗比色法测定；速效钾测定采用草酸铵浸提－火焰光度法；土壤有效钼测定采用草酸－草酸铵浸提－KCNS 比色法测定。

2. 产量和干物质的考察

大田烟叶于成熟期分批采收烘烤，测定产量。大田试验所有部位烤后烟叶按 GB 2635—1992 进行分级并分别取 B2F、C3F、X2F 等级烟叶各 1 kg。

盆栽烟株于处理后不同时间取样，每个处理烟株按不同器官分开，分别于 105 ℃烘箱内杀青 0.5 h，80 ℃烘干，考察各器官干物质重。

3. 钼素利用率的计算

$$\text{表观利用率}=\frac{\text{烟株吸收钼素总量}-\text{空白烟株吸收钼素量}}{\text{每株施入钼素量}}\times 100$$

$$\text{经济利用率}=\frac{\text{烟叶吸收钼素总量}-\text{空白烟叶吸收钼素量}}{\text{每株施入钼素量}}\times 100$$

$$\text{富集系数(BCF)}=\frac{\text{烟株体内平均含钼量}}{\text{移栽前土壤中钼含量}}$$

二、钼素营养对盆栽烤烟各器官的干物质积累动态

如图 2－1 所示，各处理烟株的干物质积累随生育期推进而不断增加，40 d 时增长速率最快，施钼烟株增长速率均高于对照烟株，T1 在 20 d 后始终处于较高水平，在 40 d 时的增长率达 49.17%。由图 2－2、图 2－3、图 2－4 看出，烟株的根、茎和叶各器官的干物质积累随生育期推进而增加，T1 的茎、叶在 40 d 时增幅较大，分别为 41.97%和 77.26%，根在 55 d 之前，增长速率较高，之后趋于稳定。因此，施钼更有利于植株生育中前期营养器官的建成，促进植株干物质积累。施钼烟株各器官干物质的积累普遍高于对照烟株，其中以

T1 增加效应更加明显。浓度过大，并没有直线增加规律，尤其是 T4 处理对烟株各器官的作用效果无明显规律。可以看出，只有适当提高施钼水平才能提高烟株钼素营养，促进烟株生长发育，并调节营养分配，从而促进根、叶营养器官的壮大。从烟株的干物质积累规律可以看出，仅靠土壤中的钼源是不够的，烟株可能处于缺钼状态，而且对于不同浓度的钼素营养水平，其作用效果不同，干物质积累并未随钼用量的提高而增加。

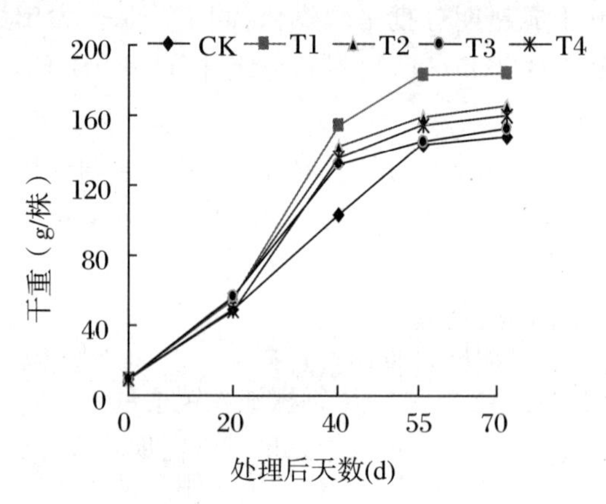

图 2-1 不同剂量钼素对烤烟干物质重的影响

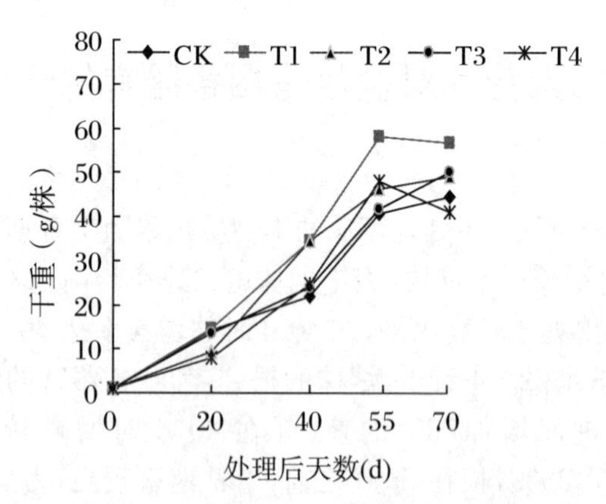

图 2-2 不同剂量钼素对烤烟根系干物质重的影响

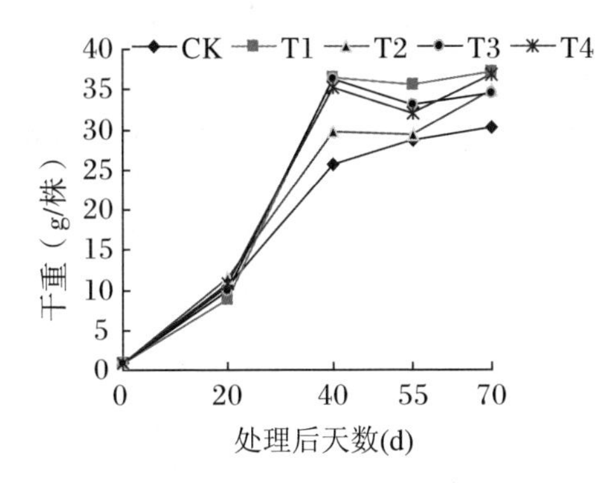

图 2-3　不同剂量钼素对烤烟茎秆干物质重的影响

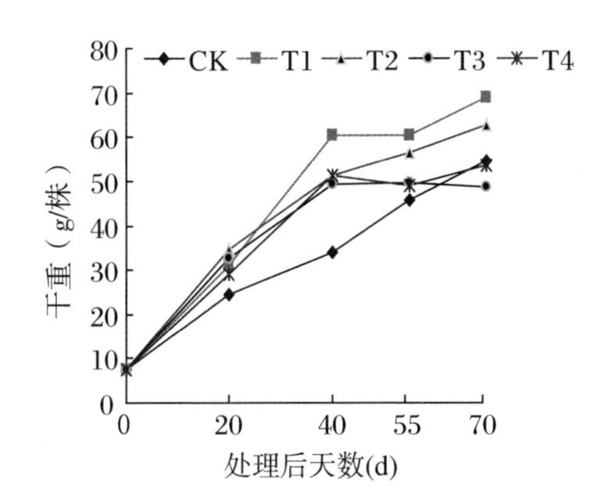

图 2-4　不同剂量钼素对烤烟叶片干物质重的影响

三、钼素营养对盆栽烤烟各器官钼素含量、积累及分配规律

（一）不同钼素营养水平下盆栽烤烟各器官的钼素含量

随着生育期的推进，烟株中的钼素含量有不同的变化规律。由图 2-5 可见，施钼处理后，较高的钼素营养水平对烟株中钼素含量

有明显提高效果，与 CK 相比，T4 处理烟株在 55 d 时的增幅高达 303.13%。在 20 d 时，CK 和较低的钼素水平（T1、T2）有不同程度的降低，以 CK 的降幅最大。20 d 后，T2 处理烟株的钼素含量增加，而 T1 在 40 d 后，持续到 70 d 时，增长速率较快，此时 T3 和 T4 处理烟株中钼素含量开始趋于平稳。在有效钼水平不高的情况下，可能因为稀释效应，烟株钼素含量维持在较低的水平。

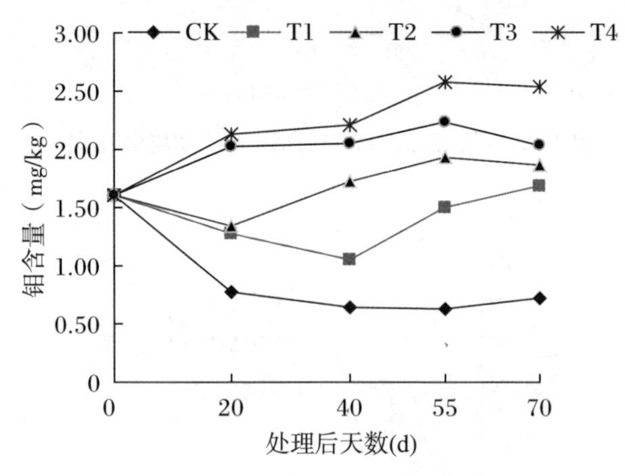

图 2－5　不同剂量钼素对烟株钼含量的影响

（二）不同钼素营养水平下盆栽烤烟各器官的钼素积累

随着生育期的推进，同一处理烟株中的钼素均不断积累。由图 2－6可见，单株钼素积累量随着土壤有效钼含量增加而增加。同一采样时期，随着供钼素营养水平的增加，整株的钼素积累量也逐渐增加，以 T4 处理为最高，即 T4＞T3＞T2＞T1＞CK。T2、T3、T4 处理在 55 d 后积累趋于平稳，而 T1 处理烟株体内钼素积累仍处于小幅增长并超过 T3，和 CK 相比，增幅达 187.27%，这可能与 T1 处理较大的干物质积累量有关。土壤中较高的有效钼含量可增加烤烟对钼素的吸收，土壤施钼剂量越大，烤烟吸收钼量也越多。

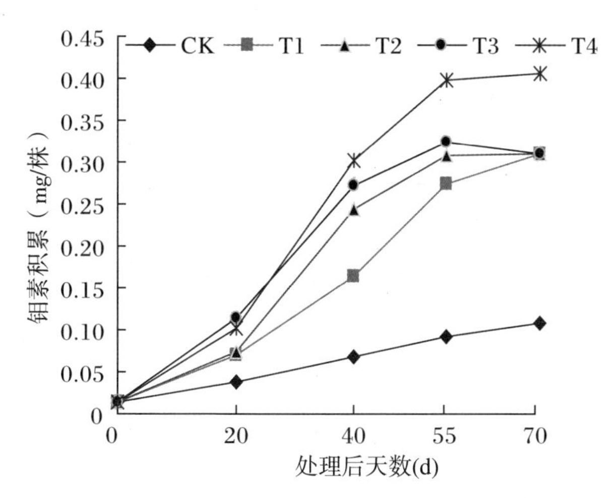

图 2-6　不同剂量钼素对烟株钼素积累的影响

（三）不同钼素营养水平下盆栽烤烟各器官的钼素分配

不同施钼剂量对应烤烟体内钼的积累量不同，通过表 2-1 计算和分析各器官钼积累量占整株钼积累量的比例可知，各器官的钼素分配均以叶中最多，钼素分配率大致是叶＞根，茎＞花芽。施钼处理 T1、T2、T3 和 T4 的叶片中钼素分配率分别比 CK 提高 20.65%、30.31%、17.02%和 30.07%。而其他器官没有明显的分配规律和吸收优势。CK 的花芽中钼素分配率较各施钼处理烟株花芽的分配率高，且根、茎器官中钼素分配相当，而在烟叶中的钼分配率相对较低。说明在钼素不足时，优先分配到生殖器官和根茎中，而在钼素充足时更多分配到叶片中。

表 2-1　不同供钼水平下烟株各器官中的钼素分配率

处理	根	茎	叶	花芽
CK	17.53%	17.24%	46.72%	18.50%
T1	14.93%	16.09%	56.37%	12.60%
T2	14.78%	13.18%	60.88%	11.15%

续表

处理	根	茎	叶	花芽
T3	17.55%	12.85%	54.67%	14.93%
T4	10.96%	16.22%	60.77%	12.05%
平均	15.15%	15.12%	55.88%	13.85%

(四)不同钼素营养水平下盆栽烟株的钼素利用率

钼素利用率反映了所施钼肥中的钼被烟株吸收利用的效率，和干物质生产能力、钼素流失等密切相关。由表2-2看出，随着施钼量的增加，烤烟中钼素积累和吸收量增加，但被烟株吸收的有效率差别较大。各处理相比，T1的表观生物利用率和经济利用率均最高，分别为9.88%和6.11%，对于烤烟这种叶用作物而言，叶片中钼素吸收的多少影响着烟叶的品质。通过对烟株中钼素的富集系数比较可以看出，T1的富集系数最高，随着土壤供钼水平的提高，富集系数反而逐渐降低。综合来看，在T1(0.135 mg/kg)处理条件下，烤烟对钼素的表观利用率、经济利用率和富集系数均最高。

表2-2 钼素营养水平对盆栽烟株钼素利用率的影响

处理	表观利用率	经济利用率	富集系数
CK	—	—	0.094
T1	9.88%	6.11%	0.097
T2	7.10%	4.72%	0.076
T3	5.06%	2.91%	0.058
T4	3.87%	2.55%	0.046

四、钼素营养对大田烟株含钼量和钼素利用率的影响

在黔南烟区的大田试验中(都匀河阳，表2-3)，与对照相比，在一定钼素营养范围内，烟叶的含钼量随着施钼水平的提高而增加。

不同部位间，各处理烟叶的含钼量都大致呈现一个规律：下部叶＞中部叶＞上部叶。施钼提高了烟叶产量，在不同有效钼含量水平的植烟土壤中，以 L1 的增产效应较大，增产幅度随钼含量增加而呈递减变化，即 L1＞L2＞L3。将烟叶产量与各个部位烟叶含钼量平均值结合起来，烟叶吸钼量以 L2 处理最多，即 L2＞L3＞L1＞L0。对不同处理施钼烟株的经济利用率进行比较，可以看出，L2 处理的经济利用率最高，略高于 L1，而 L3 的经济利用率最低，仅为 12.8%。但和盆栽试验的钼素经济利用率相比（表 2－2），大田处理烟株的经济利用率均高于盆栽烟株。相同的施钼浓度，在盆栽和大田的作用效应上有较大的差异，大田烟株的钼素经济利用率均高于盆栽烟株。这可能是由于盆栽烟株根系生长受限，发育相对较差，根毛对营养物质的吸收能力减弱，加之根际温度、湿度、浇灌和雨水淋溶等环境因素的影响，因此盆土中根系对土壤有效钼的利用程度受到限制。

表 2－3　钼素营养水平对大田烟株不同部位烟叶含钼量和钼素利用率的影响

处理	施钼量 (mg/667 m^2)	产量 (kg/667 m^2)	烟叶含钼量 (mg/kg)				烟叶吸钼量 (mg/667 m^2)	钼素经济利用率
			上部	中部	下部	平均		
L0	0	134.7	0.22	0.23	0.45	0.30	40.4	—
L1	1 350	137.0	1.97	3.58	3.19	2.91	399.1	26.6%
L2	2 700	136.7	2.63	6.83	8.04	5.83	797.4	28.0%
L3	5 400	135.3	2.93	6.22	7.07	5.41	731.5	12.8%

五、结论

（1）一定剂量的钼素能明显提高烟草生育前中期干物质积累量，但剂量过高（高于 0.5 mg Mo · kg^{-1} 土时），这种效应也会削弱。以 0.135 mg/kg 处理烟株效果最好。

（2）施钼能有效提高烟株叶片中的钼素分配，减少钼在根、茎和花芽中的分配率，促进钼素向叶器官中的转移。不同施钼剂量下烟株的各器官中的钼分配均以叶中最多，不同部位烟叶的含钼量为下部叶＞中部叶＞上部叶。

(3) 随着施钼量的增加,烟叶含钼量提高,表现为 T4(0.540 mg/kg)>T3(0.405 mg/kg)>T2(0.270 mg/kg)>T1(0.135 mg/kg)>CK。

(4) 适宜剂量的钼素营养能较大程度地提高钼素利用率和富集系数。本试验中,土壤中施钼量越低,烟株对钼素的表观生物利用率、经济利用率和富集系数越高,表现为 T1(0.135 mg/kg)>T2(0.270 mg/kg)>T3(0.405 mg/kg)>T4(0.540 mg/kg)。

第二节 钼素营养对烤烟生长发育过程中主要生理指标的影响

一、钼素营养对烤烟氮代谢的影响

硝酸盐被作物吸收后,首先在根或叶肉细胞质中由硝酸还原酶(NR)还原成 NO_2^-,NO_2^- 被迅速运入质体中,再被亚硝酸还原酶还原成 NH_4^+,然后被作物体利用以合成氨基酸。因此,NR 是这个代谢过程中的关键酶(限速酶)。提高植株体内的 NR 活性,不仅可以降低作物体内硝酸盐含量,还可以提高同等施肥条件下的肥料利用率。本研究旨在探讨钼素对烤烟氮代谢中 NR 活性、硝态氮含量以及烟株体内硝酸盐转化的影响,为烤烟合理施钼提供理论基础。

(一) 材料与方法

1. 试验设计

2007 年在中国科学技术大学烟草与健康研究中心试验站进行了施钼对烤烟 NR 活性和硝态氮含量影响的研究。采用上下双层套盆盆栽,上盆装土,下盆接水和供水(这种盆栽方法可有效防止养分的流失)。每盆装土 10 kg,定量施烤烟专用复合肥($N-P_2O_5-K_2O$ 为 10%-15%-25%)50 g。试验设施钼和不施钼(CK)两种处理。施钼处理分别于 5 月 5 日(旺长初期)和 5 月 16 日(旺长后期)叶面喷施 0.05%

钼酸铵，每次喷施剂量为 50 mL/株；CK 喷施相同剂量清水。供试土壤取自贵州省长顺县马路乡，土壤为黄棕壤，pH 为 4.4，有机质含量为 3.19%，水解氮含量为 126.8 mg/kg，速效磷含量为 34.0 mg/kg，速效钾含量为 277.7 mg/kg，有效钼含量为 0.03 mg/kg。

在 2007 年研究的基础上，2008 年在中国科学技术大学烟草与健康研究中心试验站又开展了施钼对不同品种烤烟 NR 活性和硝酸盐转化影响的试验研究。试验设施钼和 CK（清水）两个处理，重复 3 次，选用 K326、云烟 85、CB－1 和红大 4 个品种，共 24 个小区，小区面积 6.6 m^2，采用随机区组排列。每个小区栽烟 2 行，12 株/小区。株行距 50 cm×110 cm。K326、云烟 85 施纯氮 6 kg/666.7 m^2，CB－1、红大施纯氮 5 kg/666.7 m^2，基追比 7∶3，肥料为复合肥（$N:P_2O_5:K_2O=10:15:15$）。烤烟专用高效钼肥（简称“高效钼”）1 000 倍液进行叶面喷施，平均分两次分别在团棵期和现蕾始期进行，每处理共喷施 1 600 mL 钼肥稀释液（喷施 MoO_3 40 mg）。各品种烤烟单株留叶 18 片进行打顶。供试土壤为黄棕壤，其主要化学性状：pH 为 8.1，有机质含量为 2.3 g/kg，水解氮含量为 123.7 mg/kg，速效磷含量为 11.84 mg/kg，速效钾含量为 237.0 mg/kg，有效钼含量为 0.03 mg/kg。

叶片各生理指标测定分别在处理前、旺长期、现蕾期、打顶时测定功能叶，在下部烟叶（X）、中部烟叶（C）、上部烟叶（B）成熟期测定成熟叶。每处理随机取 3 株进行测定，每株选取 2 片叶位相近、长相一致的功能烟叶作为测定材料。

2. 测定项目与方法

（1）土壤理化性状测定　方法同第二章第一节中的“测定指标与方法”。

（2）NR 活性测定　在晴天上午 9:00～10:00 时，取各处理烟叶用自来水冲洗干净后，用吸水纸吸干叶面水分；每样品用打孔器距烟叶主脉 2 cm 处两侧对称取样 4 份（2 份为平行 CK 样品，另 2 份为平行测试样品），各称重 0.5 g 左右，放入 50 mL 三角瓶中；CK 加 0.1 mol/L（pH 为 7.5）磷酸缓冲液 4 mL、蒸馏水 5 mL，立即加 30% 三氯乙酸 1 mL 并摇匀 1 min，终止酶反应；测试样加 0.1 mol/L（pH

为 7.5)磷酸缓冲液 4 mL、0.2 mol/L KNO_3 5 mL;反复抽真空至叶片沉入瓶底;在暗中 30 ℃保温 30 min(计时从加入 KNO_3后开始至加入三氯乙酸时止);测试样加 30%三氯乙酸 1 mL 并摇匀1 min,终止酶反应;分别取以上样品提取液各 2 mL 放入三角瓶中,先加 4 mL 磺胺试剂摇匀 1 min,再加 4 mL α－萘胺试剂摇匀 1 min;在暗中30 ℃保温显色 30 min;在 520 nm 波长下比色,测定吸光度。计算公式为

$$\text{NR 活性}(NO_2\ \mu g \cdot g^{-1}\ FW \cdot h^{-1}) = \frac{\text{样品测试浓度}(NO_2\ \mu g/mL) \times \text{稀释倍数}(50\text{ 倍})}{\text{样品鲜重}(g) \times \text{反应时间}(0.5\ h)} \times 0.667$$

(3) NO_3^-－N 含量测定　取各处理已测 NR 烟叶的主脉基部,切成小片,称取两份(1.0 g 左右)放入研钵中,加蒸馏水 20 mL,加少量石英砂研磨成匀浆。转移至三角瓶中,加少量活性炭,振荡 15 min,过滤;取中间液 2 mL,定容至 50 mL。在 210 nm 波长下比色,以蒸馏水为参比,测定吸光度。在标准曲线上求得样品液浓度,计算样品的 NO_3^-－N 含量。计算公式为

$$NO_3^- - N\text{ 的含量}(\mu g \cdot g^{-1}\ FW) = \frac{C(NO_3^- - N\ \mu g/mL) \times N}{W(g)}$$

式中:

C——样品液浓度;

N——稀释倍数;

W——样品鲜重。

(4) 硝酸盐和亚硝酸盐含量的测定

① 仪器及试剂:离子色谱仪(ICS－3000 型),电导检测器,ASRS 型抑制器,25 μL 定量环(美国 Dionex 公司),超声仪(JK3200B,合肥金尼克机械制造厂);$NaNO_3$、$NaNO_2$ 标准溶液(1 000 mg/L,德国 MERCK 公司);KBr 固体(分析纯,国药集团化学试剂有限公司);聚合物 C18 小柱,Na 离子小柱,Ag 离子小柱(1 mL,上海安普科学仪器有限公司)。

② 色谱条件:阴离子分析柱为 IonPac AS11－HC(250 mm × 4 mm),保护柱为 IonPac AG11－HC(50 mm ×4 mm)。柱温 30 ℃,电导检测池温度 35 ℃。进样体积 25 μL。淋洗液为氢氧化钾

溶液，流速为 1.0 mL/min。

③ 样品制备过程：

内标溶液的制备：准确称取 KBr 固体 0.125 g，加入烧杯中，用纯净水进行溶解并全部转移至 250 mL 的容量瓶中，并用纯净水进行定量，制备成 500 mg/L 的 KBr 内标溶液待用。

固相萃取小柱的活化：C18 柱使用前依次用 10 mL 甲醇、15 mL 纯净水通过，静置活化 30 min。Ag 柱和 Na 柱用 10 mL 纯净水通过，静置活化 30 min。

样品的制备：准确称取烟样 5.00 g，放入 200 mL 锥形瓶中，加入 100 mL 纯净水，放入超声仪中，超声 30 min 后取出静置 15 min 左右，过滤，取滤液 20 mL，依次通过活化的 C18 固相萃取小柱、Ag 固相萃取小柱、Na 固相萃取小柱及 0.25 μm 水系滤膜，弃去前面 7 mL，收集后面的洗脱液于 10 mL 的容量瓶中，并在容量瓶中加入 0.2 mL 的内标溶液，用以上的色谱方法进行测定。

标准曲线的绘制：配制 NO_3^- 10 mg/L、20 mg/L、30 mg/L、40 mg/L、50 mg/L 和 NO_2^- 10 μg/L、50 μg/L、200 μg/L、300 μg/L、500 μg/L 各 50 mL 并含有 1 mL 内标溶液的混合标准溶液，用纯净水定容，用以上的色谱方法进行测定，并以浓度为横坐标、峰面积为纵坐标分别绘制各离子的标准曲线。

（二）施钼对烤烟硝酸还原酶（NR）活性的影响

由图 2－7（2007）看出，随着烤烟生育期推进，烟叶 NR 活性呈逐渐下降趋势。成熟期烟叶保持在较低水平。施钼处理 NR 活性在现蕾期之前明显高于未施钼处理，在现蕾期后稍低于未施钼处理。

由图 2－8～图 2－11（2008）可以看出，4 个品种（红大、K326、云烟 85 和 CB－1）烤烟叶片 NR 活性在现蕾期前明显高于成熟期，旺长期达到高峰，在成熟期趋于稳定，上部叶成熟期略有提高。施钼处理前，叶片 NR 活性表现为红大＞CB－1＞K326＞云烟 85。施钼提高了 4 个品种烤烟现蕾前特别是旺长期叶片的 NR 活性，在旺长期红大、K326、云烟 85 和 CB－1 的 NR 活性分别比 CK 提高 36.92%、31.68%、19.60% 和 7.28%；打顶后，K326 和 CB－1 施钼处理的 NR

活性提高不明显，而云烟 85 和红大施钼处理的 NR 活性低于 CK。

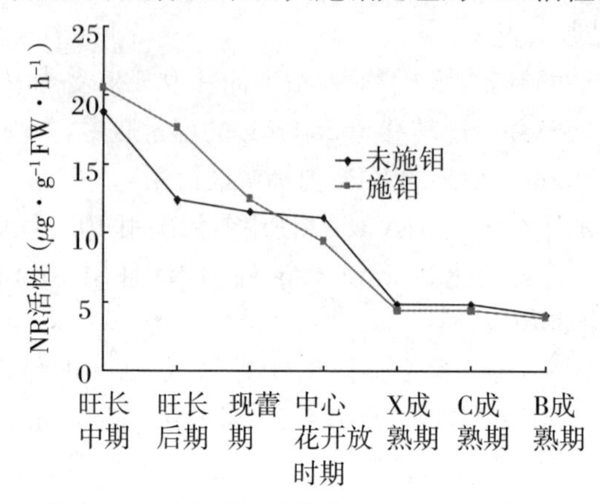

图 2-7　施钼对烟叶硝酸还原酶活性的影响

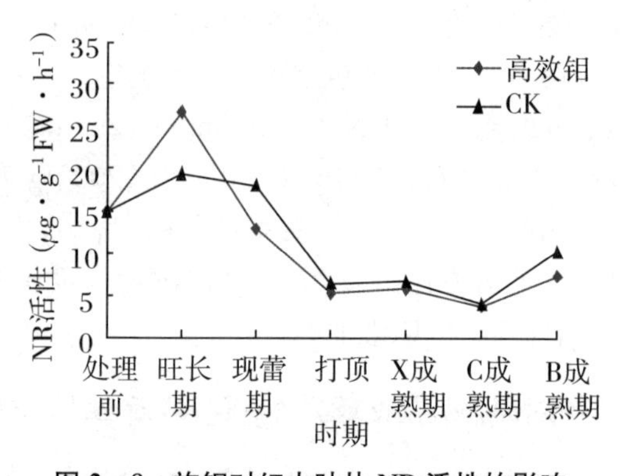

图 2-8　施钼对红大叶片 NR 活性的影响

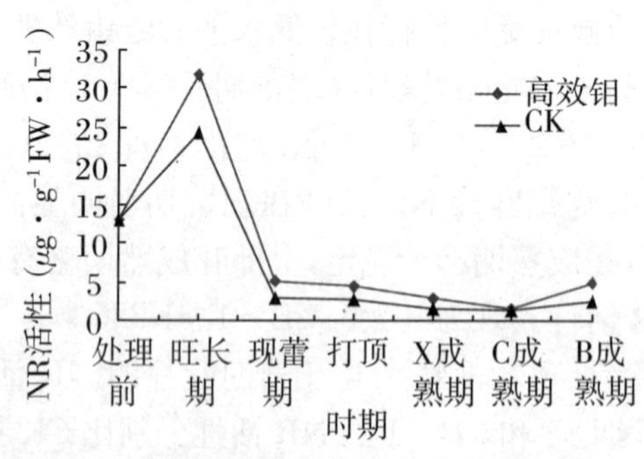

图 2-9　施钼对 K326 叶片 NR 活性的影响

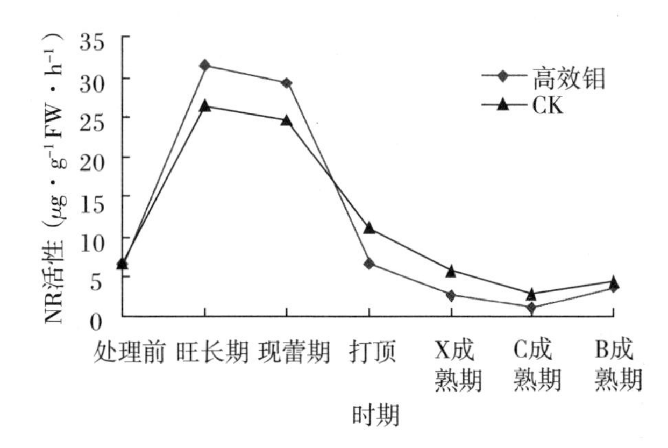

图 2-10　施钼对云烟 85 NR 活性的影响

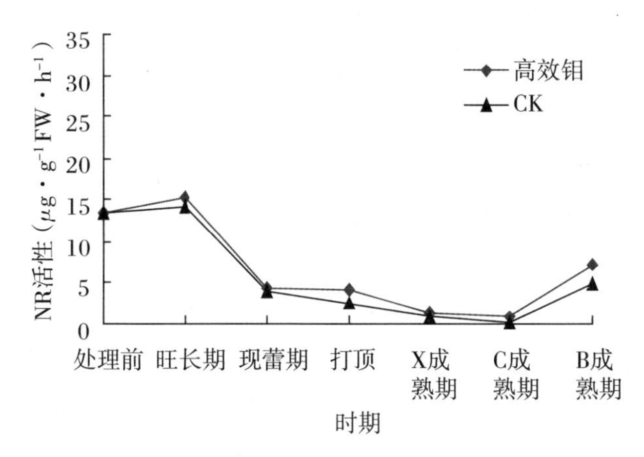

图 2-11　施钼对 CB-1 叶片 NR 活性的影响

以上结果表明，施钼能提高烤烟生育前期特别是旺长期叶片的 NR 活性，红大、K326、云烟 85 表现最为明显。这有利于促进烤烟大田生育前期对 NO_3^- -N 的吸收和转化，从而减少烟株体内硝酸盐的积累。

（三）施钼对烤烟硝态氮含量的影响

由图 2-12（2007）可见，烤烟施钼处理在旺长后期烟叶中 NO_3^- -N含量达到最大值，并保持至现蕾期；未施钼处理在现蕾期之

前烟叶中 NO_3^- −N 含量保持上升趋势，至现蕾期才达到最大值。在现蕾期之前烟叶中 NO_3^- −N 含量较高，并且未施钼处理明显高于施钼处理。现蕾期之后烟叶中 NO_3^- −N 含量呈明显下降趋势，未施钼处理总体略高于施钼处理（中心花开放时除外）。

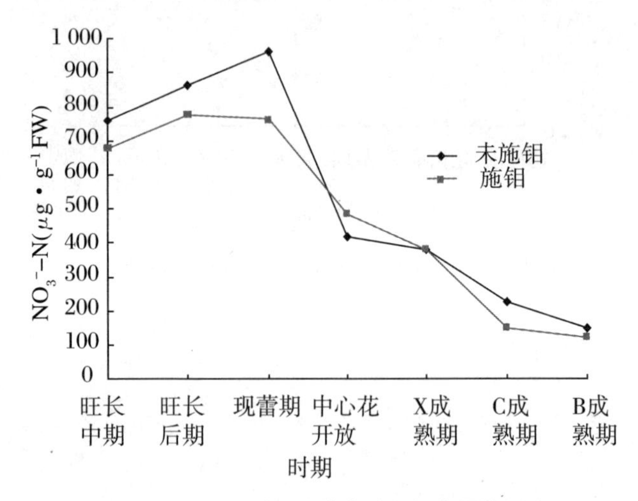

图 2−12　施钼对烟叶体内硝态氮含量的影响

由图 2−13～图 2−16（2008）可以看出，4 个品种烟叶的 NO_3^- −N含量在烟叶成熟前呈逐渐下降趋势，成熟期趋于稳定，上部叶成熟期略有提高。施钼处理前，叶片 NO_3^- −N 含量表现为 K326＞云烟 85＞CB−1＞红大。施钼处理后，施钼不同程度降低了 4 个品种烤烟现蕾前特别是旺长期叶片 NO_3^- −N 含量，旺长期红大、K326、云烟 85 和 CB−1 烟叶 NO_3^- −N 含量分别比 CK 降低 11.25%、14.92%、26.83%、10.09%；现蕾后，除云烟 85 施钼处理的 NO_3^- −N 含量高于 CK 外，红大、K326、CB−1 的 NO_3^- −N 含量均低于 CK，但处理间差异不大。

以上结果表明，施钼能促进烟株体内 NO_3^- −N 的转化，减少烟株体内硝酸盐的积累，其中，云烟 85、K326 表现更为明显，特别是由于烤烟生育前期 NR 活性高，能迅速促进 NO_3^- −N 在现蕾前进行转化，减少烟株生育后期土壤有效氮的供给量。这对防止成熟期土壤有效氮的过量供给和改善烟叶成熟、烘烤特性具有重要意义。

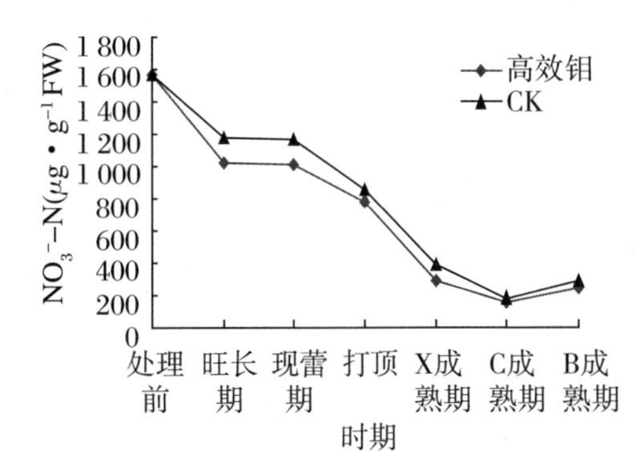

图 2-13　施钼对 K326 叶片硝态氮含量的影响

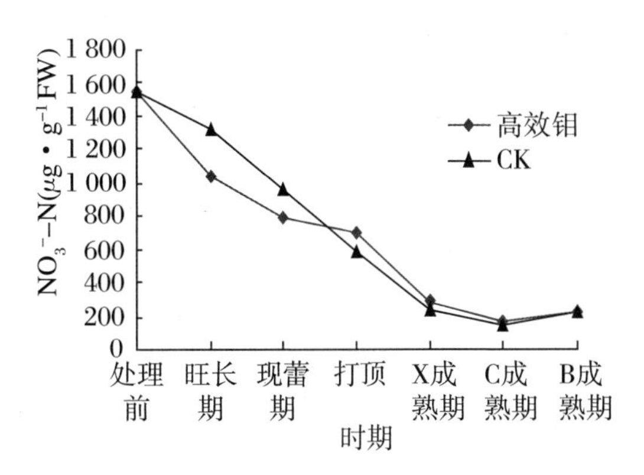

图 2-14　施钼对云烟 85 叶片硝态氮含量的影响

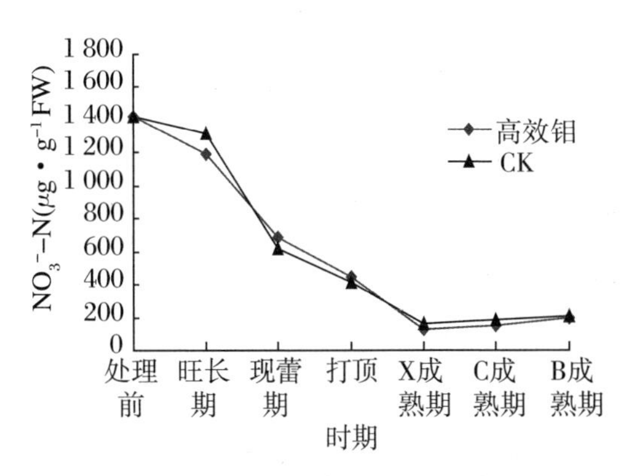

图 2-15　施钼对红大叶片硝态氮含量的影响

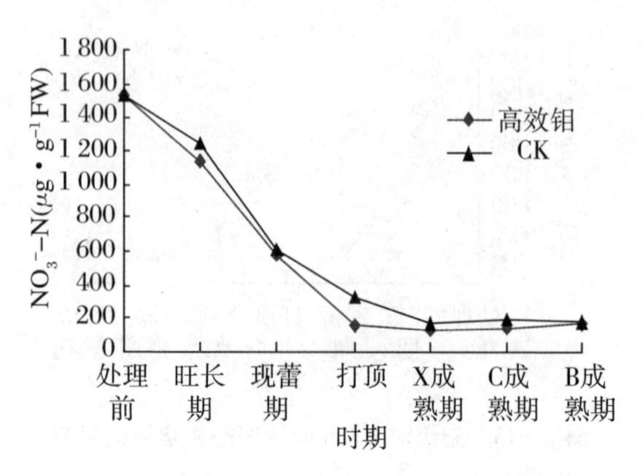

图 2-16　施钼对 CB-1 叶片硝态氮含量的影响

（四）施钼对烤烟硝酸盐向亚硝酸盐转化的影响

随着人们生活水平的不断提高，人们对食品安全和农产品有害物质残留问题也越来越关注。同时，吸烟者对烟草中亚硝酸盐和硝酸盐也产生了关注，这主要是因为亚硝酸盐类化合物可以和人体中各种氨基化合物发生反应，产生有害物质 N-亚硝基化合物，对人体产生一定的危害。硝酸盐本身的危害性较低，但是它在体内能够被还原为亚硝酸盐，而且还可内源性形成亚硝胺类物质，所以间接地对人体产生危害，因而也受到人们的关注。由表 2-4 可知，施钼处理烟株烟叶的 NR 活性明显高于对照，从而烟叶和茎中施钼处理比不施钼处理（对照）的硝酸盐和亚硝酸盐含量较低（其中施钼处理烟叶中未被检测出），而根中施钼处理的亚硝酸盐含量较高，其原因有待研究。

表 2-4　钼对烤烟硝酸盐和亚硝酸盐含量的影响

测定指标	叶		根		茎	
	+Mo	-Mo	+Mo	-Mo	+Mo	-Mo
NRA(NO_2^- μg·g^{-1} FW·h^{-1})	47.36	11.31				
NO_2^- (μg/g)	—	1.02	8.05	6.67	0.11	0.76
NO_3^- (mg/g)	—	0.11	2.24	2.54	0.09	0.12

二、钼素营养对烤烟光合系统的影响

示踪元素研究表明,叶绿素减少的区位多发生在缺钼的同一脉间区内,而叶绿素含量直接影响植株对光能的吸收和利用程度,因此钼素与光合作用的关系密切。光合作用是植株生物量积累的基础,其代谢能力的强弱可以从植株的光合性能参数和叶绿体超微结构等多方面反映。光合性能参数是光合作用强弱的最直接反映,而通过对叶片叶绿体细胞超微结构的显微观察,更能有助于从解剖学角度阐明植株的光合生理微观机制。因此,项目通过采用盆栽和缺钼素营养液水培方法,研究了钼素对烤烟的光合性能的影响,并从细胞学角度探索叶绿体超微结构的变化,以揭示烤烟钼素营养的光合生理机制。

(一) 材料与方法

1. 试验设计

盆栽试验同本章第一节中的试验设计。

水培试验于 2013 年 5 月在安徽农业大学科研实践基地大棚进行,以烤烟品种南江 3 号为供试材料,3 次重复。移栽时,挑选生长一致的健壮 7 叶 1 心小苗,在去离子水中饥饿培养 8 h 后移栽至用无水乙醇消毒过的塑料盆中进行预培养(先后用对照和缺钼两种处理的 1/10、1/4 和 1/2 全营养液浓度分别培养5 d),然后转入两种处理的全营养液中培养,此时以 0 d 开始计时培养。培养前期,每 5 d 更换营养液,15 d 后每天更换营养液,尽量保证生长环境一致。采用分析纯进行水培营养液的配制,营养液配方参考Hoagland并做调整,每 1 L培养液中含硫酸镁 0.168 g,磷酸二氢钾 0.414 g,硝酸钾 0.384 g,氯化钾 2.50×10^{-3} g,硼酸 2.86×10^{-3} g,硫酸锌 4.60×10^{-4} g,硫酸铜 8.00×10^{-5} g,氯化锰 8.00×10^{-5} g,硝酸钙 0.463 g,硫酸铁 4.0×10^{-3} g。试验设对照和缺钼胁迫处理,以含钼 0.20 mg/kg的全营养液为对照,去钼的全营养液作为缺钼处理。所用试剂为分析纯。整个试验用水均采用去离子水。试验采用聚乙烯不透明塑料盆,上盖塑料泡沫板,在泡沫板上打直径 1 cm 的圆形孔。

取烟苗进行钼素含量的测定，结果为 0.03 mg/kg。

2. 测定方法

(1) 光合系统测定

光合色素的测定　各处理取样材料(去叶脉)2 份(0.4 g 左右)，剪碎于研钵中，加少量石英砂和 2～3 mL 95%酒精研磨成匀浆再加酒精 10 mL 研磨至样品组织变白，暗处静置 5 min，过滤到 50 mL 棕色容量瓶中，洗涤研钵和残渣数次，定容后备测。95%酒精作为参比，在 665 nm、649 nm 下测吸光度。

计算公式为

$$C_a = 13.95A_{665} - 6.88A_{649} \quad C_b = 24.96\ A_{649} - 7.32\ A_{665}$$

$$\text{叶绿体色素含量(mg/g)} = \frac{(C_a + C_b) \times V \times N}{W}$$

式中：

C_a，C_b——叶绿素 a 和叶绿素 b 的浓度(mg/L)；

A——吸光度；

V——提取液体积(mL)；

N——稀释倍数；

W——样品重(g)。

光合参数的测定　采用美国 LI-COR 公司生产的 LI-6400 型便携式光合测定系统测定。在晴天条件下，上午 9:00～11:00 测定不同钼素处理烟株叶片光合速率(Pn)、蒸腾速率(Tr)、胞间 CO_2 浓度(Ci)等气体交换参数，并计算水分利用效率（WUE = Pn/Tr ）。定株对上部第二片完全展开功能叶进行测定，每处理 5 株，每株重复 3 次，取平均值。

(2) 叶绿体超微结构的电镜观察

分别在培养 10 d 和 30 d 时，迅速取下缺钼和施钼处理烤烟的倒二叶完整叶片后，用冰盒带回实验室。叶片洗净后揩干，用双面刀片取 1 mm×2 mm 的叶肉小块，迅速投入到 2.5%戊二醛固定液中进行抽气，排出叶片内的气泡，使叶片下沉进行固定。整个操作在 4 ℃下进行。做好相应标签：时间、地点和材料名称，并密封。丙酮梯度脱水，环氧树脂包埋，Power-Tome-XL 型超薄切片机制成超薄切片后染色，在日立 H-7650 型透射电镜下观察并拍照。

（二）钼对烤烟光合色素含量的影响

1. 钼对不同品种烤烟叶绿素含量的影响

由图 2－17～图 2－20(2008)可以看出，4 个品种烤烟叶绿素含量在打顶前逐渐增强，随后逐渐减弱进入成熟期，在上部叶成熟期略有提高。施钼处理前，叶片叶绿素含量表现为云烟 85＞K326＞CB－1＞红大。施钼处理后，施钼与 CK 相比，明显提高了 K326 和云烟 85 从旺长期到打顶期叶绿素含量，现蕾期分别提高 21.42%和 14.29%，打顶期分别提高 25.62%和 9.89%；施钼总体上提高了红大和 CB－1 打顶前的叶绿素含量，但增幅并不明显。打顶后，K326 和 CB－1 施钼处理烟叶的叶绿素含量仍高于 CK，而云烟 85 和红大却低于 CK，但各品种施钼与 CK 烟叶的叶绿素含量差异均不明显。

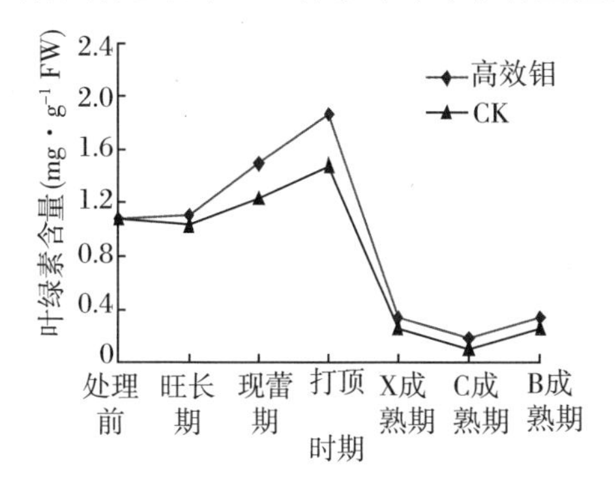

图 2－17　施钼对 K326 叶片叶绿素含量的影响

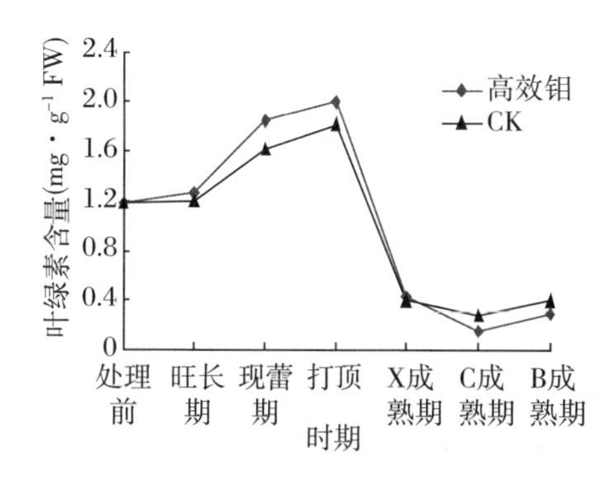

图 2－18　施钼对云烟 85 叶绿素含量的影响

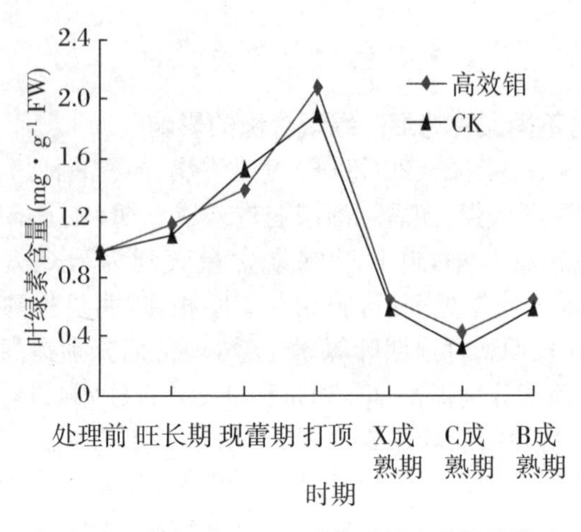

图 2-19 施钼对 CB-1 叶片叶绿素含量的影响

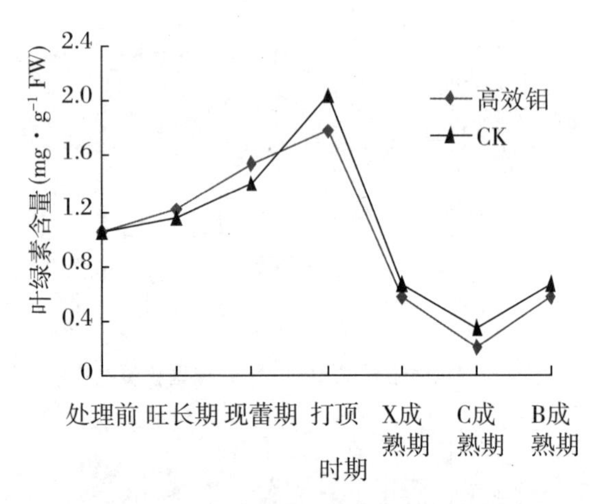

图 2-20 施钼对红大叶片叶绿素含量的影响

可见,施钼能不同程度地提高 4 个品种烤烟生育前期的叶片叶绿素的含量,K326、云烟 85 表现较为突出,这对提高烤烟光合作用是有利的。

2. 不同剂量钼素营养对烤烟光合色素含量的影响

由图 2-21(2010)看出,不同剂量钼素对烟株叶绿素含量有较大影响,在 40 d、55 d 时,T1、T2 和 T3 的叶绿素含量均高于对照,而 T4

始终低于对照，随施钼剂量增加，叶绿素增幅有降低趋势，即 T1＞T2＞T3。70 d 时 T1 的叶绿素含量低于对照烟株，而其他处理都有不同程度的增加。叶绿素 a 和叶绿素 b 在处理 20 d 时未表现出明显的规律性（图 2－22～图 2－23），在 40 d、55 d 时，施钼处理总体高于对照，以 T1、T2 增幅较大。T4 在 55 d 前都表现出较低的叶绿素含量。而在 70 d 时，T1、T2 的叶绿素 a 和叶绿素 b 含量均低于其他处理。整个生育期叶绿素的增加主要是由叶绿素 a 的增加引起的，施用一定剂量的钼素营养，能不同程度地提高叶绿素 a 和叶绿素 b 含量，超过 T3 剂量后，叶绿素有降低的现象。施钼一定程度上提高了烟株的类胡萝卜素的含量（图 2－24）。

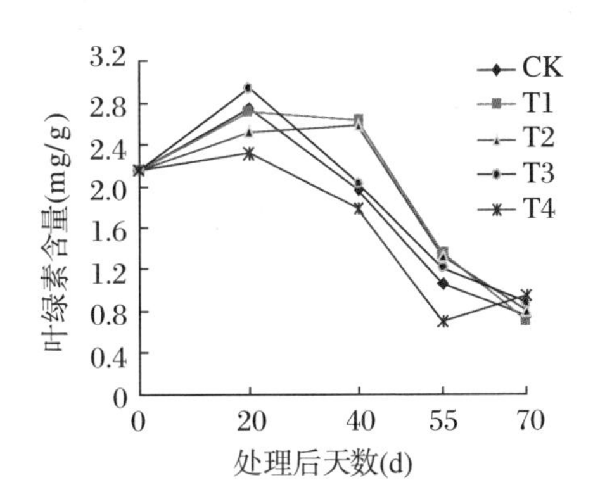

图 2－21　不同剂量钼对烤烟叶绿素含量的影响

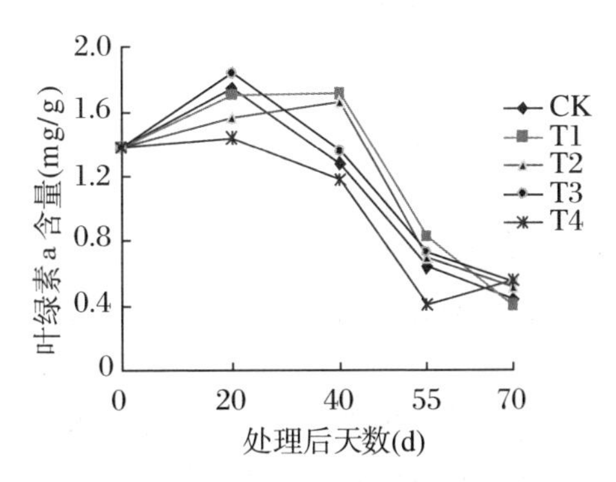

图 2－22　不同剂量钼对烤烟叶绿素 a 含量的影响

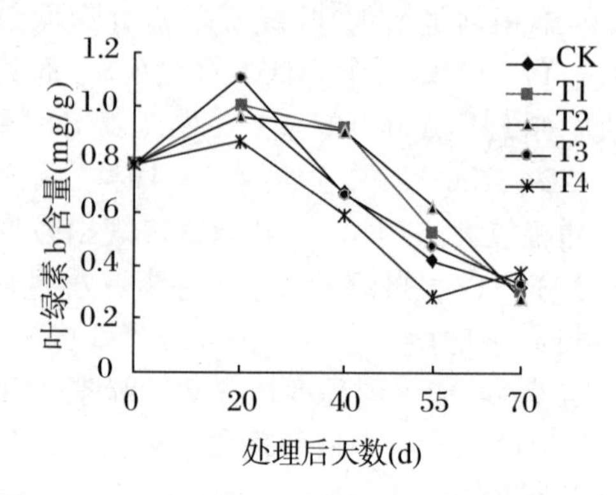

图 2-23 不同剂量钼对烤烟叶绿素 b 含量的影响

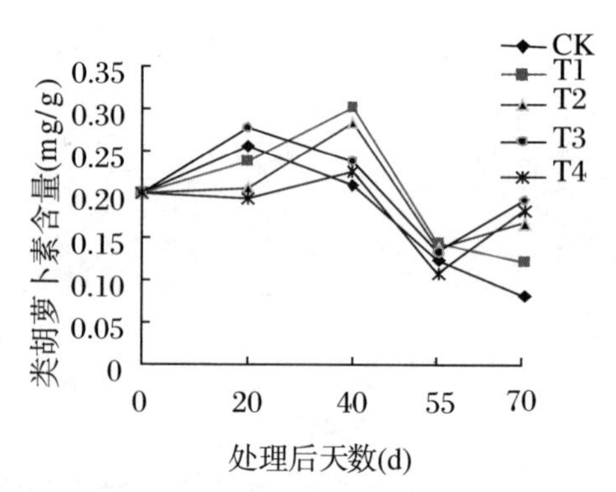

图 2-24 不同剂量钼对烤烟类胡萝卜素含量的影响

（二）钼对烤烟叶片光合性能的影响

1．钼对不同品种烤烟叶片光合速率的影响

由图 2-25(2007 中国科学技术大学)可见，烟叶光合速率在现蕾期之前逐渐上升，至现蕾期达到最大值，之后下降，成熟期光合速率保持在较低水平。在烟叶成熟之前施钼处理的光合速率明显高于未施钼处理。

由图 2-26～图 2-29 可以看出，4 个品种烤烟叶片光合速率在现蕾期之前逐渐增强，随后逐渐减弱进入成熟期。施钼处理前，各品种叶片光合速率相当。施钼处理后，施钼处理与 CK 相比，K326、云烟85、红大和CB－1叶片光合速率在旺长期分别提高25.00%、20.89%、10.70%和7.56%，在现蕾期分别提高19.79%、6.46%、20.58%和5.26%。现蕾后，施钼处理的各品种烤烟叶片光合速率仍持续高于CK。

以上结果说明，施钼能提高烟叶的光合速率，特别是旺长期到现蕾期叶片的光合速率，这有利于提高烟叶光合产物的积累。

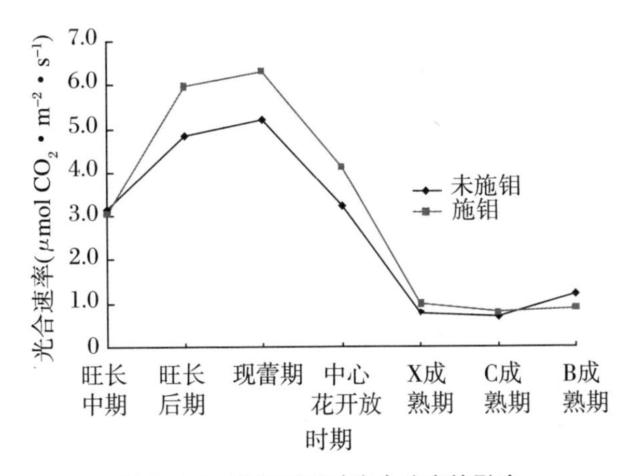

图2－25　施钼对烟叶光合速率的影响

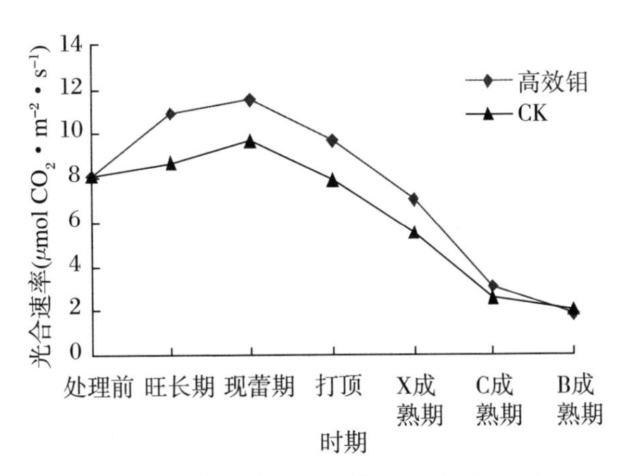

图2－26　施钼对K326叶片光合速率的影响

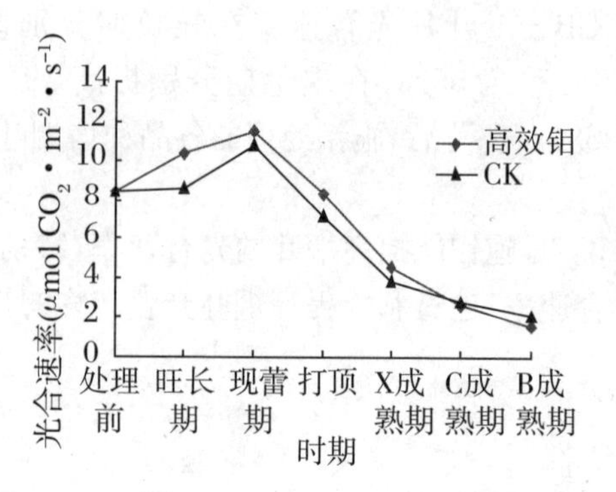

图 2-27 施钼对云烟 85 叶片光合速率的影响

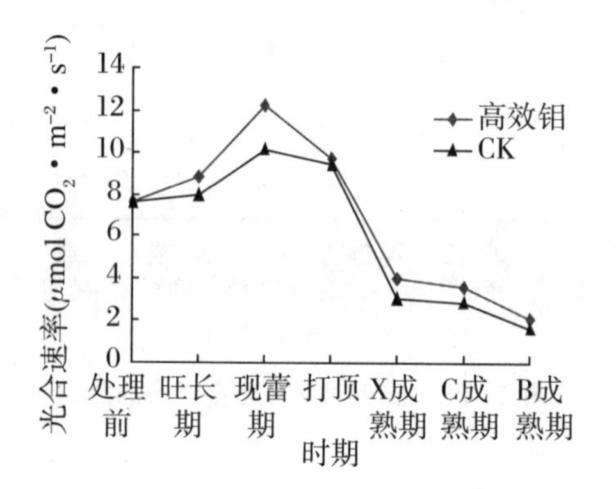

图 2-28 施钼对红大叶片光合速率的影响

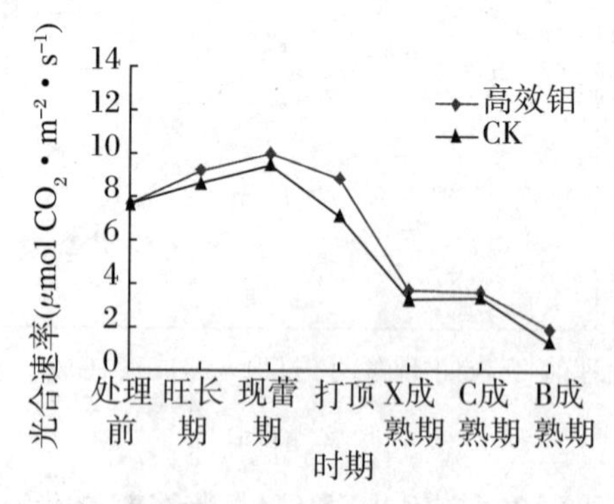

图 2-29 施钼对 CB-1 叶片光合速率的影响

2. 不同剂量钼素营养对烤烟叶片光合性能的影响

通过对不同剂量钼素营养处理烟株的光合参数测定可知(图2－30～图2－33,2010中国科学技术大学),钼素营养对烤烟叶片的光合性能影响较大,适当剂量的钼素营养,能提高烟株生长前期叶片的光合速率,降低叶片的胞间CO_2浓度。T1在生长前期均保持较高的光合水平,55 d时光合速率和对照烟株相比,增幅达27.63%,胞间CO_2浓度降低了14.41%。

蒸腾速率反映植株水分蒸发的快慢程度。由图2－32可以看出,不同剂量钼处理对烤烟叶片的蒸腾速率影响较大,40 d时T3的蒸腾速率增幅最大为19.45%,55 d后T4处理的蒸腾速率有上升趋势,增幅比对照提高了5.10%。在一定的范围内,随着施钼量的增加,烤烟叶片的蒸腾速率增大。

从本试验研究结果来看,在T1、T2钼剂量水平下,烟株光合作用和蒸腾作用可以达到较为协调的状态,保持着较高的水分利用效率,55 d时,T2处理的水分利用率比对照高达95.64%。在生育中期(40 d)时,在T3钼剂量水平下虽然光合速率较高但蒸腾速率也高,所以其水分利用效率较低。烟株体内保持较高的含水率,这有助于烟株维持较高的光合潜能。

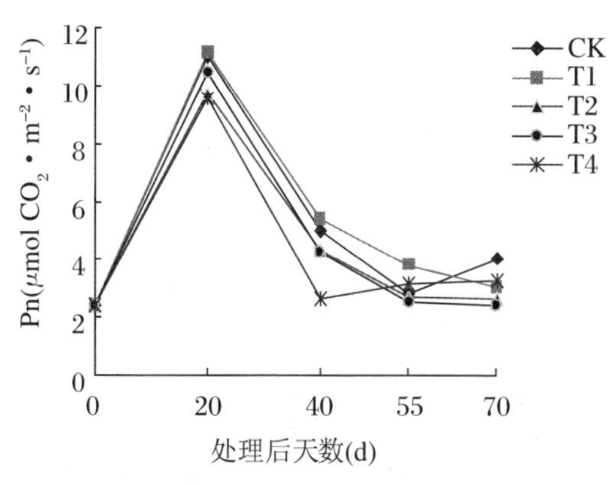

图2－30　不同剂量钼对烤烟净光合速率的影响

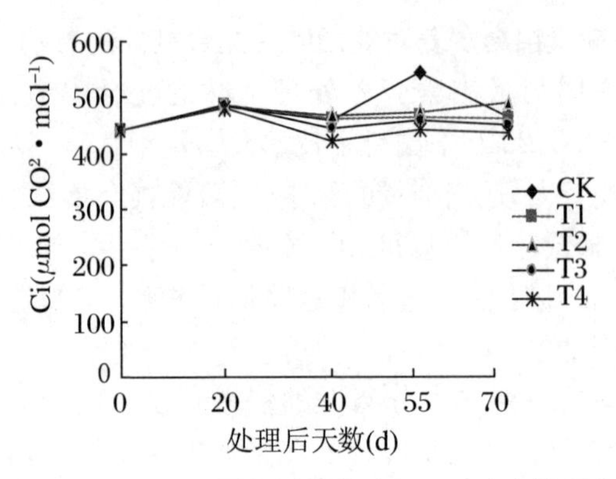

图 2－31 不同剂量钼对烤烟胞间 CO_2 浓度的影响

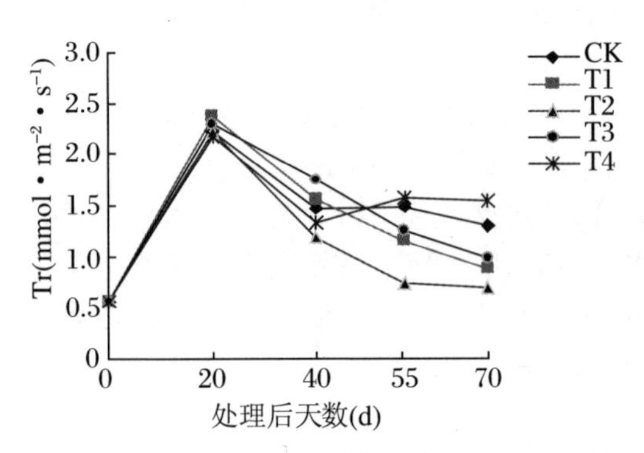

图 2－32 不同剂量钼对烤烟蒸腾速率的影响

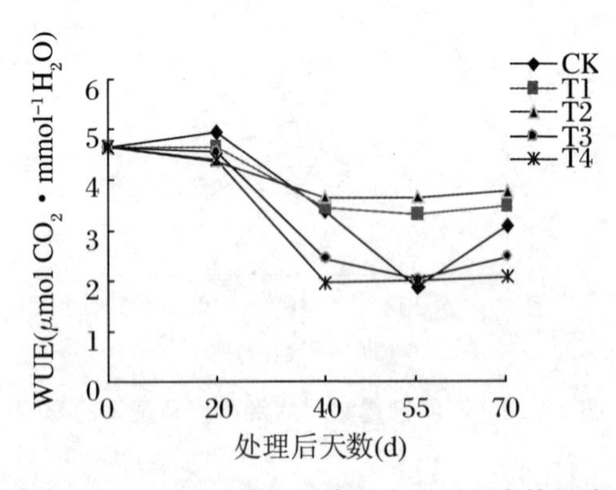

图 2－33 不同剂量钼对烤烟水分利用率的影响

三、钼素营养对烤烟叶片叶绿体超微结构的影响

通过电镜下对叶绿体超微结构的观察，用不同钼处理的营养液培养 10 d 时，缺钼烟叶（图 2－34(a)）和施钼烟叶叶绿体的基粒片层、基质片层相比（图 2－34(b)），片层垛叠不整齐，较疏松并有所扩散；缺钼烟叶叶绿体中淀粉粒（图 2－34(e)）明显比施钼的淀粉粒（图 2－34(f)）个体偏小而且数量较少。培养 30 d 时，缺钼烟叶基质片层和基粒片层（图 2－34(c)）扩散明显、膨胀发生弯曲变形而且垛叠性极差，而施钼烟叶（图 2－34(d)）的片层整齐、紧密排列，垛叠片层较厚；缺钼烟叶（图 2－34(g)）比施钼烟叶（图 2－34(h)）的淀粉粒发育明显差，仅有少量淀粉粒而且个体小，而施钼烟叶有适量发育良好的淀粉粒，个体明显增大，排列方向保持与长轴平行，内含物丰富。从缺钼胁迫时间上来看，30 d 和 10 d 相比较，缺钼烟叶的片层结构解体严重，几乎没有规则成形的片层垛叠体，而施钼烟叶的片层垛叠体增厚，更加整齐且紧密，基粒间明显有基质片层整体连接，有发育良好的淀粉粒。说明缺钼胁迫下，烟叶的叶绿体片层结构发育异常，淀粉粒数量较少，叶绿体超微结构受到损伤，而且随着胁迫时间的延长，受损伤程度加重，这将不利于烤烟后期光合产物的积累。

四、结论

(1) 钼能提高烟草生育前期的硝酸还原酶活性，降低硝态氮含量。

施钼明显地提高了 K326、云烟 85 、CB－1 和红大 4 个品种烟草大田生育前期，特别是旺长期叶片的 NR 活性，降低体内 NO_3^-－N 含量。施钼处理 K326 和 CB－1 整个生育期 NR 活性高于 CK，而云烟 85 和红大在打顶后低于 CK；K326 和 CB－1 整个生育期 NO_3^-－N含量低于 CK，而云烟 85 和红大在现蕾后略高于 CK。

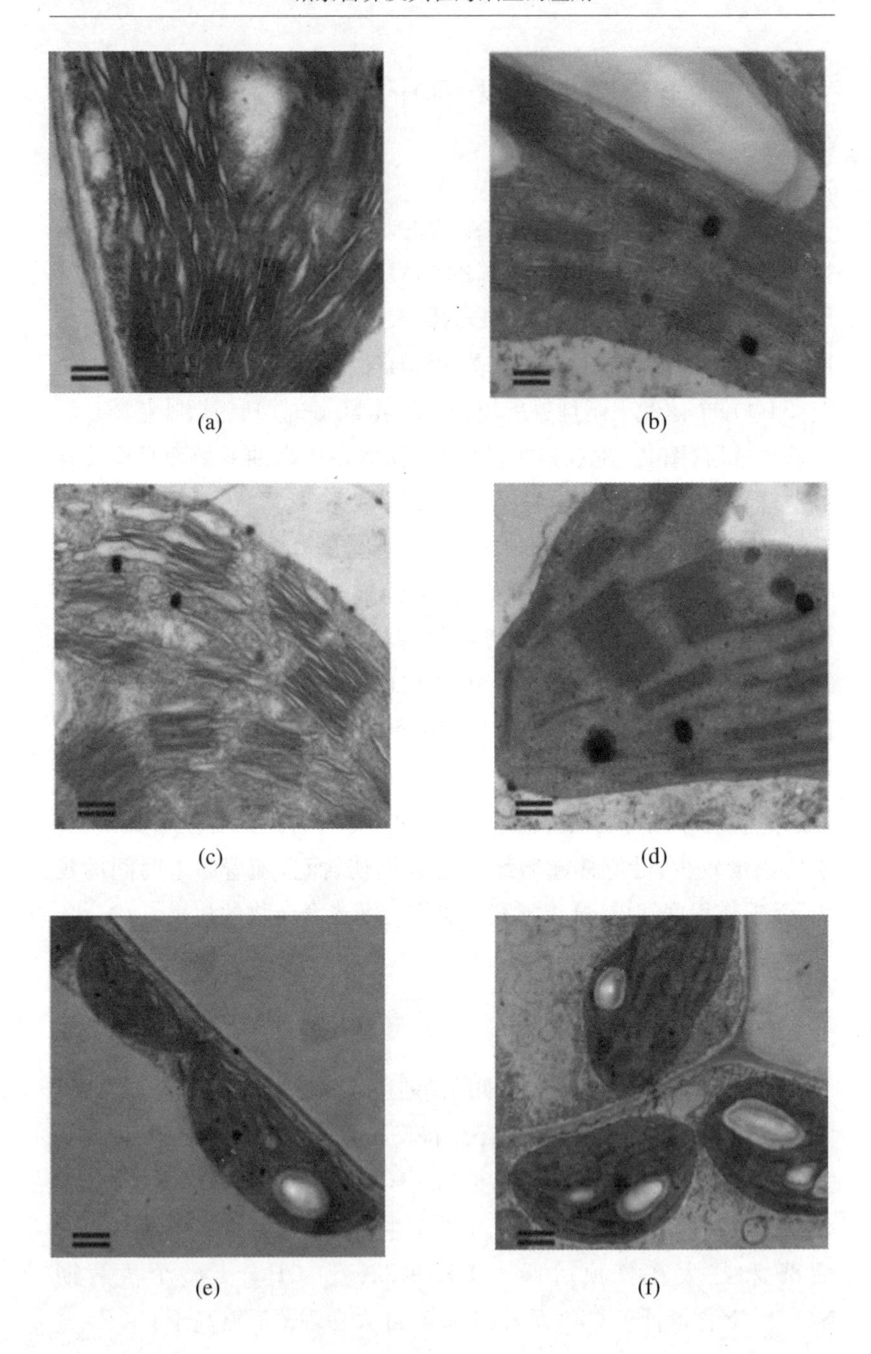
(a)
(b)
(c)
(d)
(e)
(f)

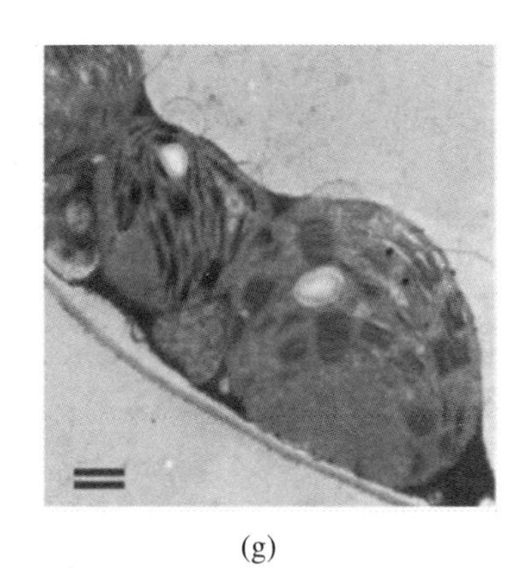

(g)

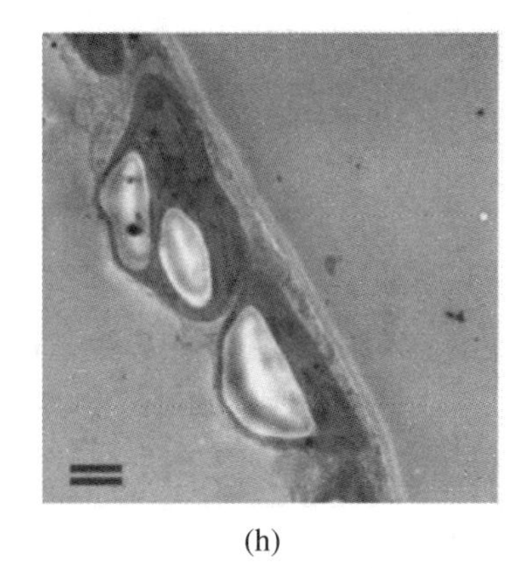

(h)

图 2－34　缺钼对烟叶叶绿体超微结构的影响

注：(a) 缺钼 10 d 时烟叶基粒片层和基质片层，Bar＝250 nm；(b) 施钼 10 d 时烟叶基粒片层和基质片层，Bar＝250 nm；(c) 缺钼 30 d 时烟叶基粒片层和基质片层，Bar＝250 nm；(d) 施钼 30 d 时烟叶基粒片层和基质片层，Bar＝250 nm；(e) 缺钼 10 d 时烟叶叶绿体和淀粉粒，Bar＝1.0 μm；(f) 施钼 10 d 时烟叶叶绿体和淀粉粒，Bar＝1.0 μm；(g) 缺钼 30 d 时烟叶叶绿体和淀粉粒，Bar＝1.0 μm；(h) 施钼 30 d 时烟叶叶绿体和淀粉粒，Bar＝1.0 μm。

(2) 钼能提高烟草生育前期叶绿素含量，提高光合速率。

施钼不同程度地提高了 K326、云烟 85、CB－1 和红大 4 个烟草品种生育前期的叶片叶绿素的含量，以及 4 个烟草品种整个大田生育期，特别是旺长期到现蕾期叶片的光合速率。

一定剂量的钼素能明显提高烟草生育前中期叶绿素含量，但剂量过高，高于 0.5 mg Mo・kg^{-1} 土时，这种效应会削弱。处理后40～55 d，随施钼剂量增加，叶绿素含量增幅有降低趋势，表现为 T1(0.135 mg/kg)＞T2(0.270 mg/kg)＞T3(0.405 mg/kg)＞CK＞T4(0.540 mg/kg)。

(3) 缺钼培养后，烟叶叶绿体的精细结构受到损伤。缺钼培养 10 d 时，叶绿体的基粒片层和基质片层垛叠不整齐，发生扩散，且淀粉粒数量少、发育偏小。缺钼培养 30 d 时，叶绿体细胞受损严重，片层结构有明显解体。

因此,适宜施钼量能提高烤烟的光合性能,促进烤烟生育前期的氮代谢,从而有利于提高烟叶产量。

第三节 钼素营养对烤烟烘烤过程中酶促棕色化反应的影响

烤烟烘烤过程中的酶促棕色化反应是烟叶出现挂灰和杂色的重要原因之一。烟叶中的多酚氧化酶(Polyphenol Oxidase, PPO)介导的酶促棕色化反应,能催化氧化多酚类化合物转化为σ-醌,σ-醌可聚合成黑色素,影响烟叶的外观和内在品质,使经济效益降低。抗坏血酸(Ascorbic Acid, AsA)作为一种强抗氧化剂,能够抑制PPO的活性,将酶促棕色化反应产物σ-醌还原为多酚,从而抑制了酶促棕色化反应进程,减少挂灰和杂色烟的产生。因此,本试验旨在研究缺钼烟田施钼对烟叶AsA含量和PPO活性的影响,减少烘烤过程中挂灰和杂色烟比例,为烤烟合理施钼提供理论基础。

一、材料与方法

(一) 试验设计

2008年在中国科学技术大学烟草与健康研究中心试验站进行了施钼对不同品种烤烟烘烤过程中PPO活性和AsA含量影响的研究。设施钼和CK(清水)2种处理,重复3次,4个品种,共24个小区,小区面积6.60 m^2,采用随机区组排列。每个小区栽烟2行,12株/小区。株行距50 cm×110 cm,密度18 180株/hm^2。K326、云烟85施纯氮6 kg/666.67 m^2,CB-1、红大施纯氮5 kg/666.67 m^2,基追比7∶3,肥料为复合肥(N∶P_2O_5∶K_2O = 10∶15∶15)。高效钼1 000倍液进行叶面喷施,平均分2次分别在团棵期和现蕾始期进行,每处理共喷施1 600 mL(含 MoO_3 40 mg)。各品种于5月6日移栽,单株留叶18片打顶。各品种在上部叶成熟期进行采收,每处理选取5片叶位相近、成熟度一致的烟叶标记,作为测定取样材料,不同品种烟叶分别置于智能烤箱内,采用适合该品种的烘烤工艺进行烘烤,施钼处理与对照置于同一烤箱。分别在烘烤后0 h(烘烤点火前。下同)、12 h、24 h、48 h和72 h时(72 h时,烟叶基本全变黄,烟叶失水60%以上,PPO活性被钝化)取样测定AsA含量和PPO活性。对烤后烟叶按GB 2635—1992进行分级。

2008年在黔南独山县本寨乡黎罗村、福泉市龙昌镇龙昌村和平塘县鼠场乡仓边3个烟区进行了施钼对烤烟烘烤过程中PPO活性和AsA含量影响的大田试验。设施钼和CK(清水)2个处理,采用大区对比设计,每个大区333.33 m^2以上,不设重复。供试品种为云烟85。分别在团棵期和现蕾期进行叶面喷施高效钼肥1 000倍液(每次每株约50 mL,即含 MoO_3 1.25 mg)。各试验点各处理上二棚烟叶统一在贵州省烤烟科学研究所福泉基地的普改密烤房内(试验烟叶放在二棚位置)进行烘烤,分别在开烤后0 h、18 h、42 h、66 h和90 h测定烟叶AsA含量和PPO活性。对各试验点烤后各部位烟叶的常规化学成分及烟叶含钼量进行测定;对烤后烟叶按GB 2635—1992进行分级,测定产质量等。试验土壤均为壤土,各点土壤有机质和速效养分如表2-5所示。

表2-5　各试验点土壤养分状况

地点	有机质(g/kg)	水解氮(mg/kg)	速效磷(mg/kg)	速效钾(mg/kg)	有效钼(mg/kg)
独山	24.9	417.6	60.27	208.9	0.12
福泉	26.8	165.0	34.99	159.5	0.10
平塘	17.8	85.9	7.030	387.3	0.02

（二）测定项目与方法

土壤理化性状测定具体方法同第二章第一节的“测定指标与方法”；AsA 含量采用二氯酚靛酚滴定法测定；PPO 活性采用碘液滴定法测定。

二、钼素营养对烤烟烘烤过程中多酚氧化酶活性的影响

（一）钼素营养对不同品种烤烟烘烤过程中多酚氧化酶活性的影响

钼对烤烟烘烤过程中多酚氧化酶影响的研究结果表明（图 2－35～图 2－38，2008 中国科学技术大学），烘烤前不同品种烟叶 PPO 活性表现为红大＞K326＞CB－1＞云烟 85，特别是红大烟叶 PPO 活性明显高于其他品种 2～3 倍；但施钼处理后烟叶 PPO 活性明显低于 CK，除云烟 85 外，红大、K326、CB－1 施钼处理的烟叶 PPO 活性分别比 CK 降低 21.14%、25.75%、20.10%。在烘烤前期（0～72 h），各品种烟叶 PPO 活性在烘烤 0～24 h 内缓慢降低，之后下降较快，至 72 h 时无论施钼处理还是 CK，烟叶 PPO 活性已经处于较低水平，可能是由于此时烟叶烘烤已处于定色前期，烟叶 PPO 活性已被钝化。对于不同品种烟叶来说，K326 除在 48 h 时施钼处理的 PPO 活性高于 CK 外，其他阶段（特别是 0～24 h 内）均明显低于 CK；云烟 85 在 0～72 h 内施钼处理烟叶 PPO 活性均低于 CK，但差异不大；红大和 CB－1 在烘烤前期（特别是 48 h 内），施钼处理的 PPO 活性均显著低于 CK。可见，施钼处理的 K326、红大和 CB－1 成熟烟叶体内 PPO 活性明显降低，4 个品种在烘烤前期（特别是 48 h 内）PPO 活性低于 CK，这对抑制烟叶烘

烤过程中酶促棕色化反应的发生,减少烟叶挂灰、糊片和黑糟等是有利的。

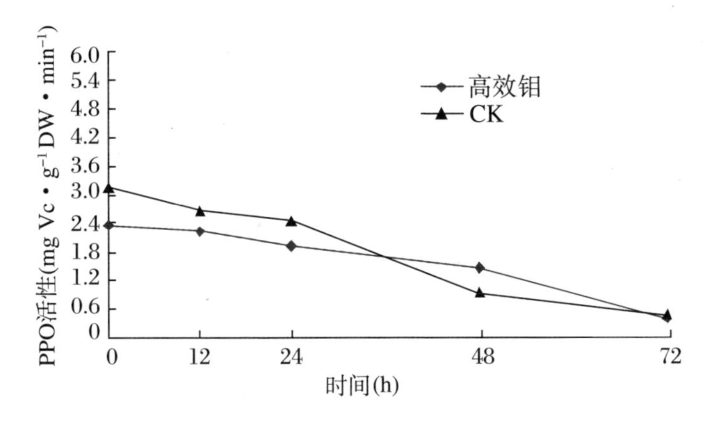

图 2-35　施钼对 K326 烘烤前期 PPO 活性的影响

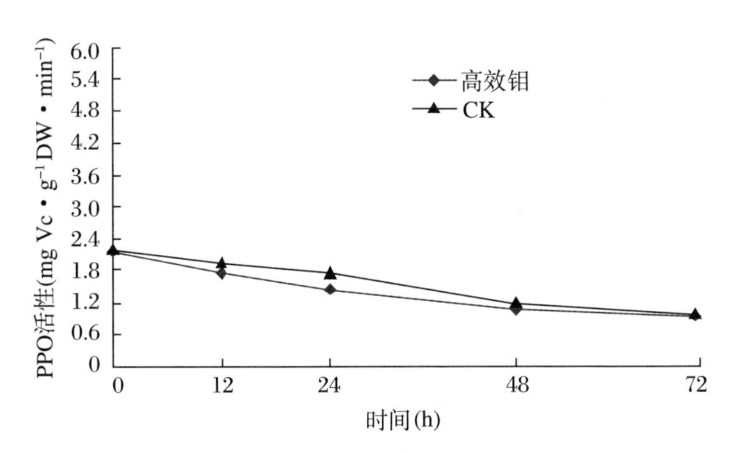

图 2-36　施钼对云烟 85 烘烤前期 PPO 活性的影响

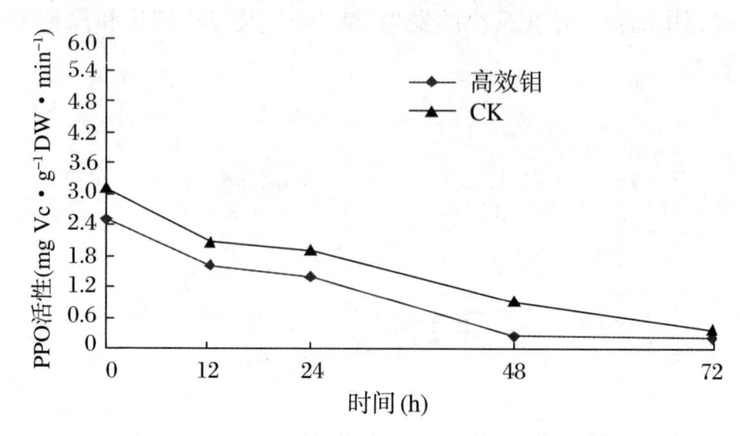

图 2-37 施钼对 CB-1 烘烤前期 PPO 活性的影响

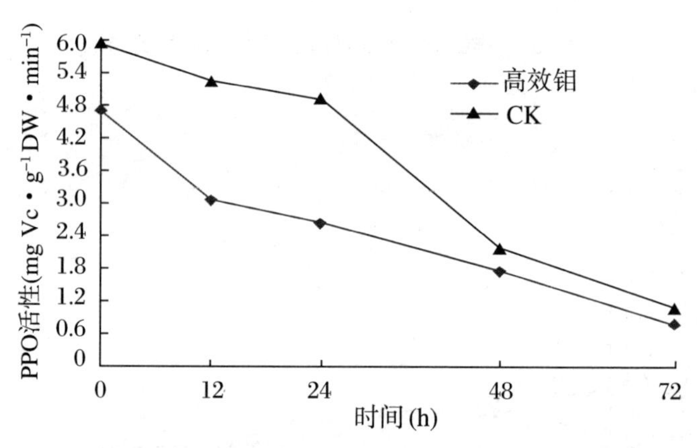

图 2-38 施钼对红大烘烤前期 PPO 活性的影响

（二）钼素营养对不同产地烤烟烘烤过程中多酚氧化酶活性的影响

在烘烤前期(0～90 h),3 个烟叶产区成熟烟叶的 PPO 活性在烘烤过程中均逐渐降低(图 2-39～图 2-41,2008),呈现出在 0～66 h 内迅速下降,之后降低缓慢,趋于稳定的趋势。烘烤前,独山烟叶 PPO 活性远高于平塘和福泉,平塘、独山和福泉施钼处理的烟叶

PPO 活性分别比 CK 低 72.56%、54.48%和 36.27%。在烘烤前期 0～66 h 烟叶 PPO 活性逐渐降低，在 0～42 h 内，各土壤施钼处理烟叶 PPO 活性远低于 CK，特别是独山试验点表现更为明显；之后，各试验点两处理间差异变小，66 h 后，随着温度的升高烟叶 PPO 活性被钝化，PPO 活性降到较低水平。

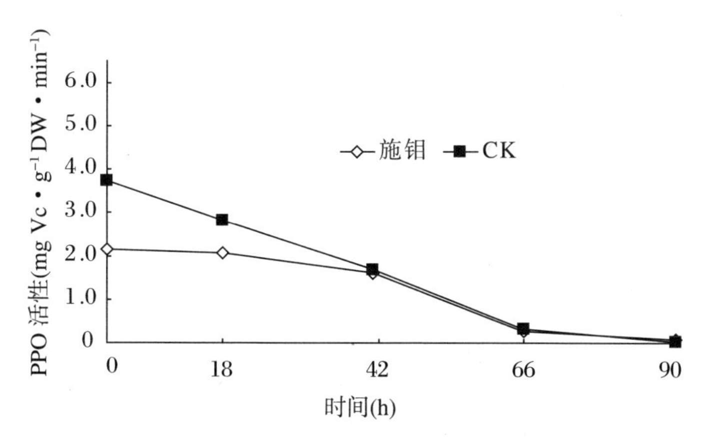

图 2－39　施钼对平塘烟叶烘烤前期 PPO 活性的影响

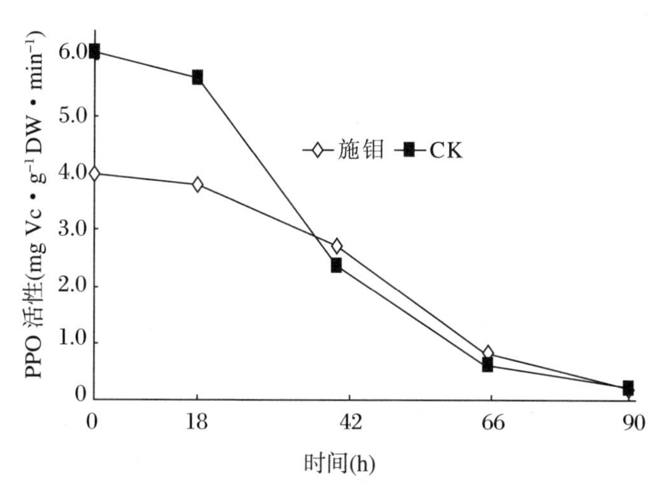

图 2－40　施钼对独山烟叶烘烤前期 PPO 活性的影响

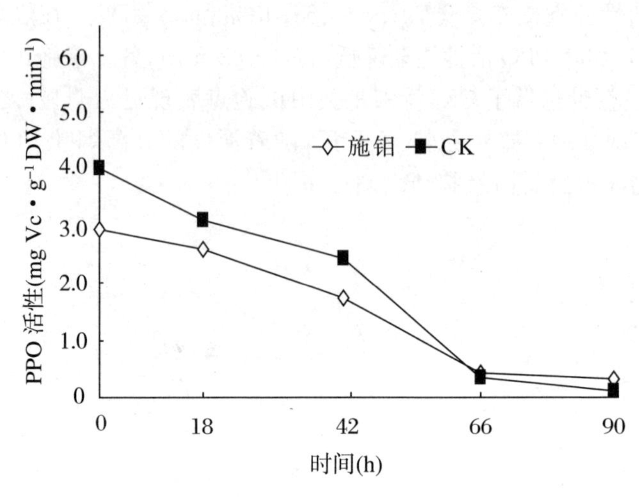

图2-41　施钼对福泉烟叶烘烤前期PPO活性的影响

三、钼素营养对烤烟烟叶烘烤前期AsA含量的影响

（一）钼素营养对不同品种烤烟烟叶烘烤前期AsA含量的影响

研究表明(图2-42～图2-45，2008中国科学技术大学)，烘烤前(0 h)，K326、云烟85、CB-1的AsA含量远大于红大；除CB-1外，施钼均能不同程度地提高烟叶的AsA含量，K326、云烟85、红大分别比CK提高21.03 mg · $(100\ g)^{-1}$DW、29.50 mg · $(100\ g)^{-1}$DW、6.33 mg · $(100\ g)^{-1}$DW。烘烤过程中，各品种烟叶AsA含量在0～48 h内迅速下降，在48～72 h时趋于稳定。除红大品种在烤后12 h时烟叶ASA含量施钼处理低于CK外，其他品种烟叶AsA含量施钼处理均高于CK。可见，施钼能提高K326和云烟85成熟烟叶AsA含量，且4个品种在烘烤前期(72 h内)烟叶AsA含量基本高于CK，这有利于减少酶促棕色化反应产物σ-醌的生成，从而使烟叶的挂灰减轻。

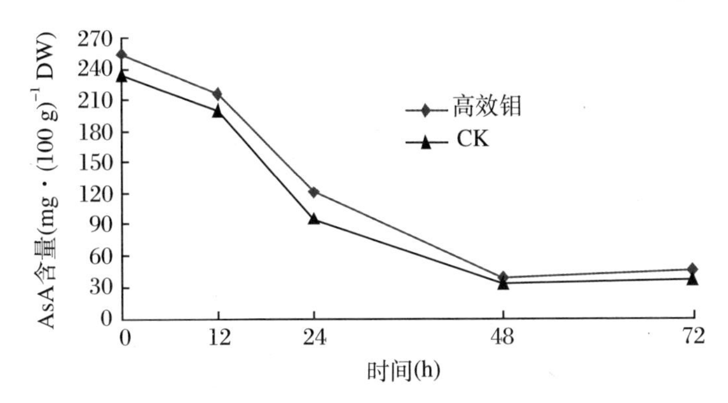

图 2-42　施钼对 K326 烘烤前期 AsA 含量的影响

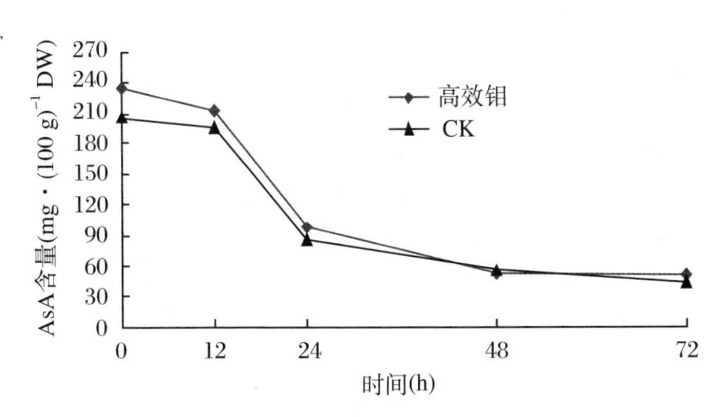

图 2-43　施钼对云烟 85 烘烤前期 AsA 含量的影响

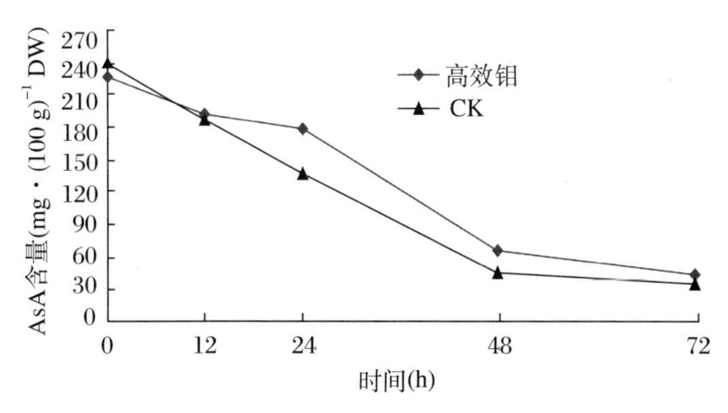

图 2-44　施钼对 CB-1 烘烤前期 AsA 含量的影响

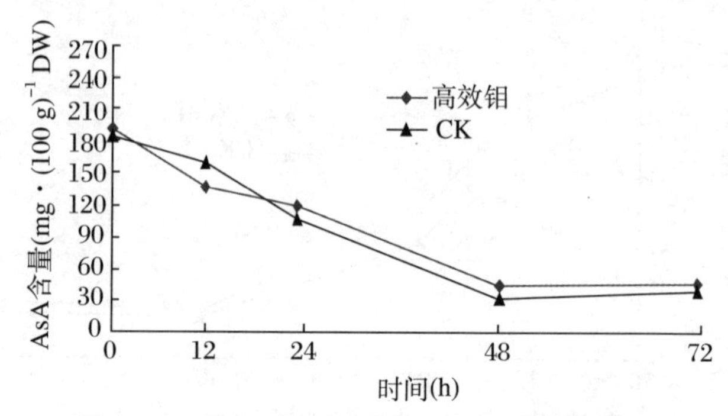

图 2-45 施钼对红大烘烤前期 AsA 含量的影响

(二) 钼素营养对不同产地烤烟烟叶烘烤前期 AsA 含量的影响

在烘烤前期(0～90 h 内),3 个产区烟叶 AsA 的含量(图 2-46～图 2-48,2008 黔南)均呈逐渐降低趋势;烟叶 AsA 含量在 0～42 h 内迅速下降;在 42～90 h 内降低缓慢,并相对趋于稳定。在烘烤 0 h 时,福泉烟叶 AsA 的含量远高于平塘和独山,平塘、独山和福泉施钼处理分别比 CK 提高 31.08 mg·(100 g)$^{-1}$DW、15.51 mg·(100 g)$^{-1}$DW 和 67.54 mg·(100 g)$^{-1}$DW。在烘烤过程中,除平塘施钼处理烟叶 AsA 的含量在 18 h 后略低于 CK 外,其他时期施钼处理烟叶 AsA 的含量均高于 CK,这对维持烟叶的抗氧化,抑制酶促棕色化反应进程是有利的。

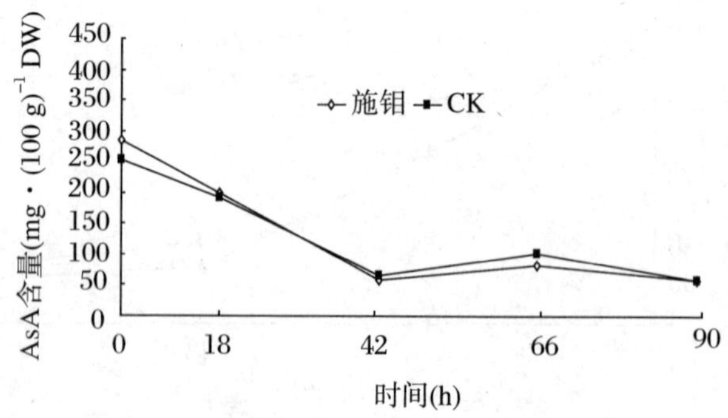

图 2-46 施钼对平塘烟叶烘烤前期 AsA 含量的影响

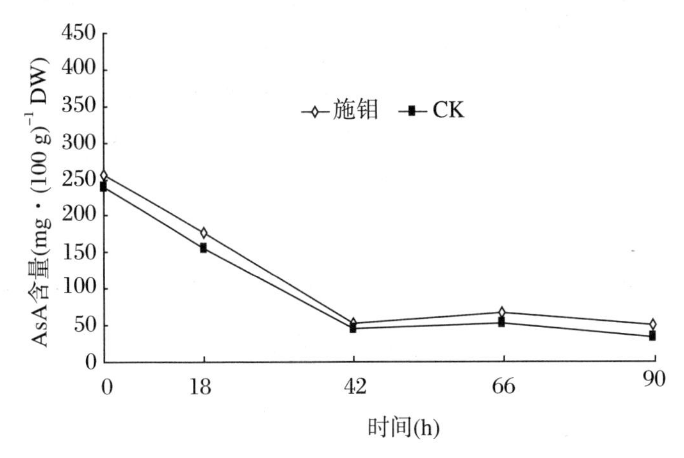

图 2-47　施钼对独山烟叶烘烤前期 AsA 含量的影响

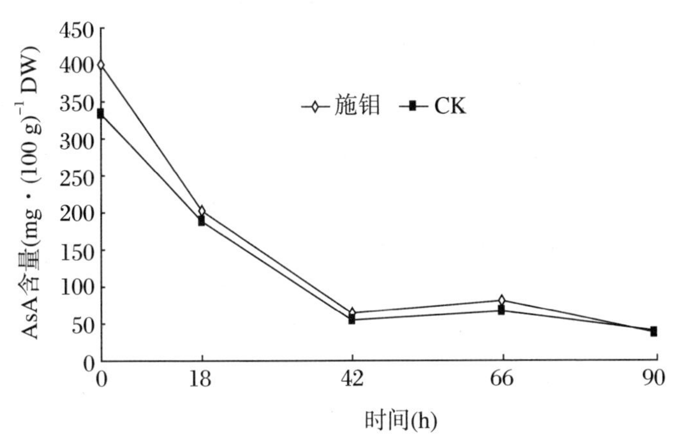

图 2-48　施钼对福泉烟叶烘烤前期 AsA 含量的影响

四、结论

(1) 施钼能提高烤烟烟叶烘烤过程中的 AsA 含量，降低 PPO 活性。烘烤时，K326、云烟 85 和红大施钼处理烟叶的 AsA 含量分别比 CK 提高了 21.03、29.50 和 6.33 mg/100 g DW；红大、K326 和 CB-1

的 PPO 活性分别比 CK 降低了 21.14%、25.75%和 20.10%。

(2) 施钼能够明显提高烤烟烟叶烘烤前期(0~90 h)的 AsA 含量,显著降低烘烤前期(特别是 0~42 h)内的 PPO 活性。

因此,施钼对抑制烟叶烘烤过程中酶促棕色化反应的发生,减少烟叶挂灰、糊片和黑糟等是有利的。

第四节　钼素营养对烤后烟叶油分表征化学物质的影响

烟叶"油分"是衡量烟叶质量好坏的重要指标,与烟叶的外观质量、物理特性、评吸质量、加工特性和内在"保润"特性等显著相关。经研究,烟叶油分表征化学物质主要是高级脂肪酸、酯类物质、西柏三烯类物质和糖苷类物质 4 类物质共同作用的结果,这些物质多则烟叶油分好,但有机酸中多元酸(草酸、苹果酸和柠檬酸)多则烟叶油分差。南江 3 号烤烟品种在贵州烟区具有长势强、生育期长、抗病力强和产量高等特点,有很好的生态适应性。但该品种特性烟叶在内在质量上还存在一些诸如油分质量差和评吸效果不理想等问题。因此,本试验主要针对施钼对改善南江 3 号油分质量的影响进行了研究,为提高烟叶的工业可用性提供技术支撑。

一、材料与方法

(一) 试验设计

2012 年在黔南州瓮安天文镇进行。采用南江 3 号烤烟品种,在打顶后 15 天进行喷施烤烟专用钼肥 1 000 倍稀释液。设喷施 0 mL/株(喷等量清水为对照)、80 mL/株(MoO_3 2 mg)和 160 mL/株(MoO_3 4 mg)三个处理。采用随机区组设计,3 次重复,行株距1.1 m×0.6 m,每处理 100 株,每处理用不同颜色毛线标记有代表性烟株上部 10 片，各 20 株。

供试土壤的理化性状：碱解氮含量 137.3 mg/kg，有效磷含量 71 mg/kg，速效钾含量 362.9 mg/kg，有效钼含量 0.08 mg/kg，有机质含量 35.7 g/kg，pH 为 5.5。

（二）测定项目与方法

（1）土壤理化性状测定同第二章第一节的“材料与方法”。

（2）烟叶酯类物质、西柏三烯类物质检测：石油醚提取，GC-MS 检测。

（3）烟叶有机酸检测：采用衍生化气相色谱法对样品中的多元酸和高级脂肪酸含量进行分析检测。

二、施钼对烟叶高级脂肪酸和多元酸含量的影响

由表 2-6 可见，施钼 80 mL/株和 160 mL/株处理与对照相比，草酸含量分别降低 9.0%和 4.6%，苹果酸含量分别降低 13.4%和 18.2%，柠檬酸含量分别降低 42.6%和 30.2%，多元酸总量分别降低 17.3%和 17.5%。可见，施钼能降低烟叶多元酸含量。

施钼 80 mL/株和 160 mL/株处理与对照相比，棕榈酸分别增加 25.9%和 14.6%，油酸分别增加 33.6%和 20.9%，亚麻酸 + 亚油酸分别增加 14.8%和 7.0%，硬脂酸分别增加 40.9%和 27.3%，高级脂肪酸总量分别增加 23.3%和 13.3%。可见，施钼能提高烟叶高级脂肪酸含量。

三、施钼对烟叶酯类物质含量的影响

由表 2-6 可见，施钼 80 mL/株和 160 mL/株处理与对照相比，二氢猕猴桃内酯含量分别降低 15.6%和 9.0%，棕榈酸甲酯含量分别降低 31.2%和 28.4%，邻苯二甲酸二丁酯含量分别降低 21.0%和 35.2%，酯类物质总量分别降低 25.6%和 31.2%。可见，施钼能降低烟叶酯类物质含量。

四、施钼对烟叶西柏三烯类物质含量的影响

由表 2-6 可见，施钼 80 mL/株和 160 mL/株处理与对照相比，α-西柏三烯二醇含量分别增加 40.5%和 17.8%，β-西柏三烯二醇含量分别增加 18.0%和 19.5%，西柏三烯一醇含量分别增加 39.3%和 62.3%，西柏三烯类物质总量分别增加 21.4%和 23.4%。可见，施钼能提高烟叶西柏三烯类物质含量。

表 2-6　施钼对烤烟烟叶油分表征化学物质的影响(μg/g)

油分表征化学物质		施钼量	0 mL/株	80 mL/株	160 mL/株
有机酸	多元酸	草酸	24.52	22.31	23.39
		苹果酸	83.21	72.08	68.09
		柠檬酸	21.06	12.08	14.71
		多元酸总量	128.79	106.47	106.19
	高级脂肪酸	棕榈酸	1.58	1.99	1.81
		油酸	1.34	1.79	1.62
		亚麻酸+亚油酸	2.43	2.79	2.60
		硬脂酸	0.22	0.31	0.28
		高级脂肪酸总量	5.57	6.87	6.31
醚提酯类物质		二氢猕猴桃内酯	1.68	1.42	1.53
		棕榈酸甲酯	23.78	16.37	17.02
		邻苯二甲酸二丁酯	25.61	20.22	16.58
		酯类物质总量	51.07	38.00	35.13
醚提西柏三烯类物质		α-西柏三烯二醇	17.16	24.10	20.20
		β-西柏三烯二醇	221.58	261.42	264.78
		西柏三烯一醇	24.66	34.35	40.02
		西柏三烯类物质总量	263.39	319.87	325.00

五、结论

施钼降低了烟叶的多元酸含量，提高高级脂肪酸和西柏三烯类物质的含量。施钼对烟叶油分的改善，可能主要通过调节烤后烟叶的多元酸，提高高级脂肪酸、西柏三烯类物质和糖苷等油分表征物质含量来实现。

第五节　烤烟钼素营养的缺乏临界值与缺钼症状

通常认为，土壤有效钼的缺钼临界含量范围为0.15～0.20 mg/kg，少于0.10 mg/kg时植物常有缺钼症状出现。但对于烤烟的缺钼临界范围还没有严格的界定，只是沿用其他作物的钼素缺乏界定值作为烤烟钼肥丰缺管理的参考临界值。因此，本文将盆栽试验和田间试验结果相结合，研究钼素营养对烤烟不同性状指标的影响和土壤有效钼的缺乏临界水平，建立烤烟不同性状土壤有效钼的丰缺指标。具体研究方法如下。

一、烤烟钼素营养的缺乏临界值研究

（一）材料与方法

1．试验设计

盆栽试验同本章第一节的“试验设计”。

田间试验于2010年度分别安排在贵州省黔南州福泉、都匀、独山、长顺、龙里、平塘、瓮安等县(市)，每个县（市）统一方案布置试验1～2个。各县（市)的试验田基础土壤养分状况如表2－7所示，其中土壤有效钼含量为0.01～0.17 mg/kg。试验设对照（CK)和施钼

L1、L2、L3(0.135 mg/kg、0.270 mg/kg、0.540 mg/kg)三个水平的处理。

表 2-7 黔南 9 个试验点不同施钼量处理土壤有效钼含量

单位:mg/kg

处理	福泉地松	都匀坝固	独山8组	惠水甲裂	长顺马路	龙里摆省	平塘白龙	瓮安珠藏	都匀河阳	平均值
L0	0.03	0.03	0.17	0.03	0.08	0.08	0.07	0.08	0.01	0.06
L1	0.17	0.17	0.21	0.17	0.22	0.22	0.21	0.22	0.15	0.19
L2	0.30	0.30	0.44	0.30	0.35	0.35	0.34	0.35	0.28	0.33
L3	0.57	0.57	0.71	0.57	0.62	0.62	0.61	0.62	0.55	0.60

水培试验于 2011 年在中国科学技术大学烟草与健康研究中心试验站塑料大棚内进行,研究了烤烟在高、中、低三种温度条件下的缺钼症状表现和 NR 活性差异。采用营养液水培法,不透明塑料桶(直径 20 cm,高 20 cm)内装约 5 kg 玻璃球做烟苗支撑介质,营养液用分析纯化学试剂配制(表 2-8)。

培养液的使用方法:移栽前,将烟苗根洗净后放入去离子水里浸泡 2 天,栽后 20 天内培养液使用浓度是将营养液浓度用去离子水稀释 800～1 000 倍,栽后 20～30 天培养液使用浓度将营养液浓度用去离子水稀释 200 倍,栽后 30 天以后培养液使用浓度将营养液浓度用去离子水稀释 100 倍,期间间断性加水调节或更换培养液。

试验设不加钼处理和加钼处理(在表 2-8 所示的培养液中加入 0.2 mg/L 钼,为钼酸铵配制)两种,每处理 6 盆,烤烟品种均为 K326。分别在低温(环境温度大多数为 10～20 ℃)、中温(环境温度大多数为 20～30 ℃)、高温(环境温度大多数为 30～40 ℃)塑料大棚中进行。培养过程中每天定时充气,补充营养液中氧气含量,并观察烤烟生长发育情况,在烟株出现缺钼症状时测定 NR 活性。

表 2-8 大中微量元素配方

化 合 物	浓度(mg/L)
硫酸镁	33 670
磷酸二氢钾	82 750
硝酸钾	76 780
硝酸钙	92 660
氯化钾	509.2
硫酸铁(用 EDTA 螯合)	400
硼酸	286
硫酸锌	46.4
硫酸铜	8
氯化锰	8

2. 研究方法

研究采用常用的估计某种性状相对数值为90%时的土壤有效钼缺乏临界值。

盆栽试验数据土壤有效钼缺乏临界值采用 U. C. Sharma 建立的作物土壤养分缺乏临界值数学模型进行分析。首先，对实测性状(产量)与土壤养分浓度建立一元二次方程式，利用该方程计算不同土壤养分浓度的性状(产量)估算值，并按下列数学模型求解。

$$x = \frac{-\ln(0.1/y)}{k}$$

式中：

x——土壤缺乏临界养分浓度；

y——对应土壤养分浓度(x)的性状(产量)估值；

$$y = \frac{a - y_0}{a}$$

y_0——最低性状(产量)估值；

a——最高性状(产量)估值；

k——最终速率常数；

$$k = \frac{\sum_{k=1}^{n-1}\left(\frac{2.303}{x}\lg\frac{a}{a-y}\right)}{n-1}$$

n——土壤养分浓度(x)次数。

土壤养分缺乏临界值应采用 Bray 百分数(产量),在某些曲线方程中,估计性状(产量)成为负值时 x 较低值被称为基础值,用 b 来表示。由各个 x 值减去此值,这时的 x 值可用来确定缺乏临界养分值,然后将基础值加上所获得缺乏临界养分值就得到最后的缺乏临界养分值。如果 x 为 0 时,估计产量为正值,则确定缺乏临界养分值时,基础值为 0。

大田数据按照 Cate - Nelson 方法(又称十字交叉法)作图确定土壤速效钼含量缺乏临界值。该方法由 Cate 和 Nelson 在 1965 年创立,画两条互垂线,一条平行于 x 轴,另一条平行于 y 轴,两条线组成一个十字架。在本研究中,利用施钼与对照某种性状相对数值(y 轴)与土壤有效钼测定值(x 轴)的关系作点状图,确定 y 轴的定值位置,移动十字架,当某种性状相对数值为 CK/ + Mo 时,使第二和第四象限的点尽量少,当某种性状相对数值为 + Mo/CK 时,使第二和第四象限的点尽量多,垂线与 x 轴的交点即为达到相应的该性状相对数值时的缺乏临界值。

(二) 烟叶产量性状土壤有效钼缺乏临界值的确定

通常土壤中某种养分临界值是指土壤有效养分水平高于该临界值时,施入该养分后烤烟增产效果较差或不增产;低于该临界值时,烤烟生长发育受阻或产量下降,施入该养分能促进烤烟生长发育或有增产效果。我们将该临界值称为烤烟产量性状土壤有效养分缺乏临界值。

另外一种土壤养分缺乏临界值是某种养分水平高于生理性土壤有效养分缺乏临界值,但低于某一水平时,虽然对烤烟生长发育或产量影响不明显,但烟叶品质下降,施入该养分能提高烟叶品质。我们将该缺乏临界值称为烤烟质量性状土壤有效养分缺乏临界值。

1. 烤烟盆栽试验烟叶产量性状土壤有效钼缺乏临界值的确定

(1) 不同土壤有效钼含量对盆栽烟叶产量的影响效应

盆栽试验结果表明(表 2 - 9),以每盆 1.35 mg Mo 处理较 CK 产量增幅最大,为 42.53%,且增产率随土壤有效钼含量增加而下降。图 2 - 49 为不同土壤有效钼含量与烟叶 Bray 百分数产量建立的一元二次数学模型。可见,土壤有效钼含量与烟叶 Bray 百分数产量相关性显著,土壤有效钼含量在 0.55 mg/kg 以下有增产作用。这些说明土壤有效钼含量与烟叶产量之间存在阈值,在临界值区内增加施钼量则烟叶增产效应较为显著。

表 2－9　不同土壤有效钼烤烟盆栽试验数据

处理	土壤有效钼含量(mg/kg)	单株平均产量(g/株)	增产率	油分指数*	油分指数增长率
CK	0.08	43.20	—	50.37%	—
T1	0.22	61.57	42.53%	65.47%	29.97%
T2	0.35	50.48	16.86%	58.63%	16.40%
T3	0.49	48.65	12.62%	63.11%	25.30%
T4	0.62	47.50	9.95%	64.01%	27.07%

注:* 油分指数 = $\frac{\text{油分多百分比}\times 4+\text{油分有百分比}\times 3+\text{油分稍有百分比}\times 2+\text{油分少百分比}\times 1}{100\times 4}\times 100$。

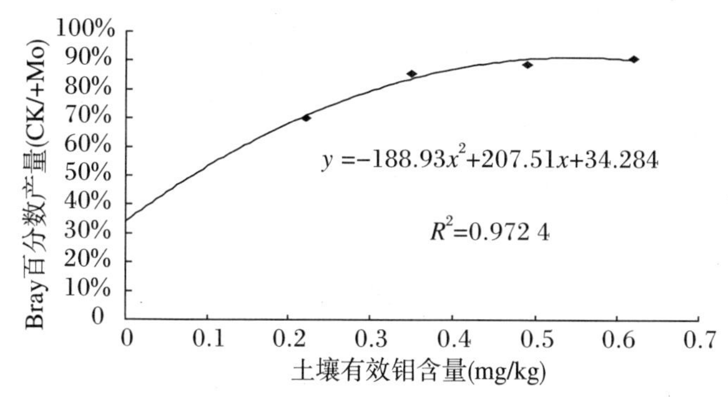

图 2－49　盆栽试验土壤有效钼含量与 Bray 百分数烟叶产量的关系

(2) 从盆栽试验烟叶产量探讨土壤有效钼缺乏临界值

由烟叶 Bray 百分数产量(y)与土壤有效钼含量(x)之间建立的数学模型 $y = -188.93x^2 + 207.51x + 34.284$ 计算不同土壤有效钼含量(x)对应的烟叶 Bray 百分数产量(y)估值发现,土壤有效钼含量(x)为 0～0.55 mg/kg,烟叶 Bray 百分数产量(y)估值随土壤有效钼含量(x)增加而提高,x 为 0.55 mg/kg 达到最高,之后下降;x 为 0 mg/kg 时烟叶 Bray 百分数产量(y)估值为 34.28,表明基

础值 b 为 0。根据 Sharma 建立的土壤养分缺乏临界值数学模型计算，相对于烟叶产量的土壤有效钼缺乏临界值为 0.31 mg/kg（表 2－10）。这说明在盆栽试验条件下，当土壤中有效钼含量在 0.31 mg/kg 以下时，施钼增产效果较明显。

表 2－10 由盆栽试验烟叶产量和油分指数的参数估值土壤有效钼缺乏临界值

指标	k 值	b 值	y 值	土壤有效钼缺乏临界值(x)
产量	5.94	0	0.62	0.31
油分指数	11.50	0	0.30	0.10

2. 烤烟大田试验烟叶产量性状土壤有效钼缺乏临界值的确定

（1）不同土壤有效钼含量对大田烟叶产量的影响效应

黔南烟区的 9 个田间试验产量结果表明，除了惠水试验点的个别处理有小幅减产，烤烟施钼普遍有增产效应，福泉、都匀坝固、独山三个试验点随有效钼含量增加而增产率提高，长顺、平塘、都匀河阳三个试验点施钼后增产，但增产规律不一。都匀河阳烤烟随土壤有效钼含量增高而增产率下降。从不同处理的烟叶产量平均值来看，CK(132.8 kg)＜L1(137.1 kg)＜L2(138.0 kg)＜L3(140.4 kg)，且对照与施钼处理差异达到了 5%的显著水平，与 L3 差异极显著（表 2－11）。说明在土壤有效钼含量低的烟田施用钼素能显著提高烟叶产量。

表 2－11 不同土壤有效钼含量对烟叶产量和质量的影响

处理	福泉地松	都匀坝固	独山8组	惠水甲裂	长顺马路	龙里摆省	平塘白龙	瓮安珠藏	都匀河阳	平均值	5%差异	1%差异
上等烟												
L0	48.0%	39.0%	35.0%	43.6%	48.6%	39.0%	50.6%	39.5%	63.6%	45.2%	b	B
L1	50.0%	41.0%	35.0%	51.4%	51.4%	41.0%	51.4%	42.0%	66.3%	47.7%	a	AB
L2	51.0%	42.0%	38.0%	42.3%	55.8%	42.0%	56.8%	42.0%	66.4%	48.5%	a	A
L3	53.0%	44.0%	40.0%	43.7%	53.7%	43.0%	55.7%	42.1%	66.6%	49.1%	a	A

续表

处理	福泉地松	都匀坝固	独山8组	惠水甲裂	长顺马路	龙里摆省	平塘白龙	瓮安珠藏	都匀河阳	平均值	5%差异	1%差异
杂色烟												
L0	7.3%	15.0%	15.0%	12.8%	9.3%	15.0%	11.3%	—	11.2%	12.1%	a	A
L1	3.2%	13.0%	10.0%	9.8%	8.8%	13.0%	9.8%	—	10.6%	9.8%	b	B
L2	3.1%	11.0%	12.0%	9.1%	6.9%	10.0%	8.9%	—	7.3%	8.5%	bc	BC
L3	1.9%	8.0%	5.0%	9.4%	7.2%	12.0%	9.2%	—	8.1%	7.6%	c	C
产量(kg/667 m^2)												
L0	135.2	138.0	140.0	145.4	135.4	131.0	135.4	100.0	134.7	132.8	b	B
L1	136.8	139.5	150.0	150.8	136.6	137.0	140.6	105.5	137.0	137.1	a	AB
L2	139.5	141.5	150.0	143.2	136.2	141.0	144.2	110.0	136.7	138.0	a	AB
L3	143.8	144.5	155.0	138.7	138.0	144.0	142.0	122.0	135.3	140.4	a	A

注:表中大小写字母分别表示差异达到0.01和0.05显著水平。下同。

(2) 从大田试验烟叶产量探讨土壤有效钼缺乏临界值

采用Cate-Nelson方法的散点图和十字交叉法较方便、简捷地得出植株营养元素的丰缺临界值。不同有效钼水平的烟叶Bray百分数产量(无钼烤烟产量占处理烤烟产量的百分数)为90%时,其对应的有效钼测定值水平即该养分的缺乏临界值。根据Cate-Nelson方法,图2-50表明,以CK/+Mo的相对产量90%为标准,土壤有

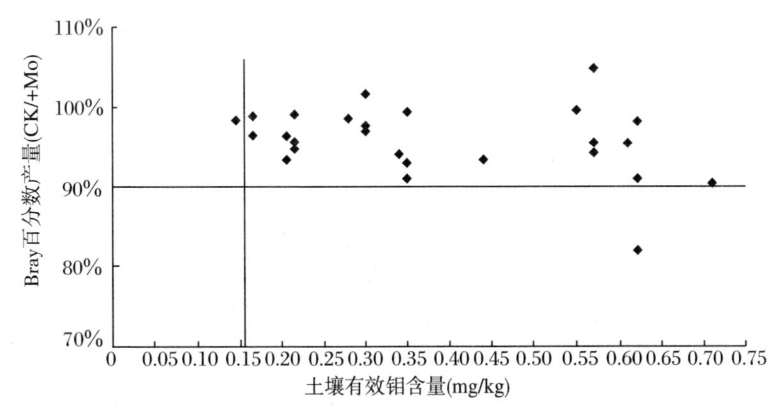

图2-50　大田试验土壤有效钼含量与Bray百分数烟叶产量的关系

效钼含量缺乏临界值约为0.15 mg/kg，这说明当土壤中有效钼含量在0.15 mg/kg以下时，施钼增产效果较明显。

盆栽试验表明，对于产量土壤有效钼缺乏临界值约为0.30 mg/kg，而大田试验表明，土壤有效钼缺乏临界值为0.15 mg/kg。烤烟盆栽试验和大田试验烟叶产量性状土壤有效钼缺乏临界值差异较大，盆栽试验是大田试验的2倍。这可能与烤烟在两种条件下烤烟根系的生长发育和对钼素利用率差异较大有关。盆栽试验由于根系和烟株生长受到盆钵的限制，烟株生长量较小，浇水频繁，营养易淋失，钼素利用率低。因此，盆栽试验研究得出的土壤有效钼缺乏临界值偏高。

（三）烟叶质量性状土壤有效钼缺乏临界值的确定

1. 烤烟盆栽试验烟叶质量性状土壤有效钼缺乏临界值的确定

由于盆栽试验烟株长势和烟株大小受到限制，其烟叶化学成分指标一般与大田试验相比差异较大。例如，盆栽试验烟叶较小，烤后烟叶的上等烟和杂色烟都较少，对于烟碱含量盆栽试验烟叶远低于大田试验烟叶，所以从盆栽试验的上等烟、杂色烟和化学成分难以反映烟叶品质的真实情况。而烟叶的油分是烟叶表面呈现的一种质量性状，与烟叶大小和生长关系较小。因此，对盆栽试验主要从油分角度考察钼素营养对烟叶外观质量的影响。

（1）不同土壤有效钼含量对盆栽烟叶油分的影响效应

盆栽试验结果表明（表2-9），施钼能明显改善烤后烟叶油分，以T1处理较CK油分指数增幅最大，为29.97%。图2-51为不同土壤有效钼含量与烟叶Bray百分数油分指数建立的一元二次数学模型。可见，土壤有效钼含量在0.40 mg/kg以下有改善烟叶油分作用。这些说明土壤有效钼含量与烟叶油分之间也存在阈值，在缺乏临界值以下增加施钼量能明显改善烟叶油分。

（2）从盆栽试验烟叶油分探讨土壤有效钼缺乏临界值

由烟叶Bray百分数油分指数（y）与土壤有效钼含量（x）之间建立的数学模型 $y = -143.71x^2 + 119.86x + 58.575$ 计算不同土壤有效钼含量（x）对应的烟叶Bray百分数油分指数（y）估值发现，土壤有效钼含量（x）为0～0.40 mg/kg，烟叶Bray百分数油分指数

(y)估值随土壤有效钼含量(x)增加而提高,x 为 0.40 mg/kg 时达到最高,之后下降;x 为 0 mg/kg 时烟叶 Bray 百分数油分指数(y)估值为 58.58,表明基础值 b 为 0。根据 Sharma 建立的土壤养分缺乏临界值数学模型计算,相对于烟叶油分指数的土壤有效钼缺乏临界值为0.10 mg/kg(表 2－10)。说明在盆栽试验条件下,当土壤中有效钼含量在 0.10 mg/kg 以下时,施钼能明显改善烟叶油分。

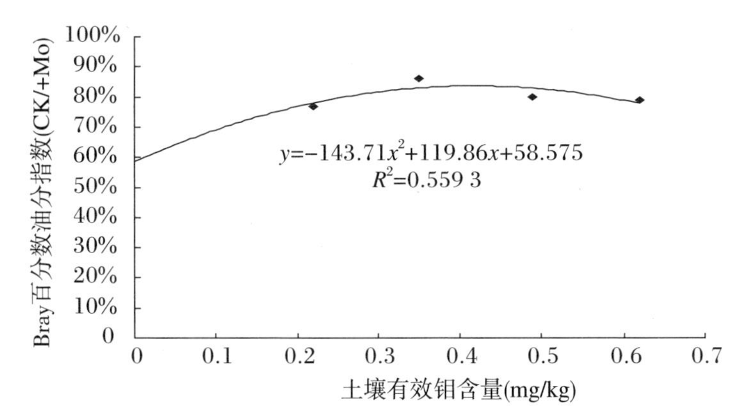

图 2－51　盆栽试验土壤有效钼含量与烟叶 Bray 百分数油分指数的关系

2. 烤烟大田试验烟叶质量性状土壤有效钼缺乏临界值的确定

由于大田试验很难准确统计烟叶油分指数,无法从油分指数考察烟叶质量性状土壤有效钼缺乏临界值。在烤烟生产上,增加上等烟,减少杂色烟,既是提高烟叶产值,增加效益的重要指标,也是反映烟叶外观质量和工业使用价值的重要指标。钼素能降低烟叶烘烤过程中多酚氧化酶活性,减少杂色烟的产生。因此,把考察烟叶上等烟比例和杂色烟比例作为考察烟叶质量性状土壤有效钼缺乏临界值的指标。

(1) 不同土壤有效钼含量对大田烟叶上等烟比例和杂色烟比例的影响效应

由表 2－11 可见,施钼能提高上等烟比例,CK 与 L1 处理差异显著,与 L2 和 L3 处理差异极显著。从上等烟增加幅度看,L1 比 CK 上等烟比例增幅明显,L2 和 L3 处理虽然土壤有效钼含量增幅较大,但上等烟比例增幅呈下降趋势,说明土壤有效钼水平达到一定水平时，再增加钼肥用量，上等烟增幅呈递减效应。

由表2－11可见，施钼能减少杂色烟比例，CK与施钼处理差异均达到极显著。从杂色烟降低幅度看，L1处理比CK杂色烟比例降幅明显，L2和L3处理虽然土壤有效钼含量增幅较大，但杂色烟比例降幅呈下降趋势，这也说明土壤有效钼水平达到一定水平时，再增加钼肥用量，杂色烟降幅呈递减效应。

（2）从大田试验烟叶上等烟比例和杂色烟比例探讨土壤有效钼缺乏临界值

采用Cate－Nelson方法将不同有效钼水平的相对上等烟比例（对照上等烟比例占施钼处理上等烟比例的百分数）为90%时（图2－52），其对应的土壤有效钼缺乏临界值为0.19 mg/kg，这说明当土壤中有效钼含量在0.19 mg/kg以下时，施钼提高上等烟比例较明显。

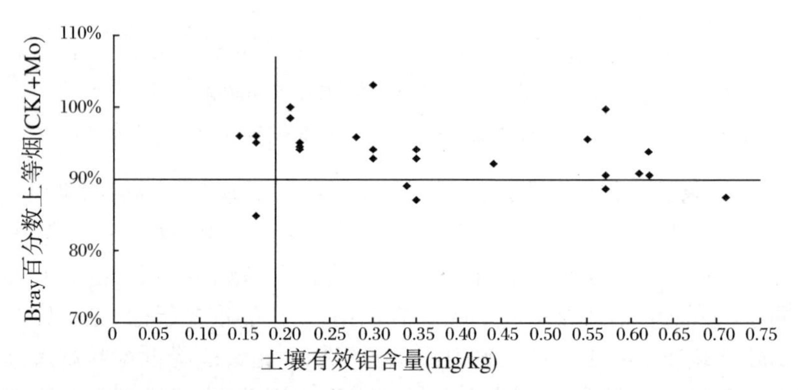

图2－52 大田试验土壤有效钼与Bray百分数上等烟的关系

采用Cate－Nelson方法将不同有效钼水平的相对杂色烟比例（施钼处理杂色烟比例占对照杂色烟比例的百分数）为90%时（图2－53），其对应的土壤有效钼缺乏临界值也为0.19 mg/kg，这说明当土壤中有效钼含量在0.19 mg/kg以下时，施钼降低杂色烟比例较明显。

（四）烤烟土壤有效钼临界值的判断

由上述分析可知，不同烤烟性状对土壤有效钼的响应程度是有差异的。如表 2-12 所示，以烤烟油分土壤有效钼缺乏临界值最低，为 0.10 mg/kg；盆栽产量为 0.30 mg/kg；大田产量为 0.15 mg/kg；上等烟比例和杂色烟比例均约为 0.20 mg/kg。从表 2-11 可见，产量、上等烟和杂色烟 CK 与 L1 处理（土壤有效钼含量平均为 0.19 mg/kg）差异也达到显著或极显著水平。因此，烤烟土壤有效钼缺乏临界值应为 0.20 mg/kg。

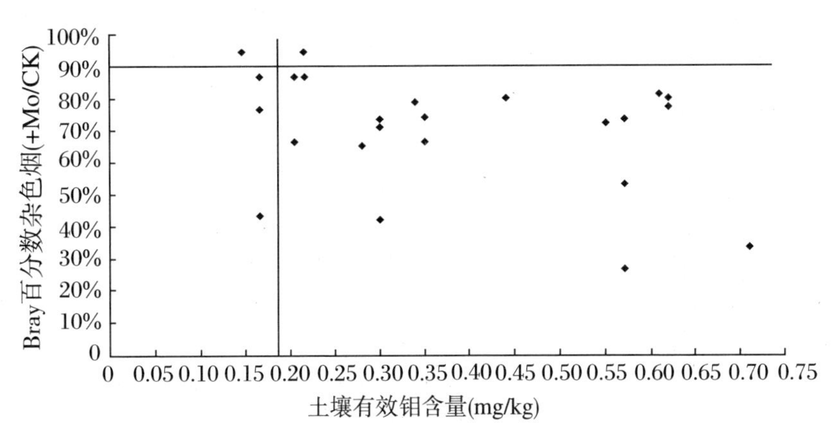

图 2-53　大田试验土壤有效钼与 Bray 百分数杂色烟的关系

表 2-12　烤烟不同性状指标土壤有效钼缺乏临界值

考察指标	试验方法	确定方法	土壤有效钼缺乏临界值（mg/kg）
产量	盆栽试验	Sharma 数学模型法	0.30
	田间试验	Cate-Nelson 十字交叉法	0.15
油分	盆栽试验	Sharma 数学模型法	0.10
上等烟	田间试验	Cate-Nelson 十字交叉法	0.20
杂色烟	田间试验	Cate-Nelson 十字交叉法	0.20

（五）烤后烟叶适宜含钼量的分析

1. 土壤有效钼含量与烟叶含钼量关系

由盆栽试验结果表明(图 2－54)，烟叶含钼量与土壤有效钼含量之间成显著对数关系，烟叶含钼量随着土壤有效钼含量提高而增加。盆栽试验由于烟叶量较少，采用全株烟叶测定烟叶含钼量，土壤有效钼含量小于 0.05 mg/kg，烟叶含钼量趋于 0；土壤有效钼含量为 0.05～0.30 mg/kg，烟叶含钼量随着土壤有效钼含量提高而增幅较大，之后增幅逐渐减小。在大田栽培条件下，分部位测定烟叶含钼量，由图 2－55 可见，土壤有效钼含量相同，烟叶含钼量表现为下部叶＞中部叶＞上部叶，也就是说烟叶含钼量分布自下而上呈现递减

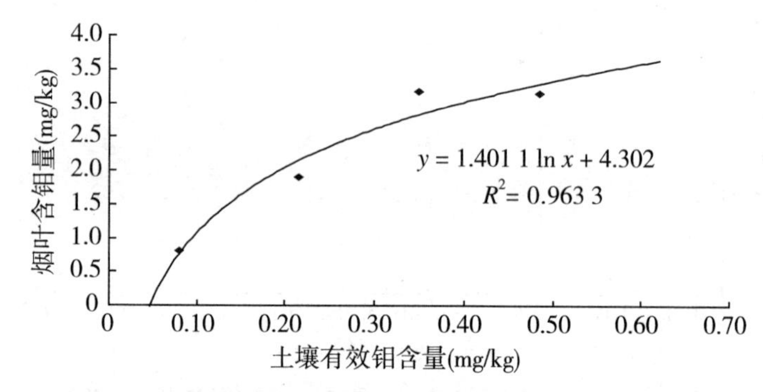

图 2－54　盆栽试验土壤有效钼含量与烟叶含钼量的关系

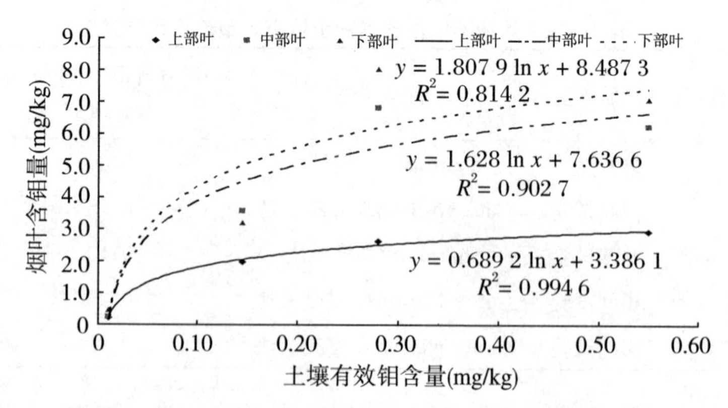

图 2－55　大田试验土壤有效钼含量与烟叶含钼量的关系

趋势。土壤有效钼含量小于 0.01 mg/kg，烟叶含钼量趋于 0；土壤有效钼含量为 0.01～0.20 mg/kg，中、下部位烟叶含钼量随着土壤有效钼含量提高而增幅较大，之后增幅逐渐减小；但上部位烟叶含钼量随着土壤有效钼含量提高而增幅较小，可见上部叶从土壤中吸收钼素能力较弱，采用叶面喷施钼肥才能较好地解决上部叶含钼量的问题。

2. 烤后烟叶适宜含钼量的确定

将烤烟不同性状所要求土壤有效钼的缺乏临界值作为判断烤后烟叶适宜含钼量的指标。根据烟叶含钼量与土壤有效钼含量之间对数关系数学模型计算烤烟不同性状土壤有效钼的缺乏临界值所对应的烟叶含钼量（图 2－55）。从产量性状看（表 2－13），在盆栽条件下，烟叶平均含钼量为 2.6 mg/kg；在大田栽培条件下（表 2－14），三个部位烟叶平均含钼量为 2.1～5.1 mg/kg，平均为 3.9 mg/kg。从油分性状看，在盆栽条件下，烟叶平均含钼量为 1.1 mg/kg。从上等烟和杂色烟性状看，在大田栽培条件下，三个部位烟叶平均含钼量为 2.3～5.6 mg/kg，平均为 4.3 mg/kg。从笔者对津巴布韦烟叶含钼量测定结果看，平均为 2 mg/kg 左右。通过上述分析，我们认为烤后烟叶适宜含钼量为 2～4 mg/kg。

表 2－13　盆栽试验土壤有效钼临界值时烟叶含钼量

考察指标	土壤有效钼临界值(mg/kg)	烟叶含钼量(mg/kg)
产量	0.30	2.6
油分	0.10	1.1

表 2－14　大田试验土壤有效钼临界值时烟叶含钼量

考察指标	土壤有效钼临界值(mg/kg)	烟叶含钼量(mg/kg)			
		下部烟	中部叶	上部叶	平均值
产　量	0.15	5.1	4.5	2.1	3.9
上等烟	0.20	5.6	5.0	2.3	4.3
杂色烟	0.20	5.6	5.0	2.3	4.3

二、烤烟缺钼症状与识别

（一）不同温度条件下烤烟缺钼症状

在高温条件下（环境温度大多数为 30～40 ℃）（彩图 13），培养 30 多天后，缺钼烟株症状首先表现为从下部老叶叶脉间出现黄（褐）色斑块，叶片叶缘萎蔫，严重时会永久萎蔫，烟株明显矮小，生长缓慢。在中温条件下（环境温度大多数为 20～30 ℃）（彩图14），培养 40 多天后，缺钼烟株症状首先表现为从下部老叶出现黄化，叶片脉间出现黄褐色斑块，之后组织坏死，但烟株未出现萎蔫现象，烟株大小差异也不明显。在低温条件下（环境温度大多数为 10～20 ℃）（彩图 15），培养 40 多天后，缺钼烟株症状主要表现为叶片变窄，新出叶表现更明显，根系少，但叶片未出现黄化，叶面也无黄褐色斑块，烟株也未出现萎蔫现象，烟株大小差异也不明显。

缺钼烤烟下部叶刚成熟时，中上部叶叶脉间则出现"黄斑"（彩图 16），生产上常常会误认为是"成熟斑"，远看烟叶全株出现黄色斑块，似有全田成熟的感觉。

（二）缺钼烟叶 NR 活性差异比较

加钼和缺钼处理烟株在高、中、低三种温度下，烟叶 NR 活性差异都较明显（图 2－56），钼素能提高烟叶的 NR 活性。随着温度升高，NR 活性升高。不同温度下 NR 活性差异较大，低温下加钼处理 NR 活性是缺钼处理的 1.31 倍；中温下加钼处理 NR 活性是缺钼处理的 4.19 倍；高温下加钼处理 NR 活性是缺钼处理的 5.55 倍。说明烤烟生长环境温度越高，钼素对提高烟叶 NR 活性的作用越明显。

三、结论

（1）烤烟不同性状指标对土壤有效钼含量的响应阈值是有差异的。以烤烟油分土壤有效钼缺乏临界值最低，为 0.10 mg/kg；盆栽

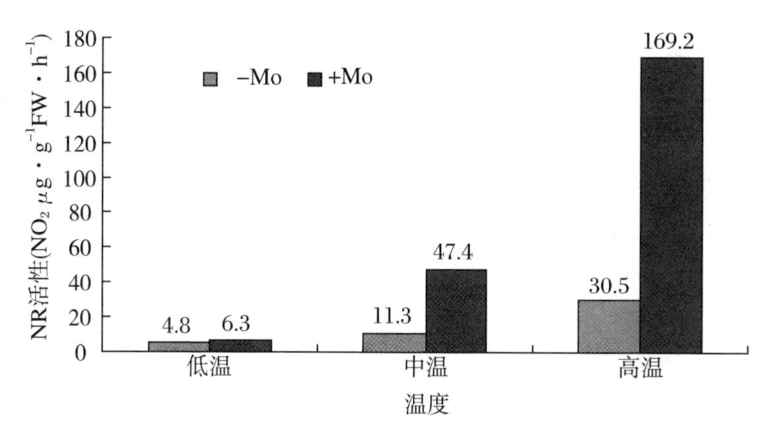

图 2-56　不同温度条件下钼素对烟叶 NR 活性的影响

产量土壤有效钼缺乏临界值为 0.30 mg/kg；大田产量土壤有效钼缺乏临界值为 0.15 mg/kg；分别以上等烟比例和杂色烟比例为烤烟性状指标的土壤有效钼缺乏临界值均约为 0.20 mg/kg。从大田试验结果看，对于产量、上等烟和杂色烟，CK 与 L1 处理（土壤有效钼含量平均为 0.19 mg/kg）的差异也达到显著或极显著水平。由此可见，在大田生产条件下土壤有效钼含量至少在 0.20 mg/kg 以上才能满足烟草产量和质量性状对钼素营养的需求。因此，对于烟草来说，土壤有效钼含量 0.20 mg/kg 可作为烟草缺乏临界值水平。土壤有效钼含量低于 0.20 mg/kg 的烟田种植烤烟需要补充钼肥。

（2）将烤烟不同性状所要求土壤有效钼的缺乏临界值作为判断烤后烟叶适宜含钼量的指标。根据烟叶含钼量与土壤有效钼含量之间对数关系的数学模型计算烟草不同性状土壤有效钼的临界值所对应的烟叶含钼量。从产量性状看，在盆栽条件下，烟叶平均含钼量为 2.6 mg/kg；在大田栽培条件下，三个部位烟叶平均含钼量为 2.1～5.1 mg/kg，平均为 3.9 mg/kg。从油分性状看，在盆栽条件下，烟叶平均含钼量为 1.1 mg/kg。从上等烟和杂色烟性状看，在大田栽培条件下，三个部位烟叶平均含钼量为 2.3～5.6 mg/kg，平均为 4.3 mg/kg。通过上述分析，烤后烟叶适宜含钼量为 2～4 mg/kg。

（3）烤烟缺钼症状在不同温度下的表现存在一定差异。低温下，缺钼烟株出现叶片变窄的现象，但并没有出现叶片失绿变黄和黄褐色斑块。在一些烟区烟苗移栽后遇到低温天气，烟叶经常出现窄长现象，可能与土壤中有效钼含量低有关。中温（烟草生长适宜温度）下，缺钼烟株出现叶片失绿变黄和叶面有黄褐色斑块的现象，这与多数植物的缺钼症状相似，主要是因为烟叶体内 NR 活性下降，硝酸盐还原受阻，氨基酸和蛋白质减少，叶绿素结构受到破坏。高温下，缺钼烟株下部老叶叶脉间出现黄（褐）色斑块，叶缘萎蔫，烟株矮小，生长缓慢。气温高，烟株吸收养分多、生长快、水分蒸腾多，而缺钼烟株 NR 活性低，根系活力低，吸收水分少，从而出现烟株萎蔫现象。

不同温度下，缺钼烟叶 NR 活性差异明显。随着温度升高，烟株生长加快，吸收营养液中硝态氮增多，加钼处理能诱导 NR 活性迅速提高，而缺钼处理 NR 活性受钼素限制，NR 活性差距就变大。

第三章　烤烟钼肥施用技术

优质烤烟施肥技术应当以烟叶生长发育为基础，以烟叶产量和质量为目标。本章分别从烟苗素质、烟株农艺性状、烟叶常规化学成分、香气成分、评吸质量等多方面对缺钼土壤上烤烟苗期和大田期的施钼技术进行综合评价，形成缺钼土壤烤烟施钼的技术体系。

第一节　烤烟苗期施钼技术

一、材料与方法

（一）试验设计

2010～2012 年在黔南州福泉市、长顺县、惠水县、龙里县、独山县、平塘县、瓮山县、贵定县和都匀市 9 个县市多个育苗点开展试验。

2010 年试验设 M0 为清水（CK）、施钼处理 M1 为稀释 1 000 倍、M2 为稀释 1 500 倍、M3 为稀释 2 000 倍 4 个处理，在烟苗移栽前 20 天每10 m^2苗床喷液量为 20 kg。移栽前从 4 个处理中选择具有代表性的烟苗 30 株，并记录单株叶片数、最长叶长、最大叶宽、茎长、茎围、单株根系数量、烟株地上苗鲜重、烟株地下根鲜重、大田成熟期中部叶和上部叶面积、烤后烟叶经济性状等项目。

根据 2010 年育苗试验结果进行最优钼肥浓度的筛选，2011～2012 年在长顺县、贵定县等育苗点在移栽前 20 天左右采用 1 500 倍钼肥稀释液进行叶面喷施，10 m^2 苗床喷施量以 20 kg 分 2 次喷施。

（二）测定指标与方法

随机选择 20 株烟株进行挂牌标示，成熟期分批采收烘烤，对各处理所有部位烤后烟叶按 GB2635—1992 进行分级，测定产量并根据收购价格计算产值。

考察中部叶和上部叶的定型叶长、叶宽。叶长自茎叶连接处量至叶尖，叶宽以测量叶片的最宽处为准(cm)。

二、不同浓度钼肥对烟苗素质和产质量的影响

（一）不同浓度钼肥对烟苗农艺性状的影响

1. 不同浓度钼肥对烟苗叶片数的影响

由图 3－1 可知，各处理烟苗叶片数大小顺序为 M1＞M2＞M3＞M0。M1、M2 和 M3 处理烟苗叶片数均高于对照处理 M0(清水)。4 个处理中，M1、M2、M3 与 M0 间烟苗叶片数差异都达到极显著水平($P<0.01$)。表明叶面喷施不同浓度的钼肥对烟苗叶片数的增加均起促进作用，以 M1(1 000 倍液)烟苗叶片数最多。

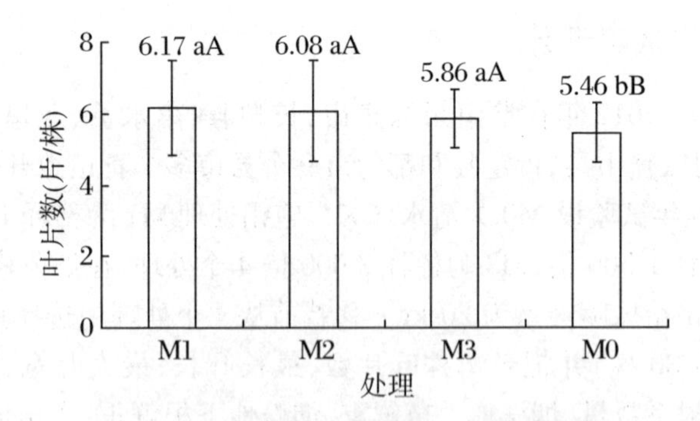

图 3－1 不同浓度钼肥对烟苗叶片数的影响

2. 不同浓度钼肥对烟苗最长叶长的影响

由图 3－2 可知，各处理烟苗最长叶长大小顺序为 M2＞M1＞

M3＞M0。M1、M2 和 M3 处理烟苗最长叶长均高于对照 M0。M2 与 M0、M1、M3 处理烟苗最长叶长差异均达极显著水平（$P<0.01$）。表明叶面喷施 1 500 倍液钼肥对烟苗最长叶长有明显促进作用，而 M1（1 000 倍液）和 M3（2 000 倍液）钼肥对烟苗最长叶长增加效果不明显。

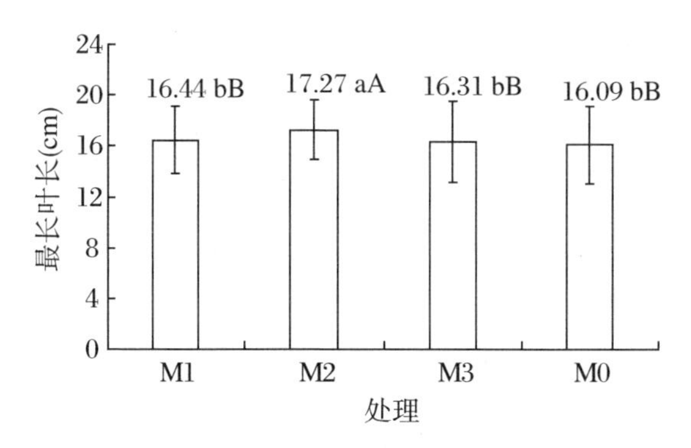

图 3-2　不同浓度钼肥对烟苗最长叶长的影响

3. 不同浓度钼肥对烟苗最大叶宽的影响

由图 3-3 可知，各处理下烟苗最大叶宽大小顺序为 M2＞M1＝M0＞M3。M2 处理烟苗最大叶宽略高于对照 M0 处理，M1 处理烟苗最大叶宽等于对照 M0 处理，M3 处理烟苗最大叶宽略低于对照 M0 处理。4 个处理间烟苗最大叶宽差异均不显著。表明叶面喷施钼肥对烟苗最大叶宽的促进作用微弱。

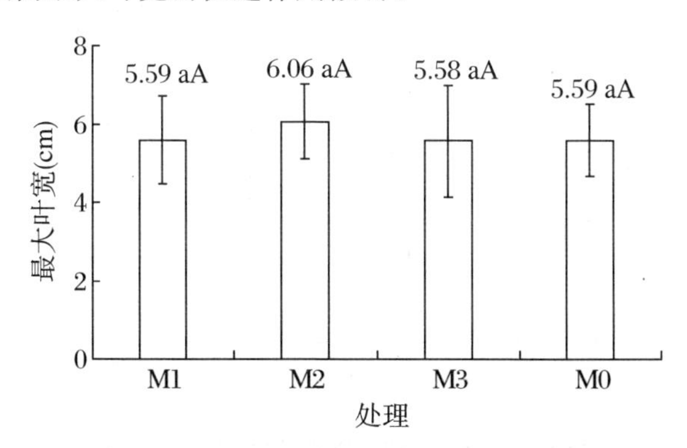

图 3-3　不同浓度钼肥对烟苗最大叶宽的影响

4. 不同浓度钼肥对烟苗最大叶面积的影响

由图 3-4 可知，各处理烟苗最大叶面积大小顺序为 M2＞M1＞M3＞M0。M1、M2 和 M3 处理烟苗最大叶面积均高于对照 M0。M2 与 M0、M1、M3 处理间烟苗最大叶面积差异均达极显著水平（$P<0.01$）。表明叶面喷施 1 500 倍液钼肥对烟苗最大叶面积有明显促进作用，而 1 000 倍液和 2 000 倍液钼肥对烟苗最大叶面积的促进作用微弱。

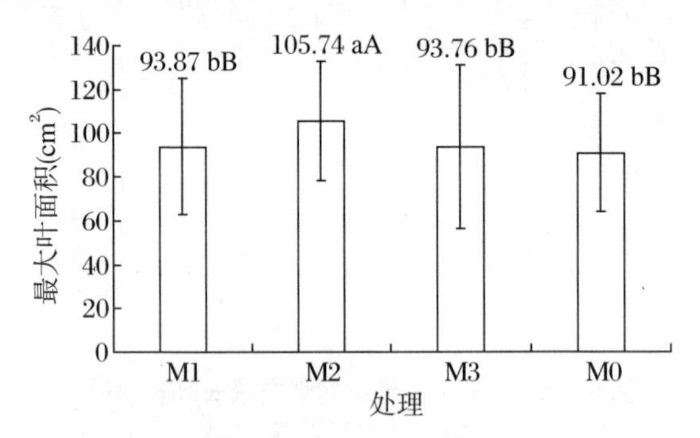

图 3-4　不同浓度钼肥对烟苗最大叶面积的影响

5. 不同浓度钼肥对烟苗茎长的影响

由图 3-5 可知，各处理烟苗茎长大小顺序为 M2＞M3＞M1＞M0。M1、M2 和 M3 处理烟苗茎长均大于对照 M0，M1、M2、M3 与 M0 处理间烟苗茎长差异均达极显著水平（$P<0.01$）。表明叶面喷施钼肥对烟苗茎长有明显的促进作用，以 M2（1 500 倍液钼肥）效果最好。

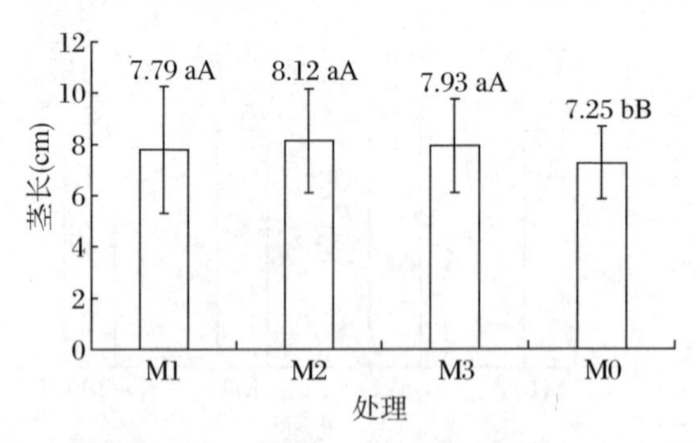

图 3-5　不同浓度钼肥对烟苗茎长的影响

6. 不同浓度钼肥对烟苗茎围的影响

由图 3－6 可知，各处理烟苗茎围大小顺序为 M2＞M1＞M3＞M0。M1、M2、M3 处理烟苗茎围均略大于对照 M0，4 个处理间烟苗茎围差异很小，均不显著。表明叶面喷施低浓度钼肥对烟苗茎围的促进作用微弱。

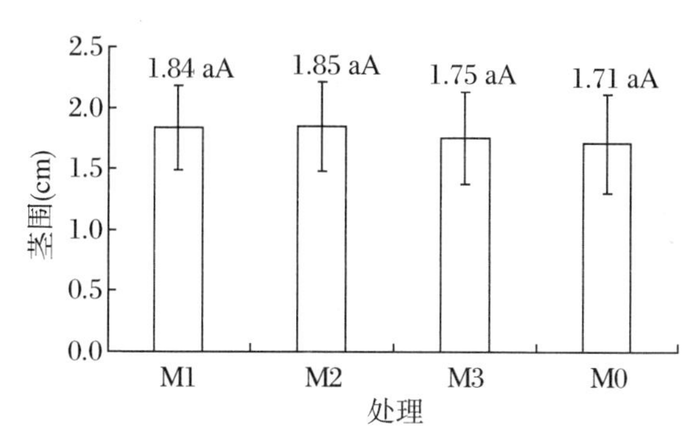

图 3－6　不同浓度钼肥对烟苗茎围的影响

（二）不同浓度钼肥对烟苗根数的影响

由图 3－7 可知，各处理烟苗根数大小顺序为 M2＞M3＞M1＞M0。M1、M2 和 M3 处理烟苗根数均大于对照 M0，但差异不显著。表明叶面喷施钼肥对烟苗根数的促进作用微弱。

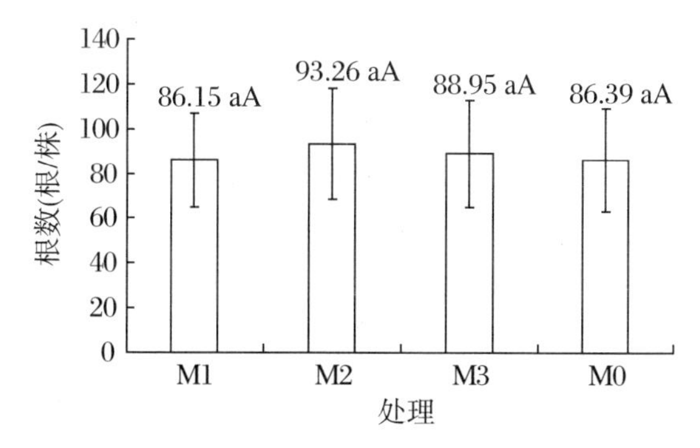

图 3－7　不同浓度钼肥对烟苗根数的影响

（三）不同浓度钼肥对烟苗鲜重的影响

1. 不同浓度钼肥对烟苗地上部分鲜重的影响

由图 3－8 可知，各处理烟苗地上部分鲜重大小顺序为 M2＞M1＞M3＞M0。M1、M2 和 M3 钼肥处理烟苗地上部分鲜重均高于对照 M0 处理（清水）。M2 与 M0，M2 与 M1、M3 处理间烟苗地上部分鲜重均达极显著水平（$P<0.01$）；M1 与 M0 处理间烟苗地上部分鲜重均达显著水平（$P<0.05$）。表明苗期喷施钼肥对烟苗地上部分生长有较大的促进作用，以 M2（1 500 倍液钼肥）效果最好。

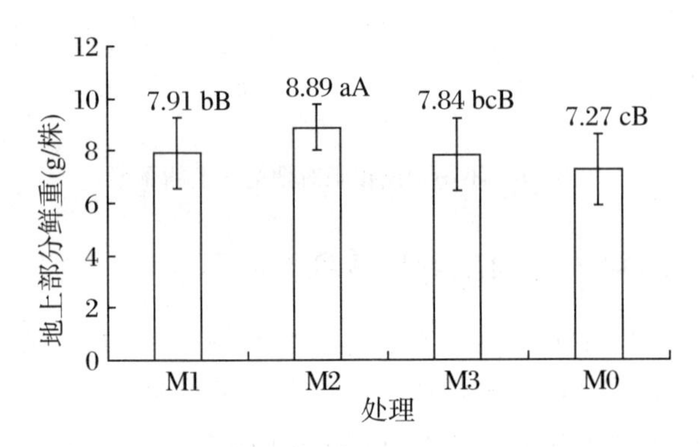

图 3－8　不同浓度钼肥对烟苗地上部分鲜重的影响

2. 不同浓度钼肥对烟苗地下部分鲜重的影响

由图 3－9 可知，各处理烟苗地下部分鲜重大小顺序为 M2＞M3＞M1＞M0。M1、M2 和 M3 钼肥处理烟苗地下部分鲜重高于对照 M0 处理（清水）。M2、M3 与 M0，M2 与 M1、M3 处理间差异均达极显著水平（$P<0.01$）。表明苗期喷施对烟苗地下部分生长也有明显的促进作用，以 M2（1 500 倍液钼肥）效果最好，根系粗壮，且根色白（彩图 17）。

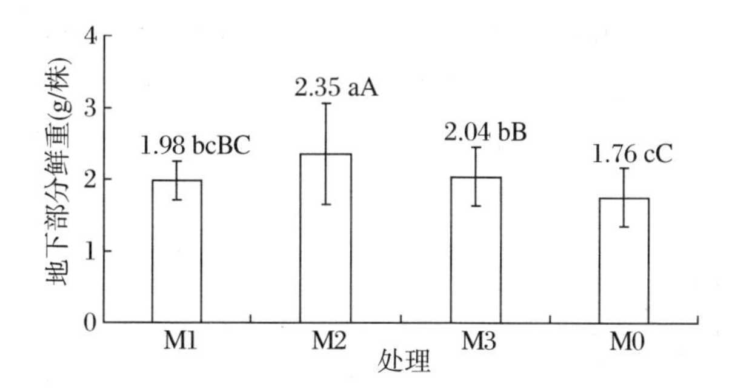

图 3-9　不同浓度钼肥对烟苗地下部分鲜重的影响

3. 不同浓度钼肥对烟苗总鲜重的影响

由图 3-10 可知，各处理烟苗总鲜重大小顺序为 M2＞M1＞M3＞M0。M1、M2 和 M3 钼肥处理烟苗总鲜重均高于对照 M0 处理（清水）。M2 与 M0、M1、M3 处理间差异均达极显著水平（$P<0.01$）。表明苗期喷施钼肥对烟苗生长有较大的促进作用，以 M2（1 500倍液钼肥）效果最好。

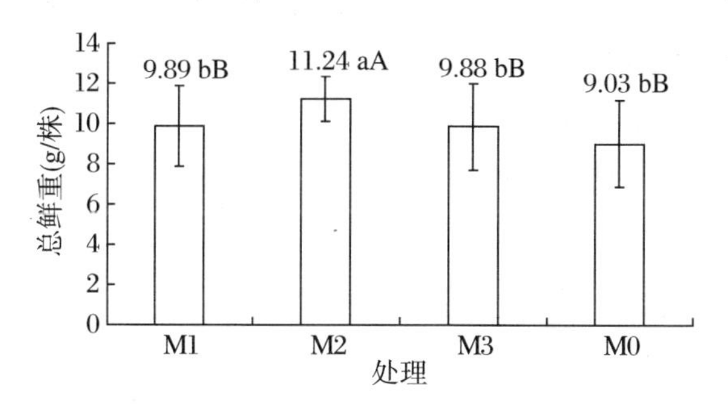

图 3-10　不同浓度钼肥对烟苗总鲜重的影响

（四）不同浓度钼肥对成熟期烟株农艺性状的影响

1. 不同浓度钼肥对成熟期烟株叶面积的影响

如图 3-11 所示，由 M0 和 M2 处理田间成熟期烟株中部叶和上部叶的叶面积可知（福泉试验点），M2 和 M0 处理大田烟株中部叶（第 11 片叶、第 12 片叶和第 13 片叶）叶面积大小顺序均为 M2＞

M0；上部叶叶面积大小顺序为倒 1 叶 M0＞M2、倒 2 叶 M2＞M0、倒 3 叶 M2＞M0。可见，除了倒 1 叶，其余中部叶和上部叶 5 片叶叶面积都是 M2 大于 M0。表明叶面喷施钼肥对烟株开片有明显的促进作用。

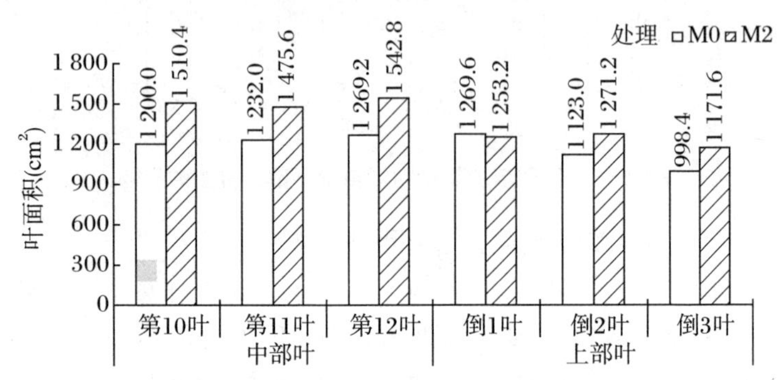

图 3－11 不同钼肥浓度对大田烟株叶面积的影响

2. 不同浓度钼肥对成熟期烟株叶片数的影响

如图 3－12 所示，由田间成熟期烟株叶片数结果可知（长顺试验点），各处理烟株叶片数大小顺序为 M3＝ M1＞M2＞M0。M1、M2 和 M3 钼肥处理田间烟株叶片数均略高于对照 M0 处理（清水）。表明苗期喷施钼肥对田间烟株叶片数的影响较小。

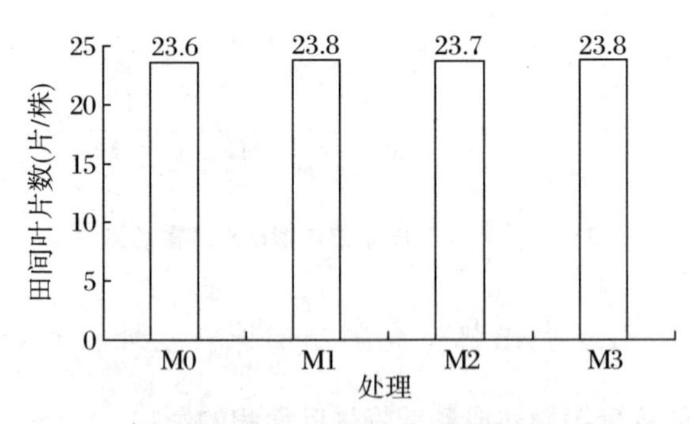

图 3－12 不同浓度钼肥对田间烟株叶片数的影响

3. 不同浓度钼肥对烤烟成熟期株高的影响

如图 3－13 所示，由成熟期烤烟株高结果可知（长顺试验点），各处理烤烟株高大小顺序为 M3 = M1＞M0＞M2。M1 和 M3 钼肥处理田间烤烟株高均略高于对照 M0 处理(清水),M2 钼肥处理略低于对照 M0。表明苗期喷施钼肥对田间烤烟株高的影响很小。

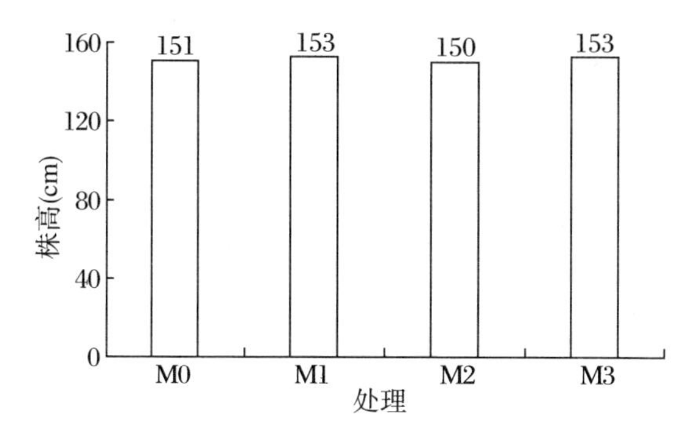

图 3 - 13　不同浓度钼肥对田间烟株高度的影响

(五) 不同浓度钼肥对烤后烟叶产质量的影响

M0 和 M2 处理烤后烟叶产质量的指标数据为惠水县、平塘县和福泉市三个试验点平均值。由表 3 - 1 可知,M2 处理较对照 M0,烤后烟叶产量增加 8.5%,均价增加 12.8%,产值增加 17.6%,上等烟率增加 4.0%,中等烟率降低 3.5%,中上等烟率增加 3.5%,单叶重增加 35.9%,橘黄色烟率增加 13.6%,柠檬黄色烟率降低 2.5%,杂色烟率降低 27.6%。

烤烟苗期叶面喷施 1 500 倍液浓度钼肥,烤后烟叶产质量均有所提高。

表 3 - 1　苗期不同钼肥浓度对烤后烟叶产质量的影响

处理	产量(kg/667 m²)	均价(元/kg)	产值(元/667 m²)	上等烟率	中等烟率	中上等烟率	单叶重(g/片)	橘黄烟率	柠檬黄烟率	杂色烟率
M0	133.6	13.3	1841.9	50.0%	33.7%	81.7%	6.4	48.0%	32.6%	13.5%
M2	145.0	15.0	2166.0	52.0%	32.5%	84.5%	8.7	54.6%	31.8%	9.8%
M2 较 M0	8.5%	12.8%	17.6%	4.0%	-3.5%	3.5%	35.9%	13.6%	-2.5%	-27.6%

第二节 烤烟大田期合理施钼剂量

一、材料与方法

（一）试验设计与基本情况

2010～2011 年连续两年安排在黔南烤烟主产区福泉、都匀、独山、长顺、龙里、平塘、瓮安等县(市)进行试验，每个县（市）统一方案布置试验 1～2 个。2011 年度试验方案是在 2010 年研究结果的基础上进行的。

2010 年和 2011 年均设清水对照和三个不同钼剂量水平的处理，2010 年钼肥稀释液浇施量分别为 80 mL/株、160 mL/株和 320 mL/株（相当于 MoO_3 量 2 mg/株、4 mg/株、8 mg/株），2011 年钼肥稀释液浇施量分别为 40 mL/株、80 mL/株和 160 mL/株（相当于 MoO_3 量1 mg/株、2 mg/株、4 mg/株）。在烟苗移栽成活后采取根部浇施。

2010 年黔南各试验点土壤养分状况：pH 为 4.7～7.9，有效钼 0.01～0.17 mg/kg（表 3－2），平均为 0.06 mg/kg；有机质 12.10～55.10 g/kg，平均为 31.19 g/kg；碱解氮 68.20～237.10 mg/kg，平均为 151.71 mg/kg；速效磷 10.80～73.20 mg/kg；平均为 34.75 mg/kg；速效钾 54.20～315.80 mg/kg，平均为 157.18 mg/kg。2011 年各试验点土壤养分状况：pH 为 5.30～6.47，有效钼 0.02～0.27 mg/kg，平均为 0.12 mg/kg；有机质 2.78～55.1 g/kg，平均为 26.07 g/kg；碱解氮 96.60～220.10 mg/kg，平均为 150.25 mg/kg；速效磷14.10～49.00 mg/kg，平均为 25.90 mg/kg；速效钾 73.20～275.83 mg/kg，平均为 170.37 mg/kg。

表 3-2　黔南试验点不同处理土壤中的有效钼含量

(2010)　　单位:mg/kg

处理	福泉地松	都匀坝固	独山8组	惠水甲裂	长顺马路	龙里摆省	平塘白龙	瓮安珠藏	都匀河阳	平均值
L0	0.03	0.03	0.17	0.03	0.08	0.08	0.07	0.08	0.01	0.06
L1	0.17	0.17	0.21	0.17	0.22	0.22	0.21	0.22	0.15	0.19
L2	0.30	0.30	0.44	0.30	0.35	0.35	0.34	0.35	0.28	0.33
L3	0.57	0.57	0.71	0.57	0.62	0.62	0.61	0.62	0.55	0.60

(二) 测定指标与方法

1. 农艺性状的调查

选择代表性烟株进行调查,调查不少于5株。采收前1～2天,测量中部叶(第10、第11、第12叶位)、上部叶(倒1、倒2、倒3叶)的定型长与宽。调查方法同第三章第一节。

2. 土壤理化成分及烟叶钼素的测定

方法同第二章第一节的“测定指标与方法”。

3. 烟叶常规化学成分测定

采用BRAN+LUEBBE AA3连续流动分析仪测定。

(1) 烟碱、总糖、还原糖、K、Cl前处理

称取烟样0.7 g,加入100 mL 5%冰醋酸溶液,置于振荡器上振荡萃取30分钟,用中性滤纸过滤,收集过滤液待测。

(2) 总氮前处理

称取样品0.12 g左右,加入消解管中,于消解管中加入1.92 g催化剂(10∶1的K_2SO_4∶$CuSO_4$)和7 mL浓硫酸,将样品在180 ℃下消煮1小时,在380 ℃下消煮至液体清凉后继续消煮1小时,冷却到室温,转移到250 mL容量瓶中。用中性滤纸过滤,收集过滤液待测。

(3) 蛋白质前处理

称取样品0.12 g左右,加入100 mL三角瓶中,加入50 mL蒸馏

水。在电热板(200 ℃)上加热煮沸 5 分钟,取下冷却至室温,加入 5 mL $CuSO_4$(浓度 6%)和 5 mL NaOH(浓度 1.25%)摇匀,静置 1 小时以上。过滤并反复冲洗沉淀,直到没有 SO_4^{2-} 为止,将漏斗滤纸一起放入烘箱烘干。烘干后将滤纸和沉淀物一起放入消解管中。在消解管中加入 1.92 g 催化剂(10∶1 的 K_2SO_4∶$CuSO_4$)和 7.5 mL 浓硫酸,将样品在 180 ℃下消煮 1 小时,在 380 ℃下消煮至液体清凉后继续消煮 1 小时,冷却到室温,转移到 200 mL 容量瓶中。用中性滤纸过滤,收集过滤液待测。

4. 烟叶香气成分测定

采用 SDE(同时蒸馏萃取)分离烟叶香味物质;采用 GC 法测定其酸性和碱性成分,通过 GC - MS 测定中性成分。

色谱柱:DB - 5(30 m×0.25 mm i.d. ×0.25 μm d.f.)

程序升温:40 ℃(2 min) 4 ℃/min 250 ℃(10 min)

进样口:250 ℃ 载气:He 柱头压:100 kPa

分流比:30∶1 进样量:1.0 μL

传输线温度:250 ℃ 离子源温度:170 ℃ EI 能量:70 eV

扫描范围:35～350 uam 内标:芳樟醇

对采集到的质谱图利用 NIST 和 WILEY 两个谱库进行串联检索;采用面积归一法定量。其余色谱条件同 GC。

$$\text{香气指数 } B = \frac{(\text{大马酮}+\text{巨豆三烯酮})\text{的含量}}{(\text{大马酮}+\text{巨豆三烯酮}+\text{茄酮})\text{的含量}}$$

5. 烟叶物理特性测定和评吸方法

按闫克玉等方法并进行改进;单料烟评吸取中部 C3F 烟叶,按烟草行业标准《YC/T138—1998 烟草及烟草制品、感官评价方法》执行。

6. 烟叶总体质量排名方法

根据现行烤烟烟叶生产质量的要求和生产效益等多方面特性,参考现有相关研究方法,确定产量、产值、化学成分、香气成分(香气指数)和评吸质量的权重分别为 0.20、0.20、0.10、0.10 和 0.40。产量、产值、化学成分、香气成分和评吸质量指标的分值分别以各处理和对照的比值统一进行定量比较得出。其中,化学成分分值参考现有相关研究方法,以还原糖、烟碱、总氮、钾和氯5种化学成分含量加权计算评价得出,5种化学成分的权重分别为0.25、0.30、0.25、0.10和0.10。

二、不同施钼剂量对烤烟生长和产质量的影响

(一) 不同施钼剂量对烤烟叶片大小的影响

从2010年黔南试验点的数据结果(表3-3)来看,施钼能增加上部叶、中部叶的叶长和叶宽。L2处理对中部叶叶宽的增幅较大,而L1处理对上部叶叶长、叶宽及中部叶的叶长均影响最大。但各处理对上部叶、中部叶的叶长、叶宽的影响差异均不显著。2011年各试验点施钼处理也普遍增加了上部叶、中部叶的叶长和叶宽,上部叶施钼处理与对照之间叶长、叶宽差异显著,对中部叶影响差异不显著。

表3-3　不同剂量的钼肥对烤烟叶片大小的影响

年份	处理(施 MoO_3 量/株)	中部叶(cm)		上部叶(cm)	
		叶长	叶宽	叶长	叶宽
2010	L0(0 mg)	73.6 NS	27.3 NS	64.1 NS	21.5 NS
	L1(2 mg)	76.7 NS	28.1 NS	69.1 NS	23.7 NS
	L2(4 mg)	76.3 NS	30.4 NS	68.2 NS	23.6 NS
	L3(8 mg)	75.6 NS	36.3 NS	67.3 NS	23.3 NS
2011	A0(0 mg)	68.9 NS	27.8 NS	54.4 b	16.4 bB
	A1(1 mg)	69.4 NS	27.7 NS	57.0 a	17.9 aA
	A2(2 mg)	70.3 NS	28.1 NS	56.5 ab	17.7 aA
	A3(4 mg)	70.3 NS	28.1 NS	56.8 a	18.3 aA

注:表中数据为各试验点同一处理的平均数;NS表示5株代表性烟株处理间差异不显著,下同。

（二）不同施钼剂量对烟叶常规化学成分的影响

对2010～2011年黔南的20个试验点，选取较有代表性的典型地区进行不同部位烟叶的化学成分和含钼量的考察，施钼处理对不同部位各化学成分含量的增减效果和影响规律不尽完全一致。从表3-4可以看出，随着钼处理剂量的增加，烟叶钼含量呈增加变化的规律，烟碱和总氮含量大多有下降趋势，总糖和还原糖含量有增高趋势，糖碱比有一定程度的提高。说明钼素对于调控烟株碳氮代谢水平、改善烟叶协调性有着重要意义。

两年的钾素含量结果表现并不一致，2010年施钼能一定程度提高烟叶含钾量，但2011年除A1处理各部位烟叶含钾量相对较高外，其他施钼处理中下部烟叶含钾量比对照稍有下降，这可能与2011年干旱天气影响烟株对钾素的吸收有关。

（三）不同施钼剂量对烟叶香气成分的影响

烟叶中影响香气质量的成分较多，中性香气成分是烤烟中含量最高的一类。在中性香气成分中，我们对香气质量影响较大的香气成分进行分析，并通过香气指数 B 值来考察烟叶的香气质量。香气指数 B 值是反映烟叶香气底韵的指标，与香气质量关系密切。2010年都匀试验的结果显示（表3-5），香气成分总量（不含新植二烯）L2＞L1＞L3＞L0，分别较L0（对照）增加8.83%、8.74%和4.01%，香气指数 B 值L2＞L1＞L3＞L0，分别较L0（对照）提高11.86%、8.47%和6.78%。2011年从正安中观试验点检测结果看，香气成分总量（不含新植二烯）A1＞A2＞A3＞A0，分别较A0（对照）增加19.87%、17.09%和11.59%。A1、A2、A3处理的香气指数 B 值A2＞A3＞A1＞A0，分别较A0（对照）提高37.25%、19.60%和3.92%。

表 3-4 不同剂量的钼肥对烟叶化学成分的影响

年份	部位	处理	钼(mg/kg)	烟碱	总糖	还原糖	总氮	K	Cl	糖碱比
2010	上部叶	L0	0.22	5.09%	20.16%	18.76%	2.77%	1.51%	0.30%	3.69
		L1	1.97	4.68%	26.26%	24.80%	2.41%	1.97%	0.33%	5.30
		L2	2.63	4.57%	26.24%	24.52%	2.28%	2.01%	0.29%	5.37
		L3	2.93	4.52%	24.95%	23.65%	2.45%	2.14%	0.28%	5.23
	中部叶	L0	0.23	4.40%	28.44%	25.31%	1.98%	1.97%	0.30%	5.75
		L1	3.58	2.52%	28.23%	26.95%	2.16%	3.09%	0.30%	10.69
		L2	6.83	3.21%	29.88%	27.29%	1.90%	2.43%	0.25%	8.50
		L3	6.22	3.40%	27.86%	26.11%	2.13%	2.49%	0.29%	7.68
	下部叶	L0	0.45	2.69%	21.47%	21.02%	2.42%	3.64%	0.40%	7.81
		L1	3.19	2.62%	26.45%	25.64%	2.05%	3.34%	0.35%	9.79
		L2	8.04	1.84%	24.74%	23.76%	2.03%	3.42%	0.37%	12.91
		L3	7.07	1.52%	24.93%	24.25%	1.89%	3.86%	0.26%	15.95
2011	上部叶	A0	0.46	4.90%	19.43%	15.33%	2.92%	1.79%	0.40%	3.13
		A1	1.90	4.52%	19.69%	15.63%	2.89%	1.92%	0.38%	3.46
		A2	2.77	4.68%	19.24%	15.30%	2.84%	1.84%	0.37%	3.27
		A3	3.30	4.61%	20.73%	16.58%	2.82%	1.71%	0.39%	3.60
	中部叶	A0	0.43	3.75%	24.32%	17.96%	2.49%	2.30%	0.35%	4.79
		A1	1.94	3.58%	24.85%	18.11%	2.46%	2.24%	0.32%	5.06
		A2	2.75	3.83%	24.34%	18.05%	2.50%	2.18%	0.34%	4.71
		A3	3.42	3.79%	24.27%	18.03%	2.47%	2.16%	0.34%	4.76
	下部叶	A0	0.52	3.16%	19.18%	14.35%	2.56%	2.94%	0.39%	4.54
		A1	2.28	2.95%	20.61%	15.86%	2.45%	2.97%	0.36%	5.38
		A2	3.22	3.09%	19.63%	15.05%	2.56%	2.89%	0.36%	4.87
		A3	3.95	3.16%	20.96%	15.70%	2.53%	2.79%	0.35%	4.97

从2010～2011年连续两年的试验结果看，施钼处理大马酮、巨

豆三烯酮2和巨豆三烯酮3三种香气成分均有一致地明显提高，其中均以施 MoO_3 2 mg/株处理含量最高。大马酮具有蜂蜜样清甜香和成熟烤烟的特征，巨豆三烯酮具有烤烟干甜香气和口感舒适的特征，两者是烤烟重要的香气成分，对卷烟香气质和香气量贡献很大。其他香气成分在不同剂量或不同年份表现结果不一致，无规律性变化。

表3-5 不同剂量的钼肥对烟叶中性香气成分的影响

单位：μg/g

香气成分	2010				2011			
	L0	L1	L2	L3	A0	A1	A2	A3
二氢-2-甲基呋喃酮	0.61	0.41	0.54	0.43	2.99	3.29	5.15	3.54
糠醛	10.09	8.85	9.82	8.52	2.39	7.24	5.43	4.15
糠醇	1.06	0.98	1.48	0.81	0.11	0.13	0.17	0.14
2-环戊烯-1,4-二酮	1.02	0.66	1.09	0.80	0.05	0.05	0.07	0.04
2-乙酰基呋喃	0.55	0.32	0.60	0.42	—	—	—	—
5-甲基糠醛	1.05	0.97	1.13	0.85	0.17	0.12	0.15	0.10
苯甲醇	13.82	16.22	12.27	10.59	0.38	0.33	0.88	0.89
愈创木酚	4.38	5.23	4.38	4.77	—	—	—	—
茄酮	26.48	32.86	30.55	33.10	19.32	19.34	11.26	15.48
大马酮	12.55	20.48	18.25	17.12	10.38	10.99	13.13	12.45
二氢大马酮	9.27	10.25	8.27	8.42	1.99	2.13	2.92	2.44
香叶基丙酮	2.07	0.91	1.32	1.44	1.49	1.57	1.68	1.74
β-紫罗兰酮	3.53	1.78	3.92	2.97	0.83	1.12	1.31	1.26
二氢猕猴桃内酯	1.49	1.19	1.27	1.56	0.11	0.23	0.31	0.19
巨豆三烯酮1	2.70	2.38	2.61	2.53	0.55	0.93	0.91	1.00
巨豆三烯酮2	9.66	12.25	13.38	10.85	2.36	3.30	4.31	4.04

续表

香气成分	2010				2011			
	L0	L1	L2	L3	A0	A1	A2	A3
巨豆三烯酮 3	1.79	2.26	2.73	2.04	0.36	0.60	0.66	0.59
巨豆三烯酮 4	13.99	15.01	15.86	16.42	4.34	4.16	4.83	4.10
法尼基丙酮	12.57	7.45	10.91	9.96	2.10	4.88	4.27	3.86
棕榈酸甲酯	1.60	1.22	1.41	1.92	0.36	0.36	0.31	0.28
新植二烯	1 108.00	1 103.43	1 211.05	1 169.23	610.56	723.50	684.47	635.20
苯乙醛	—	—	—	—	0.93	1.14	2.62	1.76
4-乙烯基-2-甲氧基苯酚	—	—	—	—	1.66	1.48	1.56	0.97
合计(不含新植二烯)	130.30	141.69	141.80	135.53	52.88	63.39	61.92	59.01
总量	1 238.30	1 245.02	1 352.85	1 304.78	663.44	786.89	746.39	694.21
香气指数 B 值	0.59	0.64	0.66	0.63	0.51	0.53	0.70	0.61

适当的酸性香气成分能改善烟气酸碱性，协调烟气。从都匀试验点(2010 年)的香气成分可以看出(表 3－6)，钼素处理后，烟叶中酸性香气成分含量均有所增加。

表 3－6　不同剂量的钼肥对烟叶酸性香气成分含量的影响

(2010 都匀)

香气成分	L0 (μg/g)	L1 (μg/g)	增幅	L2 (μg/g)	增幅	L3 (μg/g)	增幅
丙酸	0.05	0.11	120.83%	0.05	4.17%	0.08	66.67%
2-甲基丙酸	0.01	0.02	142.86%	0.02	157.14%	0.02	171.43%
丁酸	0.06	0.10	69.64%	0.09	55.36%	0.08	39.29%

续表

香气成分	L0 (μg/g)	L1 (μg/g)	增幅	L2 (μg/g)	增幅	L3 (μg/g)	增幅
戊酸	0.02	0.01	-12.50%	0.14	743.75%	0.04	162.50%
异戊酸	3.56	4.12	15.82%	3.54	-0.65%	4.38	23.15%
2-甲基戊酸	0.15	0.18	16.56%	0.16	7.28%	0.12	-21.19%
4-甲基戊酸	0.01	0	-66.67%	0.02	183.33%	0.01	133.33%
3-甲基戊酸	0	0		0		0	
己酸	0.16	0.47	190.80%	0.42	158.90%	0.53	224.54%
壬酸	0.13	0.19	46.09%	0.13	0.78%	0.20	53.91%
辛酸	0.19	0.12	-36.51%	0.23	23.81%	0.35	84.13%
苯甲酸	0.48	0.13	-72.18%	0.37	-22.80%	0.44	-7.74%
合计	4.80	5.45	13.47%	5.16	7.52%	6.25	30.15%

（四）不同施钼剂量对烤烟中部叶评吸结果的影响

对2010年都匀点中部烟叶的单料烟进行评吸，结果表明，施钼后评吸总分均有提高(表3-7)。以L2总分最高，香气质和吃味也最高，较对照分别增加0.3和0.4，杂气和刺激性最少。结合同一年度的烟叶香气成分结果来看(表3-5)，L2处理较高的评吸分值与本试验中最高的香气指数是一致的。

表3-7 不同剂量的钼肥对中部烟叶评吸质量的影响

（2010贵州省烟草科学研究院）

处理	香气质	香气量	杂气	刺激性	劲头	吃味	总分
L0	8.0	8.1	7.6	7.6	适中	8.7	40.0
L1	8.1	8.1	7.9	7.8	适中	8.9	40.8
L2	8.3	8.1	8.0	7.9	适中	9.1	41.4
L3	8.0	8.1	7.6	7.7	适中	8.7	40.1

从2011年3个试验点的中部烟叶评吸结果综合分析来看

(表 3－8),不同施钼量与对照间烟叶在余味上以 A1 处理最好,且与 A3 处理差异显著,在香气质、香气量、杂气、刺激性、透发性、柔细度、甜度、浓度、劲头和总分等方面差异不显著。

表 3－8　不同剂量的钼肥对中部烟叶评吸质量的影响

(2011 广西中烟技术中心)

处　理	A0	A1	A2	A3
香气质	5.0 NS	5.0 NS	5.0 NS	4.8 NS
香气量	5.0 NS	4.8 NS	4.8 NS	4.7 NS
杂气	5.0 NS	4.7 NS	5.0 NS	4.7 NS
刺激性	5.0 NS	5.0 NS	5.0 NS	5.0 NS
透发性	5.0 NS	4.7 NS	5.0 NS	4.7 NS
柔细度	5.0 NS	5.0 NS	5.0 NS	5.0 NS
甜度	5.0 NS	4.8 NS	5.0 NS	4.8 NS
余味	5.0 ab	5.2 a	4.8 ab	4.7 b
浓度	5.3 NS	5.3 NS	5.2 NS	5.2 NS
劲头	5.0 NS	5.0 NS	5.0 NS	5.0 NS
总分	50.8 NS	49.8 NS	49.7 NS	48.5 NS

(五) 不同施钼剂量对烤烟经济性状的影响

在一定施肥水平下,产量增加而质量达到最高,该营养水平为产质量平衡的最佳施肥量。从 2010 年试验的经济性状结果看出(表 3－9),施钼能增加烟叶产量、产值和上等烟比例,降低杂色烟比例,影响效果随施用剂量的增加而增强,L3 影响最大,各经济性状指标的增幅分别为 5.70%、12.36% 、8.58%和－37.24%。从 2011 年的试验结果来看(表 3－10),施钼也一定程度上增加了烤烟产量、产值和上中等烟比例。A1、A2 和 A3 处理的产量较 A0 的增幅分别为 0.91%、3.73% 和 4.43%,产值增幅分别为 0.48%、4.24% 和 4.84%,上中等烟比例分别增加了 0.4、1.1 和 0.7 个百分点,但施钼处理与 A0 之间产量、产值和上中等烟比例差异均不显著。与 2010

年试验结果相比较，虽然施钼对烤烟经济性状影响趋势相同，产量和产值随着施钼量增加而增加，但差异均不明显。可能与2011年贵州省部分烟区在烤烟生育中后期受严重干旱有关，在干旱条件下采用浇施的方法，对养分的吸收效果受到影响。

表3-9 不同剂量的钼肥对烤烟经济性状的比较

(2010)

处理	产量(kg/667 m²)		产值(元/667 m²)		上等烟比例	中等烟比例	上中等烟比例	杂色烟比例
	显著性	增幅	显著性	增幅				
L0	132.79 b B		1 936.51 b B		45.21% b B	38.91%	84.12%	12.11% a A
L1	137.09 a AB	3.24%	2 072.92 a AB	7.04%	47.72% a AB	39.27%	86.99%	9.78% b B
L2	138.04 a AB	3.95%	2 145.11 a A	10.77%	48.48% a A	40.39%	88.87%	8.54% bc BC
L3	140.36 a A	5.70%	2 175.83 a A	12.36%	49.09% a A	33.96%	83.05%	7.60% c C

表3-10 不同剂量的钼肥对烤烟经济性状的比较

(2011)

处理	产量(kg/667 m²)		产值(元/667 m²)		上中等烟比例	
	显著性	增幅	显著性	增幅	显著性	增幅
A0	142.2 NS		2150.58 NS		82.2% NS	
A1	143.5 NS	0.91%	2160.79 NS	0.48%	82.6% NS	0.49%
A2	147.5 NS	3.73%	2241.80 NS	4.24%	83.3% NS	1.34%
A3	148.5 NS	4.43%	2254.60 NS	4.84%	82.9% NS	0.85%

（六）不同施钼剂量对烤烟外观性状的影响

对2010年都匀试验点的烤后烟叶的外观质量进行比较(表3-11)，结果表明，施用钼肥剂量较大，更利于提高烤后烟叶的成熟度，尤其对上部叶和中部叶的成熟度的影响较为明显。L2和L3能较好地提高上部叶的橘黄烟比例，改善身份。L3处理不同部位烟叶的组织结构的疏松程度较好。对不同处理烟叶的油分进行比较，各施钼处理能较好地改善中部叶和上部叶的油分，而下部叶的油分品质欠佳，可能与下部叶吸钼过多有关。

（七）不同施钼剂量对烤烟物理性状的影响

对 2010 年都匀试验点烟叶的物理性状进行比较，结果表明（表 3－12），不同剂量的钼肥对烟叶的物理性状影响规律不太明显。但上部叶的叶面密度比对照都有降低，这有利于提高上部烟叶的组织结构的疏松度。物理性状的这些表现和本试验主要常规化学成分（表 3－4）及外观性状鉴定（表 3－11）的结果相一致。

表 3－11　不同剂量的钼肥对烟叶的外观鉴定

（2010 贵州省烟草科学研究院）

外观		上部				中部				下部			
		L0	L1	L2	L3	L0	L1	L2	L3	L0	L1	L2	L3
颜色	淡黄												
	正黄	26%	30%		75%	25%	26%	19%			31%	35%	15%
	金黄						25%	17%	53%	23%		29%	
	橘黄	74%	70%	100%	100%	58%	21%	58%		71%	69%	65%	85%
	深黄												
	杂色												
	青黄												
成熟度	成熟	84%	80%	100%	100%	80%	100%	100%	100%	100%	85%	100%	88%
	尚熟	16%	20%		20%						15%		12%
	欠熟												
	假熟												
油分	多												
	有	74%	85%	89%	100%	60%	71%	100%	81%	71%	62%	65%	15%
	稍有	26%	15%	11%	40%	29%		19%		29%	38%	35%	73%
	少	12%											

续表

外观		上部				中部				下部			
		L0	L1	L2	L3	L0	L1	L2	L3	L0	L1	L2	L3
身份	薄	12%											
	稍薄		75%		70%	100%	58%	38%		100%	100%	100%	88%
	适中	26%	25%	11%	7%		30%		42%	62%			
	稍厚	74%		89%	93%								
	厚												
叶片结构	疏松				7%	85%	100%	100%	100%	100%	100%	100%	100%
	尚疏	26%	70%	74%			15%						
	稍密	74%	30%	26%	93%								
	紧密												
色度	浓												
	强		70%	68%	86%							21%	
	中	100%	30%	32%	14%	70%	100%	100%	81%	57%	73%	65%	62%
	弱				30%			19%		21%	27%	35%	38%
	淡												

表 3-12 不同剂量的钼肥对烟叶物理性状的影响

(2010 都匀)

部位	处理	单叶重(g)	增幅	含梗率	增幅	叶面密度(g/m^2)	增幅
上部叶	L0	9.35		26.51%		87.94	
	L1	12.51	33.80%	27.58%	4.04%	81.64	-7.16%
	L2	13.26	41.82%	26.19%	-1.21%	86.34	-1.82%
	L3	11.06	18.29%	27.80%	4.87%	74.79	-14.95%
中部叶	L0	9.20		32.77%		56.48	
	L1	8.83	-4.02%	35.85%	9.40%	48.73	-13.72%
	L2	10.57	14.89%	32.80%	0.09%	59.65	5.61%
	L3	8.22	-10.65%	31.27%	-4.58%	60.48	7.08%

续表

部位	处理	单叶重(g)	增幅	含梗率	增幅	叶面密度(g/m^2)	增幅
下部叶	L0	8.45		37.20%		48.34	
	L1	6.90	-18.34%	34.30%	-7.80%	45.59	-5.77%
	L2	7.48	-11.48%	37.38%	0.48%	50.42	4.22%
	L3	6.58	-22.13%	36.21%	-2.66%	38.97	-19.47%
平均	L0	9.00		32.16%		64.25	
	L1	9.41	4.59%	32.58%	1.30%	58.65	-8.71%
	L2	10.44	15.96%	32.12%	-0.11%	65.47	1.90%
	L3	8.62	-4.22%	31.76%	-1.24%	58.08	-9.60%

(八)不同施钼剂量烤烟综合质量比较

适当施用钼肥可以发挥贵州烟区的生态优势,提高烟叶质量和生产效益。在研究中往往会出现试验处理的各项指标性状排名不完全一致的情况,使得难以筛选出最佳的处理。因此,我们将对烟叶生产质量影响作用较大的指标进行排名,根据各指标所占权重再进行综合排名,以方便最佳处理的确定。由图 3-15 的各处理效果总排名可以看出,2010 年的 L1 处理效果总体较好,总排名顺序依次为 L1、L3、L2 和 L0。但 L3 和 L2 处理相比,虽然其产量、产值和香气成分含量较高,但评吸质量最差。2011 年试验中 A3 的产量和产值较好,但评吸质量和内在化学成分质量较低,因此总排名较差。A2 处理的产量、质量、香气成分和评吸质量较好,总体排名第一。因此,综合连续两年的钼肥剂量大田试验结果可以得出,采用浇施方式,以烤烟专用钼肥 80 mL/667 m^2(施 MoO_3 2 mg/株)施肥效果较好。

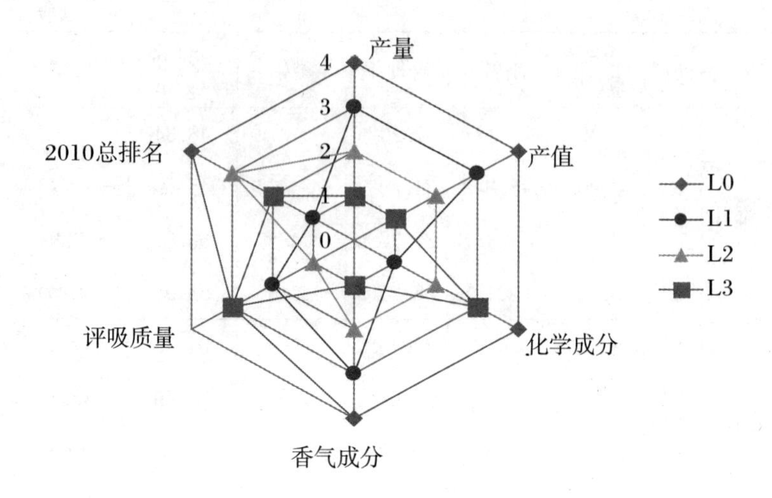

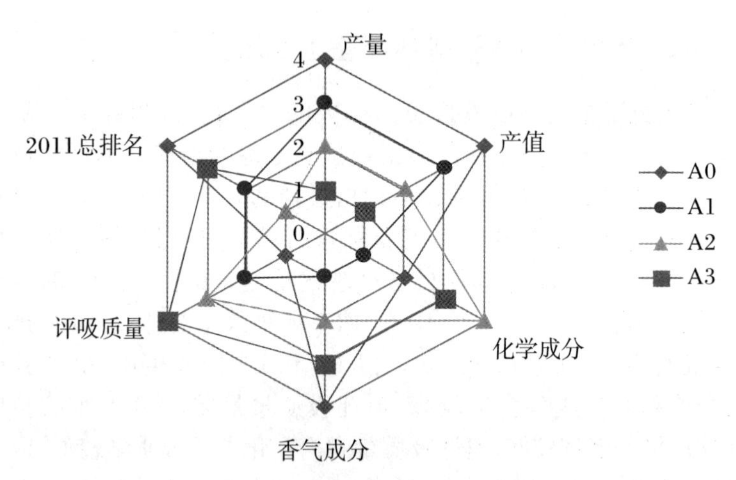

图 3-14 不同施钼剂量对烤烟各项性状影响程度的排名

第三节　烤烟大田期合理施钼方法

一、材料与方法

（一）试验设计与基本情况

2011 和 2012 年度分别在贵州黔南州福泉、都匀、长顺、龙里、惠水、瓮安、贵定和长顺县多点进行施钼方式的试验，每个县（市）按统一方案（表 3－13）布置试验 1～2 个。

将烤烟专用钼肥兑水稀释 1 000 倍（每瓶专用钼肥 80 mL 含 MoO_3 2 g）按试验方案进行处理，其他栽培管理按优质烟的管理进行。试验田基础土壤养分状况如表 3－14 所示。

表 3－13　试验处理

处理	施钼方法	稀释液浇施用量	稀释液喷施用量
B0(CK)		0	0
B1	浇施	移栽时浇 80 mL/株	0
B2	浇施与喷施结合	移栽时浇 40 mL/株	现蕾期喷 40 mL/株
B3	喷施	0	团棵和现蕾期分别喷 40 mL/株

表 3－14　试验点基础土壤养分状况

试验点	pH	有效钼 (mg/kg)	有机质 (g/kg)	碱解氮 (mg/kg)	速效磷 (mg/kg)	速效钾 (mg/kg)
长顺种获	5.77	0.27	37.4	177.5	25.0	73.2
长顺新寨乡	5.47	0.13	30.9	139.5	16.7	82.0
瓮安平定营	5.72	0.08	27.6	160.4	20.3	250.0

续表

试验点	pH	有效钼(mg/kg)	有机质(g/kg)	碱解氮(mg/kg)	速效磷(mg/kg)	速效钾(mg/kg)
福泉地松	6.32	0.22	21.9	112.6	18.0	120.5
福泉陆坪	6.47	0.18	23.2	96.6	14.1	222.2
龙里洗马	5.30	0.20	29.6	177.6	34.6	244.4
龙里摆省	5.84	0.05	24.5	97.1	12.6	125.2
惠水宁旺	5.59	0.10	18.5	117.2	22.6	114.6
都匀坝固	5.47	0.02	42.9	166.7	35.7	121.3
都匀河阳	5.68	0.02	55.1	220.1	31.4	152.6
贵定新巴甲底	4.88	0.28	35.8	182.3	29.6	233.6
贵定新巴黄土	4.91	0.24	30.4	185.4	19.1	117.7
正安班竹	6.35	0.12	2.78	157.76	21.97	194.17
正安中观	6.16	0.05	3.06	182.58	25.47	275.83

（二）测定指标与方法

同第三章第二节的“测定指标与方法”。

二、不同施钼方式对烤烟生长和产质量的影响

（一）不同施钼方式对烤烟叶片大小的影响

从黔南12个试验点的结果统计分析来看（表3－15），与B0（对照）相比，B1、B2、B3处理的上部叶长和叶宽均无显著差异。对于中部叶片的叶长和叶宽，B2与B0处理叶长差异达极显著水平，各处理叶宽差异不明显。

表 3-15　不同施钼方式对烤烟中、上部叶片大小的影响

处理	中部叶		上部叶	
	叶长(cm)	叶宽(cm)	叶长(cm)	叶宽(cm)
B0	67.3 b　B	26.8 NS	56.2 NS	17.9 NS
B1	69.0 ab AB	27.3 NS	56.1 NS	17.8 NS
B2	70.0 a　A	27.2 NS	56.1 NS	17.6 NS
B3	68.5 ab AB	26.8 NS	57.2 NS	17.8 NS

(二) 不同施钼方式对烤烟常规化学成分的影响

1. 2011 年不同施钼方式对烤烟常规化学成分的影响

从 2011 年 12 个试验点的结果统计分析看(表 3-16),施钼量增加能明显提高烟叶含钼量。上部叶含钼量 B2、B3 处理与 B0 处理之间差异达极显著水平,与 B1 处理之间差异达显著水平,而 B1 处理与 B0 处理之间差异不显著,B3 处理与 B2 处理之间差异也不显著。中、下部叶含钼量 B2、B3 处理与 B0 处理之间差异达极显著水平,B3 处理与 B1 处理之间差异也达极显著水平,B2 处理与 B1 处理之间差异达显著水平,而 B1 处理与 B0 处理之间差异不显著,B3 处理与 B2 处理之间差异也不显著。可见,在相同施钼剂量下,提高烟叶含钼量效果以团棵期和现蕾期分别叶面喷施的施钼方式(B3)最好;以移栽时浇施和现蕾期叶面喷施相结合的施钼方式(B2)次之;移栽时一次性浇施的施钼方式(B1)与对照相比,虽然能提高烟叶含钼量,但效果不显著。

由表 3-16 可见,上部叶和下部叶总糖、还原糖含量表现为 B2>B3>B1>B0,中部叶则表现为 B3>B2>B1>B0。上部叶总糖含量 B2 处理与 B0 处理差异达显著水平,其他差异不显著。可见,施钼能一定程度提高烟叶总糖、还原糖含量。在相同施钼剂量下,以移栽时浇施和现蕾期叶面喷施相结合的施钼方式(B2)与以团棵期和现蕾期分别叶面喷施的施钼方式(B3)提高总糖、还原糖

含量的幅度较大。

在相同施钼剂量下，三种施钼方式上部叶总氮含量均有一定程度降低（表3-16），中、下部烟叶B2和B3处理总氮含量均有一定程度降低，而B1处理总氮含量则有一定程度增加。但各处理之间三个部位烟叶总氮含量差异较小，且差异均不显著。上部叶蛋白质含量以B0处理最高，但各处理间差异较小，且差异均不显著。中、下部叶蛋白质含量以B1处理最高，且下部叶B1处理与B3处理差异达显著水平。总体上各处理三个部位烟叶蛋白质含量为7%～11%，均在适宜范围内。上部叶烟碱含量表现为B2＜B1＜B3＜B0，三种施钼方式与B0处理烟碱含量差异均达显著水平，且B2处理与B0处理差异达极显著水平，三种施钼方式之间烟碱含量差异均不显著。中部叶烟碱含量表现为B3＜B2＜B0＜B1，但4个处理之间差异不显著。下部叶烟碱含量表现为B0＜B3＜B2＜B1，三种施钼方式与B0处理烟碱含量差异达显著水平，且B1处理与B0处理差异达极显著水平，三种施钼方式之间烟碱含量差异不显著。可见，施钼能调节不同部位烟叶烟碱含量，表现为降低上部叶烟碱含量，而提高下部叶烟碱含量，这对提高烟叶工业可用性有利。其原因可能是施钼能促进烟株早期对氮素的吸收，从而促进下部叶烟碱积累，而减少后期土壤氮素供应，从而减少上部叶烟碱积累。在相同的施钼剂量下，调节作用以移栽时浇施和现蕾期叶面喷施相结合的施钼方式（B2）最好；以移栽时一次性浇施的施钼方式（B1）次之；以团棵期和现蕾期分别叶面喷施的施钼方式（B3）第三。

表 3-16 不同施钼方式对烤烟常规化学成分的影响

(2011)

部位	化学成分	B0	B1	B2	B3
上部	总糖	16.82% b	17.47% ab	19.40% a	18.34% ab
	还原糖	13.24% NS	13.78% NS	14.95% NS	14.46% NS
	总氮	3.04% NS	2.91% NS	2.89% NS	2.92% NS
	烟碱	4.78% a A	4.44% b AB	4.37% b B	4.49% b AB
	蛋白质	9.08% NS	8.81% NS	8.78% NS	8.85% NS
	K	1.59% b B	1.84% a A	1.83% a A	1.84% a A
	Cl	0.34% NS	0.34% NS	0.32% NS	0.34% NS
	Mo(mg/kg)	0.59 b B	1.31 b AB	2.59 a A	2.81 a A
中部	总糖	20.97% NS	20.72% NS	22.21% NS	22.37% NS
	还原糖	15.69% NS	15.39% NS	16.32% NS	16.52% NS
	总氮	2.66% NS	2.70% NS	2.59% NS	2.54% NS
	烟碱	3.75% NS	3.88% NS	3.74% NS	3.53% NS
	蛋白质	8.15% NS	8.23% NS	8.02% NS	8.15% NS
	K	2.21% b B	2.31% abAB	2.40% a AB	2.46% a A
	Cl	0.30% NS	0.29% NS	0.28% NS	0.29% NS
	Mo(mg/kg)	0.64 b C	1.37 b BC	2.84 a AB	3.26 a A
下部	总糖	18.91% NS	18.01% NS	19.44% NS	19.24% NS
	还原糖	14.04% NS	13.32% NS	14.38% NS	14.01% NS
	总氮	2.60% NS	2.66% NS	2.58% NS	2.56% NS
	烟碱	2.85% b B	3.25% a A	3.02% ab AB	2.99% ab AB
	蛋白质	8.16% ab	8.49% a	8.16% ab	8.11% b
	K	2.88% b	2.85% b	2.95% ab	3.13% a
	Cl	0.35% NS	0.36% NS	0.33% NS	0.35% NS
	Mo(mg/kg)	0.69 b C	1.55 b BC	3.00 a AB	3.87 a A

从 2011 年 12 个试验点钾含量的结果统计分析看(表 3-16),上部叶钾含量表现为 B1 = B3>B2>B0,三种施钼方式与 B0 处理钾含

量差异均达极显著水平，三种施钼方式之间钾含量差异不显著。中部叶钾含量表现为 B3＞B2＞B1＞B0，且 B3 处理与 B0 处理差异极显著，B2 处理与 B0 处理之间差异显著，B1 处理与 B0 处理之间以及三种施钼方式之间差异不显著。下部叶钾含量表现为 B3＞B2＞B0＞B1，且 B3 处理与 B0、B1 处理之间差异显著，B1 处理与 B0 处理之间、B1 处理与 B2 处理之间、B2 处理与 B3 处理之间差异不显著。可见，施钼能提高烟叶含钾量，有利于提高烟叶的燃烧性和品质。在相同施钼剂量下，提高烟叶含钾量的效果以团棵期和现蕾期分别叶面喷施的施钼方式(B3)最好；以移栽时浇施和现蕾期叶面喷施相结合的施钼方式(B2)次之；移栽时一次性浇施的施钼方式(B1)与对照相比，虽然能提高烟叶含钾量，但中、下部叶效果差异不显著。

从 12 个试验点的试验结果统计分析看(表 3－16)，不同施钼方式对烟叶氯离子含量影响较小或稍有降低，但幅度极低。

2．2012 年不同施钼方式对烤烟常规化学成分的影响

从黔南 6 个试验点的结果统计分析看(表 3－17)，在施钼处理中，下部叶的还原糖和总糖含量较对照有明显增加，其中下部叶总糖含量 B2 处理与对照的差异显著，而上部叶和中部叶的总糖含量和还原糖含量无明显规律。

表 3－17　不同施钼方式对烤烟不同部位烟叶化学成分含量的影响
(2012)

部位	化学成分	B0	B1	B2	B3
上部	总糖	19.94% NS	19.03% NS	18.95% NS	20.23% NS
	还原糖	16.82% NS	15.93% NS	15.93% NS	17.14% NS
	总氮	2.88% NS	2.76% NS	2.84% NS	2.73% NS
	烟碱	4.96% a	4.52% ab	4.51% ab	4.26% b
	蛋白质	10.17% NS	9.83% NS	10.02% NS	9.72% NS
	K	1.73% NS	2.02% NS	2.00% NS	2.14% NS
	Cl	0.44% NS	0.41% NS	0.43% NS	0.43% NS
	pH	5.25 NS	5.30 NS	5.26 NS	5.26 NS
	Mo(mg/kg)	0.35 NS	2.95 NS	2.86 NS	1.68 NS

续表

部位	化学成分	B0	B1	B2	B3
中部	总糖	25.68% NS	25.74% NS	26.51% NS	24.24% NS
	还原糖	21.72% NS	21.76% NS	22.19% NS	20.57% NS
	总氮	2.24% NS	2.22% NS	2.25% NS	2.24% NS
	烟碱	3.46% NS	3.36% NS	3.29% NS	3.35% NS
	蛋白质	8.62% NS	8.38% NS	8.46% NS	8.55% NS
	K	2.05% NS	2.27% NS	2.19% NS	2.26% NS
	Cl	0.39% NS	0.39% NS	0.35% NS	0.37% NS
	pH	5.33 NS	5.33 NS	5.30 NS	5.31 NS
	Mo(mg/kg)	0.32 NS	3.32 NS	3.96 NS	2.31 NS
下部	总糖	17.39% b	20.76% ab	21.36% a	17.92% ab
	还原糖	15.63% NS	18.25% NS	18.86% NS	16.04% NS
	总氮	2.37% NS	2.26% NS	2.30% NS	2.49% NS
	烟碱	2.19% NS	2.16% NS	2.39% NS	2.29% NS
	蛋白质	9.75% NS	9.24% NS	9.14% NS	9.84% NS
	K	2.47% NS	2.71% NS	2.69% NS	2.78% NS
	Cl	0.39% NS	0.37% NS	0.39% NS	0.37% NS
	pH	5.40 NS	5.39 NS	5.37 NS	5.39 NS
	Mo(mg/kg)	0.57 NS	4.43 NS	8.86 NS	5.95 NS

施钼处理上部叶的总氮、烟碱和蛋白质有明显降低趋势，其中B0 和 B3 处理的烟碱含量差异显著。施钼处理中部叶的烟碱、总氮含量较对照有所降低。上部叶、中部叶和下部叶的钾素和钼素含量均有增加，而氯含量大致有下降趋势。2012 年化学成分处理间的差异性虽然没有 2011 年显著，但施钼处理也呈现出大致规律，施钼对烟叶的烟碱、总氮、蛋白质和氯含量普遍有降低作用，而钾素和钼素含量有增加趋势，尤其钼素含量增加明显。说明施钼对于提高烟叶的燃烧性、协调糖碱比和改善外观性状均有明显作用。

总体上，3 种施钼方式烟叶化学成分的协调性均好于对照处理。

相比较而言，以团棵期和现蕾期分别叶面喷施的施钼方式(B3)最好；以移栽时浇施和现蕾期叶面喷施相结合的施钼方式(B2)次之；以移栽时一次性浇施的施钼方式(B1)第三。

（三）不同施钼方式对烤烟中部叶香气成分的影响

从正安中观试验点中部叶的中性香气成分检测结果来看(表3－18)，不同施钼方式均能提高多数香气物质含量。从香气成分总量(不含新植二烯)看，与B0(对照)相比，B1、B2、B3处理分别增加5.91%、22.43%和32.89%，以B3处理香气成分总量最高。不同施钼方式处理烟叶的20种中性香气成分中，二氢－2－甲基呋喃酮、糠醛、糠醇、2－环戊烯－1,4－二酮、苯甲醇、苯乙醛、大马酮、二氢大马酮、香叶基丙酮、β－紫罗兰酮、二氢猕猴桃内酯、巨豆三烯酮1、巨豆三烯酮2、巨豆三烯酮3、巨豆三烯酮4、法尼基丙酮16种香气成分均有不同程度提高，多数以B2处理增加幅度较大。不同施钼方式处理烟叶的20种中性香气成分中，茄酮和棕榈酸甲酯两种香气成分均有不同程度下降。

从香气指数 *B* 值看，与B0(对照)相比，B1、B2、B3处理分别增加31.37%、35.29%和29.41%。以B2处理香气指数 *B* 值最高。

表3－18　不同施钼方式对烤烟中部叶中性香气成分的影响

（正安中观点）　　单位：μg/g

香气成分	B0	B1	B2	B3
二氢－2－甲基呋喃酮	2.99	4.15	5.29	4.91
糠醛	2.39	4.45	4.96	5.76
糠醇	0.11	0.12	0.18	0.15
2－环戊烯－1,4－二酮	0.05	0.06	0.12	0.08
5－甲基糠醛	0.17	0.18	0.16	0.14
苯甲醇	0.38	0.89	0.50	0.99
苯乙醛	0.93	0.94	2.66	2.83
4－乙烯基－2－甲氧基苯酚	1.66	1.97	1.84	1.59

续表

香气成分	B0	B1	B2	B3
茄酮	19.32	11.73	12.61	15.54
大马酮	10.38	11.62	13.62	13.49
二氢大马酮	1.99	2.41	3.54	3.27
香叶基丙酮	1.49	1.43	1.52	1.75
β-紫罗兰酮	0.83	1.34	1.34	1.28
二氢猕猴桃内酯	0.11	0.29	0.28	0.17
巨豆三烯酮 1	0.55	0.62	0.83	1.35
巨豆三烯酮 2	2.36	3.72	4.35	5.58
巨豆三烯酮 3	0.36	0.57	0.76	0.92
巨豆三烯酮 4	4.34	4.86	5.28	5.97
法尼基丙酮	2.10	4.32	4.61	4.26
棕榈酸甲酯	0.36	0.32	0.29	0.25
新植二烯	610.56	662.76	696.52	696.38
总量(不含新植二烯)	52.88	56.01	64.74	70.27
总量	663.44	718.78	761.26	766.64
香气指数 B 值	0.51	0.67	0.69	0.66

(四) 不同施钼方式对烤烟评吸结果的影响

从 2011 年 4 个试验点的中部烟叶评吸结果来看(表 3-19),不同施钼方式与对照 4 个处理,中部叶在香气质、杂气、刺激性、透发性、柔细度、甜度、余味和劲头等方面虽然差异不显著,但三种施钼方式各项平均得分比 B0 高 0.2～0.3 分(除 B1 和 B3 在劲头得分外)。而在香气量、浓度和总分三方面施钼效果显著,香气量以 B2 得分最高,且与 B0 差异显著;浓度以 B1 和 B2 得分最高,且均与 B0 差异显著;总分以 B2 得分最高,且 B1、B2 与 B0 差异显著。

可见,施钼能有利于提高烤烟烟叶评吸质量,改善烟叶品质和工业可用性。在相同施钼剂量下,以移栽时浇施和现蕾期叶面喷施相结合的施钼方式(B2)对提高香气量和改善烟叶品质效果较好。

表 3-19 不同施钼方式对烤烟评吸结果的差异性分析

处　理	B0	B1	B2	B3
香气质	4.6 NS	4.8 NS	4.9 NS	4.8 NS
香气量	4.5 b	4.8 ab	5.0 a	4.8 ab
杂　气	4.4 NS	4.8 NS	4.8 NS	4.8 NS
刺激性	4.6 NS	4.9 NS	4.8 NS	4.8 NS
透发性	4.5 NS	4.9 NS	4.8 NS	4.8 NS
柔细度	4.6 NS	4.9 NS	4.9 NS	4.9 NS
甜　度	4.4 NS	4.8 NS	4.8 NS	4.8 NS
余　味	4.5 NS	4.9 NS	4.8 NS	4.8 NS
浓　度	4.8 b	5.3 a	5.3 a	4.9 ab
劲　头	5.4 NS	5.1 NS	5.6 NS	5.4 NS
总　分	46.3 b	48.9 a	49.4 a	48.4 ab

注:广西中烟技术中心评吸。

从 2012 年长顺试验点的不同施钼方式对不同部位烟叶评吸质量的结果看出(表 3-20),施钼烟叶风格特征得分明显高于对照;质量特征总分也普遍以施钼为高,香气质提高,杂气得到改善,余味舒适;就本试验的综合评吸得分来看,B1>B3>B2>B0。在相同的施钼剂量下,不同施钼方式对烤烟烟叶评吸质量均有影响,对不同部位烟叶的评吸质量都有不同程度的提高。

综合 2011～2012 年两年试验结果来看,3 种施钼方式烟叶评吸结果均好于对照处理。相比较而言,2011 年以移栽时浇施和现蕾期叶面喷施相结合的施钼方式(B2)最好;以移栽时一次性浇施的施钼方式(B1)次之;以团棵期和现蕾期分别叶面喷施的施钼方式(B3)第三。2012 年则以移栽时一次性浇施的施钼方式(B1)最好;以团棵期和现蕾期分别叶面喷施的施钼方式(B3)次之;以移栽时浇施和现蕾期叶面喷施相结合的施钼方式(B2)第三。

表 3-20 不同施钼方式对烤烟不同部位烟叶评吸质量影响

（2012 长顺）

部位	处理	风格特征评价					质量特征评价												综合得分
		香味风格		甜感		风格特征得分	香气特征				烟气特征				口感特征			质量特征得分	
		香型	分值	特征	分值		香气质	香气量	杂气	换算得分	细腻度	浓度	劲头	换算得分	刺激性	余味	换算得分		
中部叶	B0	浓偏中	6.0	回焦	6.0	6.0	6.0	7.0	6.0	6.30	6.5	7.0	8.0	7.10	6.5	6.5	6.50	6.51	6.31
	B1	中	7.0	回焦	6.5	6.8	7.0	6.5	6.5	6.70	7.0	6.5	8.5	7.30	7.0	7.0	7.00	6.90	6.86
	B2	中偏浓	6.5	回	6.5	6.5	6.5	6.5	6.5	6.50	7.0	6.5	8.5	7.30	6.5	7.0	6.78	6.73	6.64
	B3	中偏浓	6.5	回焦	6.5	6.5	7.0	6.5	6.5	6.70	7.0	6.5	8.5	7.30	6.5	7.0	6.78	6.84	6.70
上部叶	B0	浓偏中	6.0	回焦	6.0	6.0	6.0	6.5	6.0	6.15	6.5	7.0	7.5	6.95	6.0	6.0	6.00	6.27	6.16
	B1	中偏浓	7.0	回焦	6.5	6.8	6.5	7.0	6.5	6.65	6.5	7.0	7.5	6.95	6.5	6.5	6.50	6.67	6.72
	B2	中偏浓	6.5	回焦	6.0	6.3	6.0	6.0	6.0	6.00	6.5	6.5	8.0	6.95	6.0	6.5	6.28	6.26	6.28
	B3	中	7.0	回	6.5	6.8	6.5	7.0	6.5	6.65	6.5	6.5	8.0	6.95	6.5	6.5	6.50	6.67	6.72

注：福建中烟技术中心评吸。

（五）不同施钼方式对烤烟经济性状的影响

从2011年12个试验点的结果分析来看(表3－21),不同施钼方式均能一定程度上增加烤烟产量和产值,提高上中等烟率。与B0(对照)相比,B1、B2、B3处理的产量增幅分别为6.14%、10.18%和6.64%,且3个施钼处理与B0之间差异均达极显著水平。与B0(对照)相比,B1、B2、B3处理的产值增幅分别为6.25%、8.51%和6.04%,且3个施钼处理与B0之间差异均达显著水平。与B0(对照)相比,B1、B2、B3处理的上中等烟比例分别增加0.2、1.3和0.4个百分点,但3个施钼处理与B0之间差异均不显著。

表3－21 不同施钼方式对烤烟经济性状的影响

(2011)

处理	产量 (kg/667 m^2)		产值 (元/667 m^2)		上中等烟比例	
	差异显著性	增幅	差异显著性	增幅	差异显著性	增幅
B0	138.5 b B		1979.47 b		73.8% NS	
B1	147.0 a A	6.14%	2103.21 a	6.25%	74.0% NS	0.27%
B2	152.6 a A	10.18%	2147.87 a	8.51%	75.1% NS	1.76%
B3	147.7 a A	6.64%	2099.05 a	6.04%	74.2% NS	0.54%

从2012年黔南的7个试验点结果统计分析看(表3－22),产量、产值和上等烟比例均较对照增加,杂色烟比例较对照明显降低,降幅达55.46%。其中,B1处理的产量和产值与对照B0相比,差异达显著水平;B1、B2、B3处理杂色烟比例与对照B0相比,差异均达显著水平。

表 3－22　不同施钼方式对烤烟经济性状的影响

(2012)

处理	产量(kg/667 m²)	产值(元/667 m²)	上等烟	中等烟	杂色烟
B0	161.34 b	3 199.23 b	45.37% NS	45.58% NS	8.33% a
B1	178.34 a	3 674.59 a	52.52% NS	43.54% NS	3.71% b
B2	167.85 ab	3 401.70 ab	50.91% NS	44.35% NS	4.42% b
B3	173.89 ab	3 543.75 ab	50.79% NS	43.62% NS	4.87% b

注：* 数据为 7 个试验点的平均值。

两年试验结果表明，虽然年份之间有差异，但 3 种施钼方式经济性状均好于对照处理。在相同施钼剂量下，总体以移栽时一次性浇施的施钼方式(B1)最好；以移栽时浇施和现蕾期叶面喷施相结合的施钼方式(B2)次之；以团棵期和现蕾期分别叶面喷施的施钼方式(B3)第三。

（六）不同施钼方式烤烟综合质量比较

将影响各个处理的烟叶质量和生产效益程度较大的主要指标进行加权计算并进行排名。由图 3－15 的排名结果看出，2011 年表现出 B2 处理略优于 B3，即相同施钼剂量下，以移栽时浇施和现蕾期叶面喷施相结合的施钼方式(B2)效果最好，以团棵期和现蕾期分别叶面喷施的施钼方式(B3)效果次之。2012 年的大田试验综合排名与 2011 年不完全一致，3 种施钼处理效果明显，但施钼处理中以 B1 总分排名最高，其次是 B3，这可能是因为不同年份下的大田试验中诸多不确定因素所造成的条件差异。但综合来看，施钼处理烟叶的总体质量较对照有明显提高，在同一适宜施钼剂量水平下，适宜施钼方式的选择要根据当地土壤条件、气候因素及栽培措施等方面因地制宜地考虑。

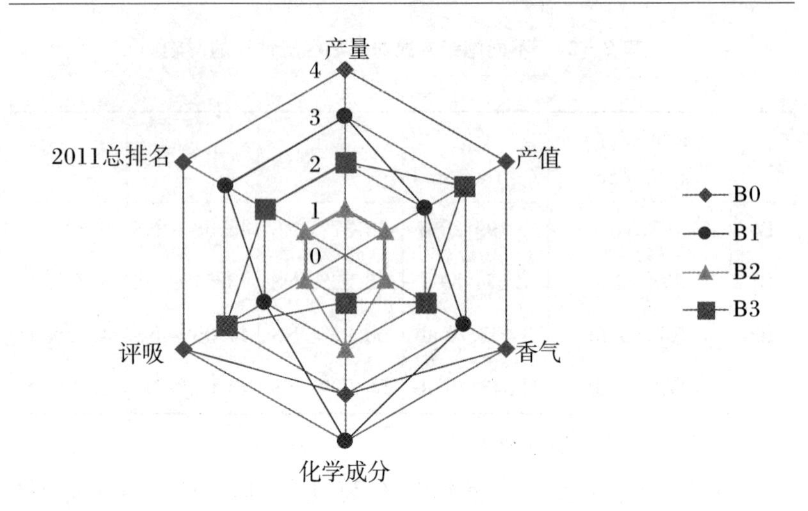

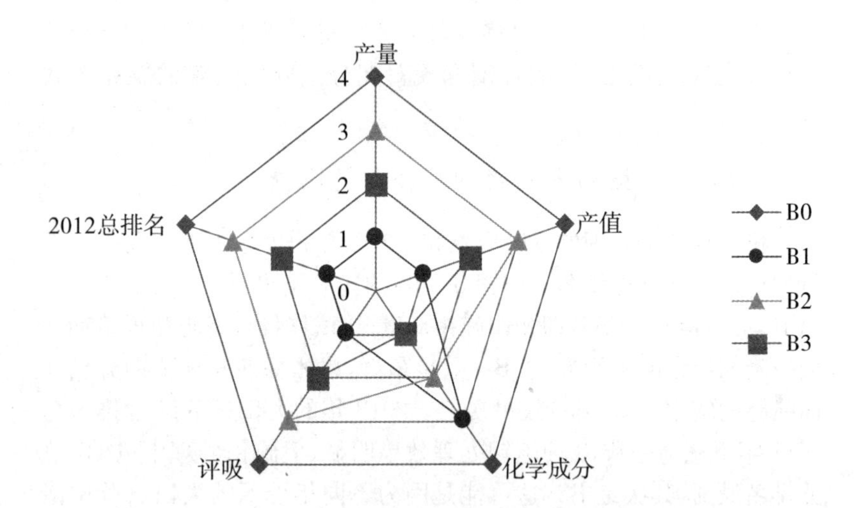

图 3-15 不同施钼方式对烤烟各项指标影响程度排名

第四节　烤烟施钼技术应用

一、烤烟苗期钼肥施用技术

烤烟苗期施钼能促进烟苗地上部和地下部鲜重的增加，有利于培育壮苗。烤烟苗期钼肥施用以烟草专用钼肥 1 500 倍稀释液浓度处理效果最好，即喷施 MoO_3 33.3 mg/m^2 苗床，能够改善大田成熟期烟株农艺性状，提高烟叶产质量。

二、烤烟大田期钼肥施用剂量

缺钼土壤烤烟施钼能降低上部叶的烟碱含量，减少杂色烟比例，增加烟叶油分，改善烟叶外观质量和物理性状，提高烤后烟叶产质量。贵州多数缺钼烟区以施 MoO_3 2 g/667 m^2（烟草专用钼肥用量 80 mL/667 m^2）综合效果较好。在实际应用中，应根据土壤的不同含钼量，酌情增减。对于土壤有效钼含量极缺乏区域（$<$0.10 mg/kg），补充烤烟专用钼肥 80～120 mL/667m^2；土壤有效钼缺乏区域（0.10～0.15 mg/kg），补充烤烟专用钼肥 80 mL/667 m^2左右；土壤有效钼较缺乏区域（0.15～0.20 mg/kg），补充烤烟专用钼肥 40～80 mL/667 m^2。

三、烤烟大田期钼肥施用方法

黔南缺钼烟区，在施 MoO_3 2 g/667 m^2（烤烟专用钼肥用量 80 mL/667 m^2）剂量下，无论是采用移栽时浇施，叶面喷施，还是两者结合的施钼方式都有明显效果。

在烤烟生育前期，宜采用浇施方式，并与定根水结合进行，以利节省人力、物力资源；在烤烟生育中后期，宜采用叶面喷施方式，能促进叶片对钼素营养的吸收。由于上部叶从土壤中吸收钼素的能力较弱，采用叶面喷施钼肥才能较好地解决上部叶含钼量低的问题。因此，生产上要根据当地生产条件和当年的气候等自然因素灵活掌握。

第四章　烤烟施钼实践

第一节　黔南烟区土壤有效钼含量与分布

贵州省黔南州是我国中间香型优质烤烟产区，也是我国喀斯特地貌烤烟种植的代表地区。烤烟多种植在山地和高原丘陵，植烟土壤多属于我国南方酸性土壤，土壤有效钼含量关系着该地区烤烟的产量和品质。明确黔南地区植烟土壤有效钼空间分布及丰缺状况对烟区的烟草生产有重要指导意义。因此，项目组以黔南山地植烟土壤为研究对象，借助地统计学分析工具，以期阐明土壤有效钼空间变异特征及丰缺状况，为黔南及其他烟区烤烟合理施钼提供技术参考。

一、材料与方法

（一）研究区域概况

黔南州位于贵州省中南部，属亚热带季风湿润气候区。气候温和，雨热同季，无霜期长，年均气温约 17.5 ℃，年均降水量约 1 500 mm，海拔 400～2 000 m，立体气候特征显著。地貌类型复杂多样，以山地和高原丘陵为主，属典型的喀斯特地貌。各土壤种类交错分布，主要土壤类型有黄壤、黄棕壤、红壤、石灰土、草甸土和水稻土等。农田土壤土层薄，水土流失严重，石漠化现象加剧。全州国土面积 2.6×10^4 km^2，耕地面积 1.86×10^5 hm^2，年烤烟种植面积 1.5×10^4～2.0×10^4 hm^2，年烤烟产量 2.5×10^4～3.0×10^4 t。

（二）土壤样品采集方法

利用GPS定位技术，2009年在贵州省黔南州9个县（市）采集了1 250份植烟土壤样品。每1.5×10^5～2×10^5 m^2作为一个采样单元，地势较平坦的区域一般控制在2×10^5 m^2左右采集一个混合土样，地形复杂的区域控制在1.5×10^5 m^2左右采集一个混合土样。每个混合样品至少由20～30个样点的土壤构成。采集0～20 cm的耕作层土壤，采样器（一律采用不锈钢取土钻）应垂直于地面入土至规定深度，力求保证每个采样点“深度一致、数量一致、上下土体一致”。一个混合土样取土1 kg左右，若样品数量太多可用四分法取舍。土壤采集方法参考NY/ 1121.1—2006。

采样应沿着一定的线路，按照“随机”“等量”“多点混合”的原则进行。一般采用S形或“棋盘”布点采样。采样点要避开新开荒地、路边、田埂、沟边、肥堆等特殊部位。对每个采样单元中心位置进行GPS定位，并绘制采样单元示意图和拍摄地形地貌照片。

每个土样采集后装入样品袋中，填写样品标签，标签上标注采样时间、地点、样品编号、采样深度、经纬度、采样人等。标签一式两份，一份放入袋中，一份系在袋口。填写采样记录，并在采样工作图上标出采样地点。

瓮安县采集土样352份，福泉市采集土样180份，长顺县采集土样172份，平塘县采集土样130份，独山县采集土样105份，贵定县采集土样83份，都匀市采集土样82份，惠水县采集土样76份，龙里县采集土样70份，全州共采集土样1 250份。具体土壤样品采集点的分布如图4-1所示。

（三）测定指标与方法

中国科学技术大学烟草与健康研究中心对黔南州9个县（市）植烟土壤有效钼进行了分析检测。土壤有效钼含量测定采用草酸-草酸铵浸提-KCNS比色法。

每份土壤样品检测2次，若2次检测结果差异≥5%，则重新检测，直至2次检测结果差异<5%为止，取2次检测的平均值作为最

终统计值。

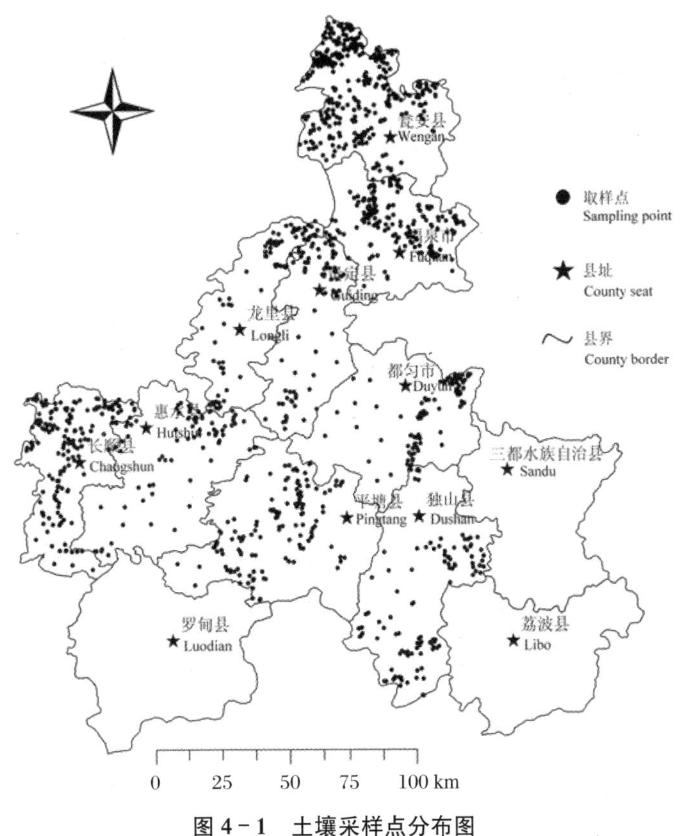

图 4－1　土壤采样点分布图

（四）数据处理

采用 Excel 和 SPSS19.0 软件进行数据分析统计，采用 ArcGIS 9.3 软件的统计学模块（geostatistical analyst）绘制土壤有效钼空间分布图。

二、黔南烟区土壤有效钼含量与空间分布

根据第三章烤烟大田期施钼剂量的研究结果:土壤有效钼含量小于0.10 mg/kg时,为有效钼极缺乏区域;当土壤有效钼含量为0.10～0.15 mg/kg时,为有效钼较缺乏区域;当土壤有效钼含量为0.20～0.30 mg/kg时,为有效钼适宜区域;当土壤有效钼含量大于0.30 mg/kg时,为有效钼丰富区域。

(一) 瓮安县土壤有效钼含量与空间分布

1. 瓮安县土壤有效钼极缺乏区域空间分布

由表4-1可见,瓮安县53.1%的土样属于有效钼极缺乏区域,土壤有效钼含量低于烟叶油分土壤有效钼缺乏临界值,空间分布主要在4个较大区域(图4-2):第一区域在高水乡市湾村、高寨坪村、清香村和小龙坑村,珠藏镇桐梓坡村、珠藏村、荣院村和鹤亭村,铜锣乡河兴村、群兴村和三新村,牛场坝乡羊鹿村、新华村、长寿坝村和梨子坝村,木引槽乡沿江等一带;第二个区域在天文中心站天文村、玉屏村,坪坝乌江村,钵上玉屏村,下堡陇乌江村,渔河乡新场村、深溪村和高枧村,龙塘乡樱桃村和尖坡村,玉山镇龙蟠村等一带;第三个区域在中坪镇艾州村、水耳村、茶店村和新土村,建中镇凤凰村和鑫隆坪村,白沙乡白沙村、保护村和大土村等一带;第四个区域在玉华乡太文村和岩根河村,平定营镇平定营村和桉椤村等一带。这些分布区的土壤钼素极缺乏,需重点补充钼肥,以改善烟叶油分、提高烟叶产量和上等烟比例,减少杂色烟比例。

2. 瓮安县土壤有效钼缺乏区域空间分布

由表4-1可见,瓮安县23.0%的土样属于有效钼缺乏区域,土壤有效钼含量均低于烟叶产量土壤有效钼缺乏临界值,但空间分布区域大(图4-2),主要分布在银盏乡银盏村,草塘镇各水坝村、杉树坳村和石家寨村,松坪乡大山村、青池村、松坪场村和余家嘴村,马场坪关塘村和马场坪村,木老坪乡天堂村、新寨村和印山村,渔河乡高枧村,玉华乡太文村和岩根河村,平定营镇细沙村,白沙乡白沙村、保

护村、大土村和高坪村，建中镇鑫隆坪村和果水村，中坪镇艾州村、水耳村、茶店村和新土村，玉山镇中火村、白花村、苟家庄村、小开洲村和新土村，龙塘乡尖坡村和樱桃村，木引槽乡新兴村，珠藏镇羊关村、桐梓坡村和荣院村等一带。这些分布区的土壤钼素缺乏，需补充钼肥，以提高烟叶产量和上等烟比例，减少杂色烟比例。

3. 瓮安县土壤有效钼较缺乏区域空间分布

由表4-1可见，瓮安县15.1%的土样属于有效钼较缺乏区域，土壤有效钼含量均低于烟叶上等烟和杂色烟比例土壤有效钼缺乏临界值，空间分布区域较分散(图4-2)，主要分布在草塘镇大寨坪村和太坪村，平定营镇细沙村、平定营村和小溪村，银盏乡穿洞村，小河山乡，岚关乡等一带。这些分布区的土壤钼素较缺乏，需补充少量钼肥，以提高上等烟比例，减少杂色烟比例。

4. 瓮安县土壤有效钼适宜和丰富区域空间分布

由表4-1可见，瓮安县8.0%的土样属于有效钼适宜区域，土壤有效钼含量在0.20～0.30 mg/kg适宜范围内，0.9%的土样土壤有效钼含量在0.30 mg/kg以上，空间分布区域较小(图4-2)，主要分布在老坟嘴乡木孔村，永和镇，小河山乡，岚关乡等一带。这些分布区是土壤钼素适宜和丰富区域，不需要补充钼肥。

(二) 福泉市土壤有效钼含量与空间分布

1. 福泉市土壤有效钼极缺乏区域空间分布

由表4-1可见，福泉市24.4%的土样属于有效钼极缺乏区域，土壤有效钼含量均低于烟叶油分土壤有效钼缺乏临界值，但空间分布区域较小且较分散(图4-3)，主要分布在牛场镇水源、双龙、潘家坝、廻龙、桂花和朵郎坪，高坪乡黄家湾和高坪司等一带。这些分布区的土壤钼素极缺乏，需重点补充钼肥。

2. 福泉市土壤有效钼缺乏区域空间分布

由表4-1可见，福泉市60.6%的土样属于有效钼缺乏区域，土壤有效钼含量均低于烟叶产量土壤有效钼缺乏临界值，但空间分布区域较大(图4-3)，主要分布在城厢镇坪山和城郊，陆坪镇福兴和浪波，地松镇硐田、松江和香坪，龙昌镇枫香树、龙昌和龙井，高石乡黄家湾，谷汪乡马龙井、三江街和云雾，牛场镇潘家坝、水源和西北街，高坪乡高坪司等一带。这些分布区的土壤钼素缺乏，需补充钼肥。

3. 福泉市土壤有效钼较缺乏区域空间分布

由表 4－1 可见，福泉市 23.3%的土样属于有效钼较缺乏区域，土壤有效钼含量均低于烟叶上等烟和杂色烟比例土壤有效钼缺乏临界值，空间分布区域呈较窄带状(图 4－3)，主要分布在高坪乡高坪司，牛场镇西北街，谷汪乡马龙井、三江街和云雾，龙昌镇龙昌村，岔河乡岔河村，城厢镇坪山村，陆坪镇浪波河和凤凰等一带。这些分布区的土壤钼素较缺乏，需补充少量钼肥。

4. 福泉市土壤有效钼适宜和丰富区域空间分布

由表 4－1 可见，福泉市 17.8%的土样的土壤有效钼含量在 0.20～0.30 mg/kg 适宜范围内，10.6%的土样土壤有效钼含量在 0.30 mg/kg以上，空间分布区域较大(图 4－3)，适宜区主要分布在牛场镇西北街，谷汪乡马龙井、三江街和云雾，仙桥乡大花水，城厢镇坪山，地松镇松江和香坪村，岔河乡岔河村，陆坪镇翁羊、浪波河、福兴和凤凰，藜山乡罗坳和新桥营等一带；丰富区主要分布在仙桥乡仙桥和大花水，黄丝镇黄丝和鱼酉，藜山乡罗坳和新桥营等一带。这些分布区是土壤钼素适宜和丰富区域，不需要补充钼肥。

（三）长顺县土壤有效钼含量与空间分布

1. 长顺县土壤有效钼极缺乏区域空间分布

由表 4－1 可见，长顺县 32.6%的土样属于有效钼极缺乏区域，土壤有效钼含量均低于烟叶油分土壤有效钼缺乏临界值，空间分布较小且分散(图 4－4)，主要分布在白云山镇思京村、鼠场村和凉水村，马路乡马路村，广顺镇北场村、来远村、石板村、石洞村和四寨村，新寨乡鼠场村和杜鹃村，种获乡长江村和生联村，摆所乡摆所村，摆塘乡雷坝村，长寨镇磨谢村、桐笋村和新民村，代化乡斗省村和朱场村等。这些分布区的土壤钼素极缺乏，需重点补充钼肥。

2. 长顺县土壤有效钼缺乏区域空间分布

由表 4－1 可见，长顺县 24.4%的土样属于有效钼缺乏区域，土壤有效钼含量均低于烟叶产量土壤有效钼缺乏临界值，但空间分布区域大(图 4－4),分为南北两大区域:北面区域主要分布在白云山镇凉水村、思京村、鼠场村、改尧村和猛秋村,摆所乡城伍村,摆塘乡雷坝村,马路乡马路村,广顺镇北场村、来远村、石板村和石洞村,长寨镇冗雷村、磨谢村、桐笋村和新民村,种获乡种获村和生联村,新寨乡安乐村、鼠场村和弯河村等一带;南面区域主要分布在代化乡斗省村,古羊乡三台村和岩上村等一带。这些分布区的土壤钼素缺乏,需补充钼肥。

3. 长顺县土壤有效钼较缺乏区域空间分布

由表 4－1 可见,长顺县 18.6%的土样属于有效钼较缺乏区域,土壤有效钼含量均低于烟叶上等烟和杂色烟比例土壤有效钼缺乏临界值,空间分布区域也较分散(图 4－4),主要分布在白云山镇改尧村、凉水村和思京村,摆所乡城伍村,摆塘乡板沟村,马路乡马路村,广顺镇北场村、来远村、南场村、石板村和石洞村,长寨镇杉木村,种获乡种获村和生联村,代化乡打朝村、代化村和斗省村,古羊乡三台村、纪堵村、田哨村,中坝乡翁拉村和中坝村等一带。这些分布区的土壤钼素较缺乏,需补充少量钼肥。

4. 长顺县土壤有效钼适宜和丰富区域空间分布

由表 4－1 可见,长顺县 15.1%的土样土壤有效钼含量在0.20～0.30 mg/kg 适宜范围内,9.3%的土样土壤有效钼含量在0.30 mg/kg以上,适宜区空间分布区域较分散(图 4－4),主要分布在在白云山镇改尧村和思京村,马路乡马路村,广顺镇来远村、南场村、石板村和石洞村,长寨镇桐笋村,种获乡种获村和生联村,营盘乡热水村和营盘村,中坝乡中坝村,古羊乡三台村等一带;丰富区空间分布区域较集中(图 4－4),主要分布在营盘乡热水村和松港村,摆所乡五星村,中坝乡中坝村等一带。这些分布区的土壤钼素适宜和丰富,不需要补充钼肥。

(四) 平塘县土壤有效钼含量与空间分布

1. 平塘县土壤有效钼极缺乏区域空间分布

由表 4－1 可见,平塘县 48.5%的土样属于有效钼极缺乏区域,土壤有效钼含量均低于烟叶油分土壤有效钼缺乏临界值,空间分布区域集中在该县西部(图4-5),主要分布在鼠场乡仓边、金塘、同兴、新坝和新合,克度镇先进村,通州镇丹平、党振、金桥、乐阳、通星、翁岗、新星和中星,大塘镇羊方,牙舟镇白云、边兰、甲本、卡腊、王宋和兴陶,大塘镇和塘边镇等一带。这些分布区的土壤钼素极缺乏,需重点补充钼肥。

2. 平塘县土壤有效钼缺乏区域空间分布

由表4-1可见,平塘县31.5%的土样属于有效钼缺乏区域,土壤有效钼含量均低于烟叶产量土壤有效钼缺乏临界值,空间分布区域集中在该县东部(图4-5),主要分布在白龙乡黄平、龙兴和新全,谷硐乡场坝、鸡场、命芹和翁片,牙舟镇甲本和卡腊,甘寨乡土寨,卡罗乡卡罗和平桥,西凉乡拉莫,鼠场乡仓边、同兴、新坝和新合,者密镇拉关和六硐等一带。这些分布区的土壤钼素缺乏,需补充钼肥。

由表4-1可见,平塘县虽有20%的土样土壤有效钼含量在0.15 mg/kg以上,但空间分布区域很小(图4-5),主要分布在牙舟镇甲本和谷硐乡场坝附近较小范围内。因此,平塘县为土壤钼素极缺乏和缺乏县域,需补充钼肥。

(五)独山县土壤有效钼含量与空间分布

由表4-1可见,独山县92.4%的土样属于有效钼极缺乏区域,土壤有效钼含量均低于烟叶油分土壤有效钼缺乏临界值,空间分布区域几乎覆盖全县所有土地;5.7%的土样属于有效钼缺乏区域,土壤有效钼含量均低于烟叶产量土壤有效钼临界值,1.9%的土样属于有效钼较缺乏区域,土壤有效钼含量均低于烟叶上等烟和杂色烟比例土壤有效钼缺乏临界值,两者空间分布区域极小;而土样土壤有效钼含量在0.20 mg/kg以上的则为0。独山县是土壤钼素极缺乏区域,需重点补充钼肥。

(六)贵定县土壤有效钼含量与空间分布

1. 贵定县土壤有效钼极缺乏区域空间分布

由表4-1可见,贵定县仅有6.0%的土样属于有效钼极缺乏区域,土壤有效钼含量均低于烟叶油分土壤有效钼缺乏临界值,在空间分布图上无法显示(图4-7)。因此,几乎无土壤钼素极缺乏的区域。

2. 贵定县土壤有效钼缺乏区域空间分布

由表4-1可见,贵定县10.8%的土样属于有效钼缺乏区域,土壤有效钼含量均低于烟叶产量土壤有效钼缺乏临界值,空间分布区域较集中(图4-7),主要分布在抱管乡抱管村,铁厂乡摆城村、摆谷村和谷丰村一带,以及巩固乡为中心,沿山镇、昌明镇、抱管乡和云雾镇为边沿的区域内。这些分布区的土壤钼素缺乏,需补充钼肥。

3. 贵定县土壤有效钼较缺乏区域空间分布

由表4-1可见,贵定县16.9%的土样属于有效钼较缺乏区域,土壤有效钼含量均低于烟叶上等烟和杂色烟比例土壤有效钼缺乏临界值,空间分布区域集中在贵定东南部区域内(图4-7),主要分布在抱管乡抱管村,铁厂乡东坪村、摆谷村和谷丰村,猴场堡乡红光村,新巴镇谷兵村和新华村,新铺乡四寨和喇哑村等一带。这些分布区是土壤钼素较缺乏区域,需补充少量钼肥。

4. 贵定县土壤有效钼适宜和丰富区域空间分布

由表4-1可见,贵定县25.3%的土样的土壤有效钼含量在0.20～0.30 mg/kg适宜范围内,41.0%的土样的土壤有效钼含量在0.30 mg/kg以上,适宜区空间分布区域在贵定县城以南与沿山镇、都六乡、岩下乡以北的贵定中部区域内(图4-7);丰富区空间分布区域较集中,主要分布在新巴镇、新铺乡、德新镇、落北河乡、马场河乡、县城和定东乡以北的区域。这些分布区是土壤钼素适宜和丰富区域,不需要补充钼肥。

(七) 都匀市土壤有效钼含量与空间分布

由表4-1可见,都匀市97.6%的土样属于有效钼极缺乏区域,土壤有效钼含量均低于烟叶油分土壤有效钼缺乏临界值,空间分布区域几乎覆盖全市所有土地;2.4%的土样属于有效钼缺乏区域,土壤有效钼含量均低于烟叶产量土壤有效钼缺乏临界值,空间分布区域极小;而土样土壤有效钼含量在0.15 mg/kg以上的则为0。都匀市的土壤钼素总体极缺乏,需重点补充钼肥。

（八）惠水县土壤有效钼含量与空间分布

1. 惠水县土壤有效钼极缺乏区域空间分布

由表4-1可见，惠水县34.2%的土样属于有效钼极缺乏区域，土壤有效钼含量均低于烟叶油分土壤有效钼缺乏临界值，空间分布集中在惠水东部区域(图4-9)，主要分布在岗度乡本底、岗度、黄土、火洋，宁旺乡白水河、龙塘、龙田、宁旺和新摆，摆金镇长新、关山、立新、清水和瓮金，甲烈乡新坝、新哨和新章，以及斗底乡等一带。这些分布区的土壤钼素极缺乏，需重点补充钼肥。

2. 惠水县土壤有效钼缺乏区域空间分布

由表4-1可见，惠水县36.8%的土样属于有效钼缺乏区域，土壤有效钼含量均低于烟叶产量土壤有效钼缺乏临界值，空间分布区域集中在该县中部(图4-9)，主要分布在岗度乡黄土和火洋，甲烈乡红星、新坝、新哨和新章，宁旺乡龙泉、龙塘和宁旺，摆金镇长新和大华，鸭绒乡水冲，抵麻乡摆亚、地关、硐房和公朋，打引乡场坝、打永和建华等一带。这些分布区的土壤钼素缺乏，需补充钼肥。

3. 惠水县土壤有效钼较缺乏区域空间分布

由表4-1可见，惠水县11.8%的土样属于有效钼较缺乏区域，土壤有效钼含量均低于烟叶上等烟和杂色烟比例土壤有效钼缺乏临界值，空间分布区域集中在惠水西南方(图4-9)，主要分布在甲烈乡红星和新坝，摆金镇杨茂，大龙乡九龙和民中，抵麻乡地关，打引乡团坡等一带。这些分布区的土壤钼素较缺乏，需补充少量钼肥。

4. 惠水县土壤有效钼适宜和丰富区域空间分布

由表4-1可见，惠水县11.8%的土样土壤有效钼含量在0.20～0.30 mg/kg适宜范围内，5.3%的土样土壤有效钼含量在0.30 mg/kg以上，适宜区空间分布较集中(图4-9)，主要分布在甲烈乡新坝，摆金镇立新，鸭绒乡毛栗，大龙乡甘昌、九龙、龙瓦、排楼和双坪等一带；丰富区空间分布区域较小，主要分布在摆金镇单耙和马道，鸭绒乡谷把，大龙乡谷把等一带。这些分布区是土壤钼素适宜和丰富区域，不需要补充钼肥。

（九）龙里县土壤有效钼含量与空间分布

1. 龙里县土壤有效钼极缺乏区域空间分布

由表 4－1 可见，龙里县 47.1%的土样属于有效钼极缺乏区域，土壤有效钼含量均低于烟叶油分土壤有效钼缺乏临界值，空间分布为南北两个较大区域（图 4－10）：南部主要分布在摆省乡谷孟、果里、金星、团结、新合和渔洞，草原乡朝阳，谷脚乡谷定等一带；北部主要分布在巴江乡大路坪、烂田湾、落锅、平坡和新寨等一带。这些分布区的土壤钼素极缺乏，需重点补充钼肥。

2. 龙里县土壤有效钼缺乏区域空间分布

由表 4－1 可见，龙里县 5.7%的土样属于有效钼缺乏区域，土壤有效钼含量均低于烟叶产量土壤有效钼缺乏临界值，空间分布区域较小（图 4－10），主要分布在巴江乡落锅和水尾，草原乡朝阳等一带。这些分布区的土壤钼素缺乏，需补充钼肥。

3. 龙里县土壤有效钼较缺乏区域空间分布

由表 4－1 可见，龙里县 11.4%的土样属于有效钼较缺乏区域，土壤有效钼含量均低于烟叶上等烟和杂色烟比例土壤有效钼缺乏临界值，空间分布区域集中在惠水西南方（图 4－10），主要分布在谷脚乡谷定，洗马乡拐哈和花京，哪旁乡田坝，巴江乡落锅等一带。这些分布区的土壤钼素较缺乏，需补充少量钼肥。

4. 龙里县土壤有效钼适宜和丰富区域空间分布

由表 4－1 可见，龙里县 7.1%的土样土壤有效钼含量在 0.20～0.30 mg/kg适宜范围内，28.6%的土样土壤有效钼含量在 0.30 mg/kg 以上，适宜区空间分布哪旁乡二箐，洗马乡花京和新庄等一带；丰富区空间分布区域较大，主要分布在哪旁乡二箐和田坝，洗马乡白果、拐俣、花京、龙场、落掌、台上、洗马和羊昌等一带。这些分布区是土壤钼素适宜和丰富区域，不需要补充钼肥。

表 4-1 黔南烟区土壤有效钼背景调查(2010 年)

县(市)	土壤样品数	土壤有效钼含量(mg/kg)			≤0.10(mg/kg)		0.10～0.15(mg/kg)		0.15～0.20(mg/kg)		0.20～0.30(mg/kg)		>0.30(mg/kg)	
		最大值	最小值	平均值	样品数	占比	样品数	占比	样品数	占比	样品数	占比	样品数	占比
瓮安	352	0.620	0.019	0.105	187	53.1%	81	23.0%	53	15.1%	28	8.0%	3	0.9%
福泉	180	2.312	0.015	0.161	44	24.4%	55	60.6%	42	23.3%	32	17.8%	19	10.6%
长顺	172	1.011	0.019	0.305	56	32.6%	42	24.4%	32	18.6%	26	15.1%	16	9.3%
平塘	130	0.343	0.003	0.107	63	48.5%	41	31.5%	15	11.5%	8	6.2%	3	2.3%
独山	105	0.187	0.008	0.052	97	92.4%	6	5.7%	2	1.9%	0	0	0	0
贵定	83	4.000	0.052	0.480	5	6.0%	9	10.8%	14	16.9%	21	25.3%	34	41.0%
都匀	82	0.147	0.005	0.041	80	97.6%	2	2.4%	0	0	0	0	0	0
惠水	76	0.423	0.041	0.136	26	34.2%	28	36.8%	9	11.8%	9	11.8%	4	5.3%
龙里	70	3.209	0.020	0.354	33	47.1%	4	5.7%	8	11.4%	5	7.1%	20	28.6%
全州	1250	4.000	0.003	0.154	591	47.3%	268	21.4%	175	14.0%	129	10.3%	99	7.9%

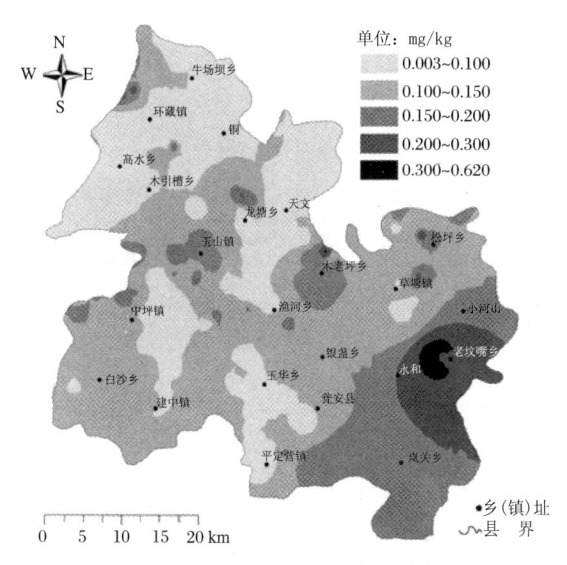

图 4-2　瓮安县植烟土壤有效钼空间分布图

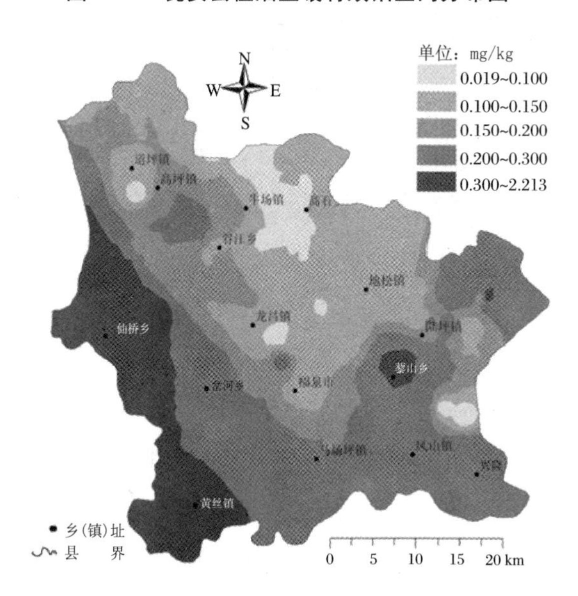

图 4-3　福泉市植烟土壤有效钼空间分布图

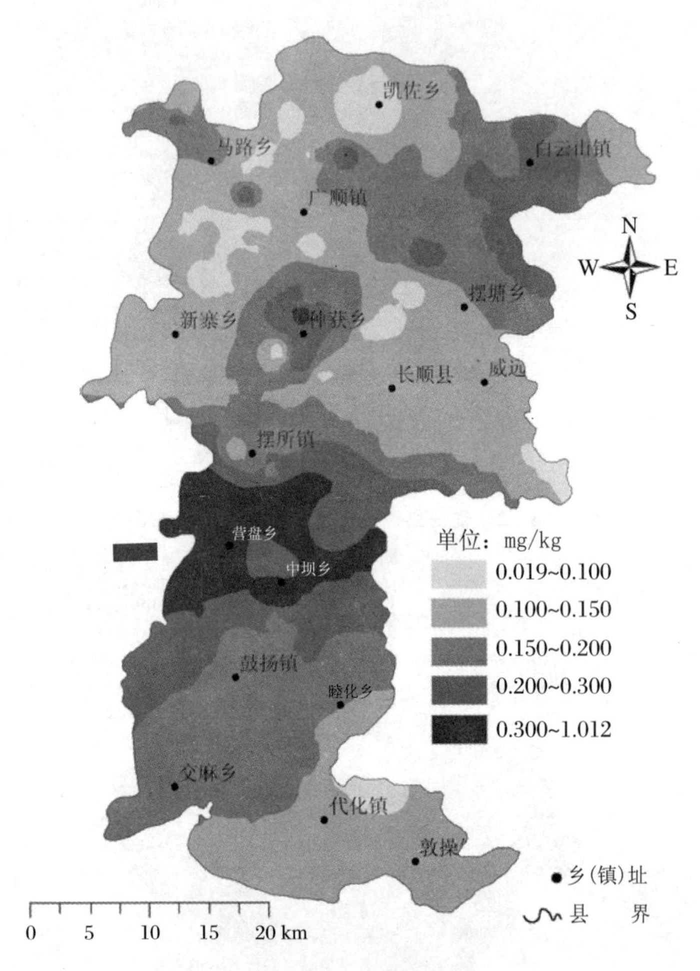

图 4-4 长顺县植烟土壤有效钼空间分布图

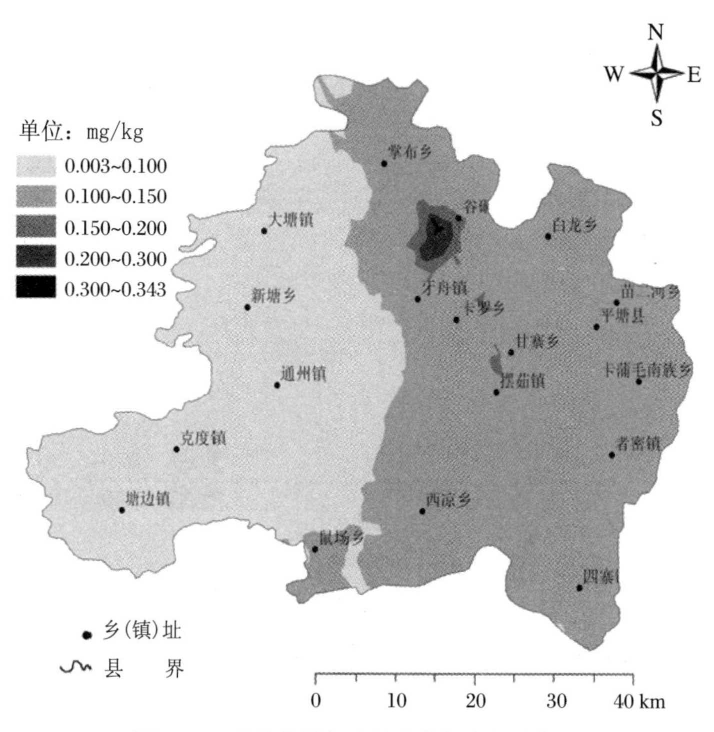

图 4－5　平塘县植烟土壤有效钼空间分布图

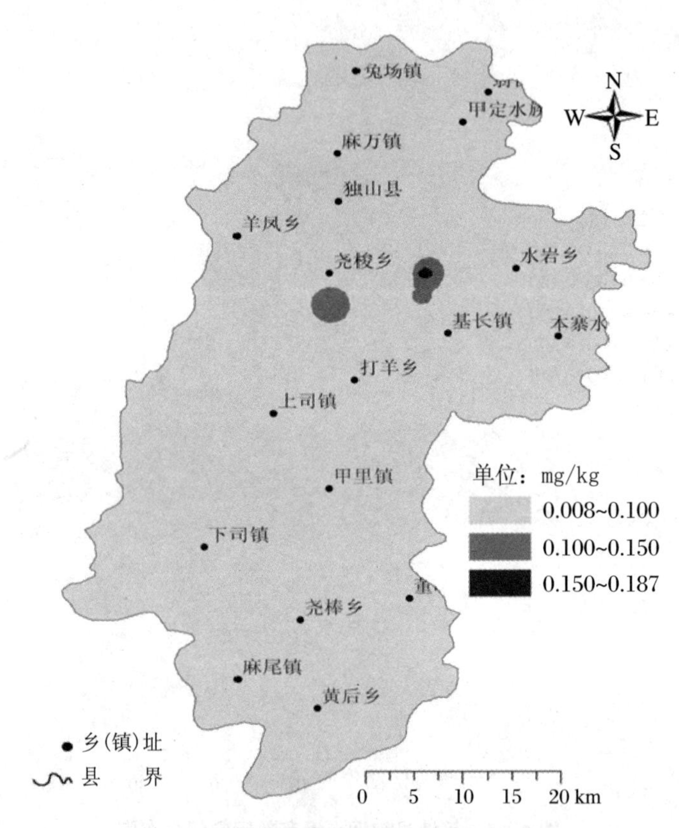

图 4－6 独山县植烟土壤有效钼空间分布图

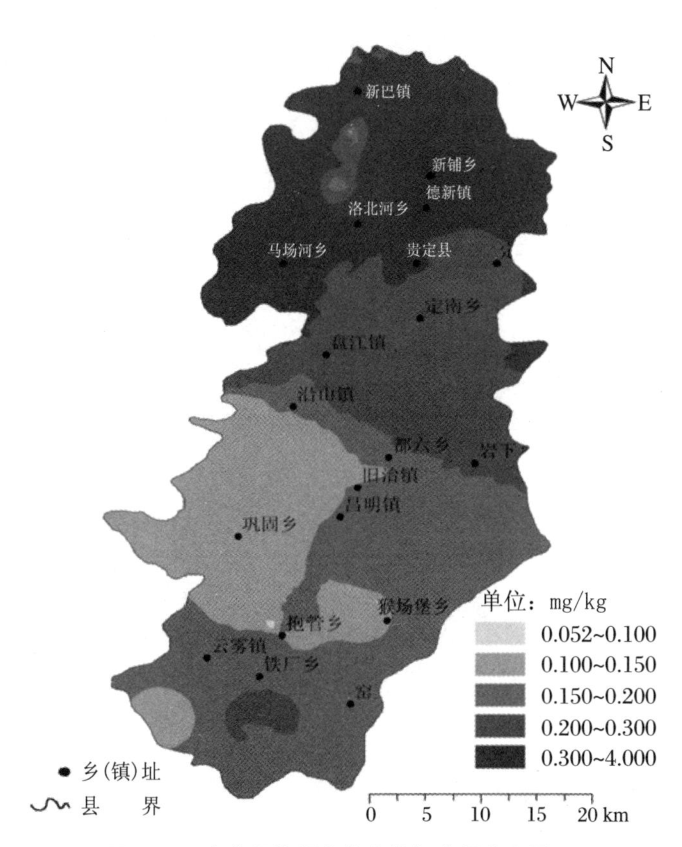

图 4-7　贵定县植烟土壤有效钼空间分布图

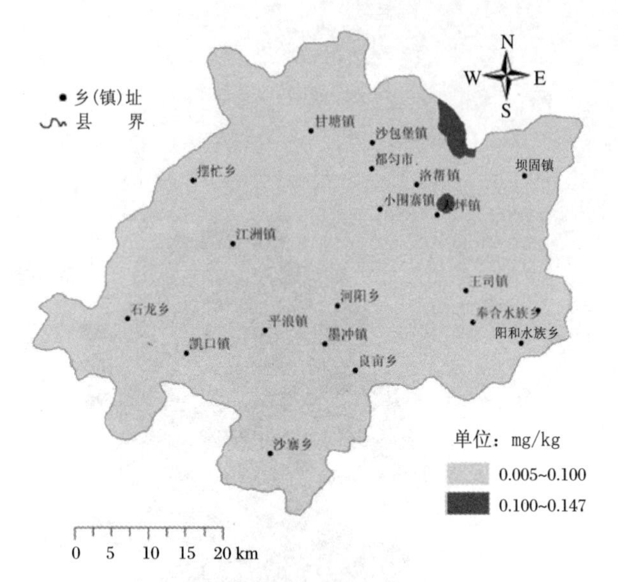

图 4-8 都匀市植烟土壤有效钼空间分布图

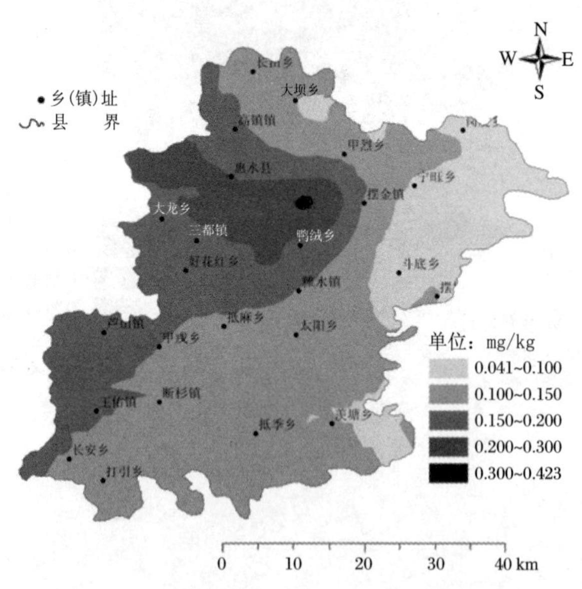

图 4-9 惠水县植烟土壤有效钼空间分布图

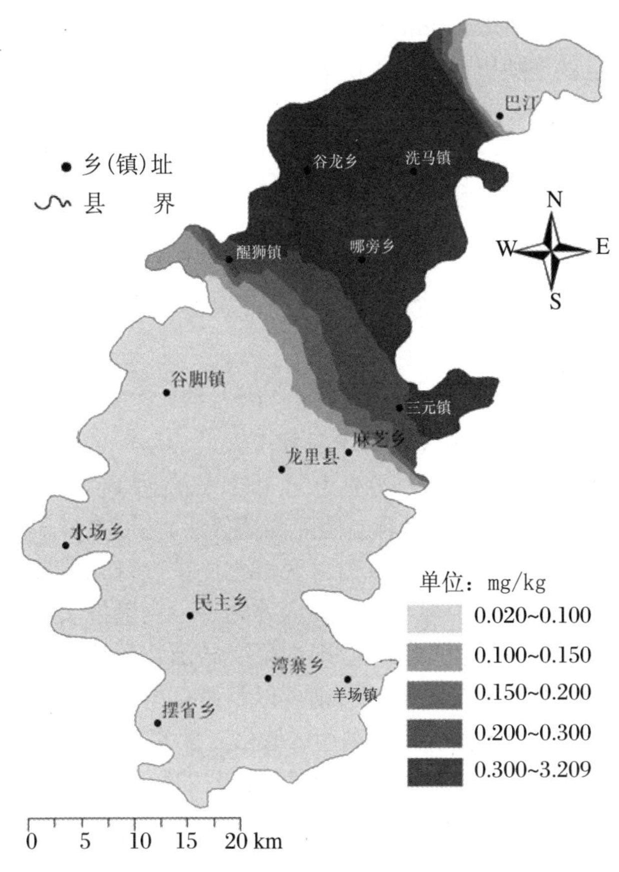

图 4-10　龙里县植烟土壤有效钼空间分布图

三、黔南山地植烟土壤有效钼空间变异分析

（一）分析方法

1. 地统计学和 Kriging 法简介

地统计学是以空间变量理论为基础，以变异函数为主要工具，研究在空间分布上既有随机性又有结构性的空间变量的一门学科。空

间变量有两个最基本的假设，即平稳假设(Stationary assumption)和内蕴假设(Intrinsic assumption)，它要求所有的随机误差都是二阶平稳的，也就是随机误差的均值为0，且任何两个随机误差之间的协方差依赖于它们之间的距离和方向而不是它们的确切位置。半方差函数(Semi - variagram)是地统计学的基石，也是地统计学特有的基本工具，是空间变量预测和模拟的理论依据。假设空间变量满足二阶平稳假设和内蕴假设，则半方差函数可用公式(1)来表示：

$$\gamma(h) = \frac{1}{2N(h)}\sum_{i=1}^{N(h)}[z(x_i + h) - z(x_i)]^2 \qquad (1)$$

式中：

h——样本间距，又称步长(Lag)；

$N(h)$——间隔为 h 的样本对数；

$z(x_i)$和 $z(x_i + h)$——分别为 x_i 和 $x_i + h$ 处的空间变量估计值。

克里格(Kriging)法又称空间局部插值法，是以变异函数理论和结构分析为基础，在有限区域内对区域化变量进行无偏最优估计的一种统计方法，是地统计学的主要内容之一。克里格法的适用范围为区域化变量存在空间相关性，即如果变异函数和结构分析结果表明区域化变量存在空间相关性，则可以利用克里格法进行内插或外推；否则不可使用。其实质是利用区域化变量的结构特点，对未知样点进行无偏、最优估计。无偏估计是指偏差的数学期望为0，最优估计是指估计值与实际值之差的平方和最小。也就是说克里格法是根据未知样点有限邻域内的若干已知样本点数据，在考虑了样本点的形状、大小和空间方位，与未知样点的相互空间位置关系，以及变异函数提供的结构信息之后，对未知样点进行的一种线性无偏最优估计。可用公式(2)来表示：

$$z(x_0) = \sum_{i=1}^{n}\lambda_i z(x_i) \qquad (2)$$

式中：

x_0——待估测点；

$z(x_i)$——$x_i(i = 1, 2, \cdots, N)$处的实测值；

λ_i——分配给实测值的权重。

2. 土壤有效钼测定值特异值判断和处理

测定特异值的存在会导致空间变量连续表面中断，半方差函数发生畸变，甚至掩盖空间变量固有的空间结构，影响空间变量分布特征。本文采用域法识别特异值，即样本平均值 M 加减 3 倍标准差 SD：$M \pm 3SD$，高于 $M+3SD$ 和低于 $M-3SD$ 的数据均视为特异值，然后分别用正常最大值和最小值代替特异值。

3. 统计方法

采用 SPSS 20.0 统计学软件进行描述性统计分析和 K－S 正态分布性检验。用 ArcGIS 9.3 地统计学软件的 Geostatistical Analyst模块的 Explore Data－Trend Aanalysis 子模块进行空间趋势效应分析，用 Geostatistical Wizard 子模块的 Ordinary Kriging 进行空间变异分析。

（二）描述性统计分析

黔南州植烟土壤有效钼含量描述性统计分析见表 4－2。土壤有效钼含量平均值为 0.146 9 mg/kg，变幅为 0.002 6～0.913 0 mg/kg。变异系数是表示观察值变异程度或离散程度的统计变量，CV≤10%时为弱变异性，10%＜CV≤100%为中等变异性，CV＞100%时为强变异性。黔南州植烟土壤有效钼 CV＝106.807 4%，为强变异性。经 K－S 检验，$P=0.0591>0.05$，数据为正态分布，符合地统计学对空间变量正态分布性的要求。

表 4－2　土壤有效钼描述性统计分析

样本数 N	min (mg/kg)	max (mg/kg)	ave (mg/kg)	W_{SD} (mg/kg)	变异系数 CV	偏度 Skew.	峰度 Kurt.	K－S P	分布状态 DT
1 250	0.002 6	0.913 0	0.146 9	0.156 9	106.807 4%	1.068 0	3.027 0	0.059 1	正态

（三）全局趋势效应分析

空间变量一个表面可以分解为随机短距离变异（随机误差）和全局趋势。随机误差可以通过由空间自相关和块金效应构建的模型获得。全局趋势效应反映空间变量全局变化趋势，一般用 0～3 阶多项式(0～3 order polynomial)来描述空间趋势效应。图 4－11 所示的全局趋势图中，Z 轴表示土壤有效钼含量，X 和 Y 分别表示经度和纬度方向上的地理坐标轴，变量空间分布的全局趋势通过实际采样点映射到 XZ 和 YZ 面上的所有点的拟合趋势线来表达。$Z \leftrightarrow X$ 和 $Z \leftrightarrow Y$ 面上的土壤有效钼含量均呈开口向下的抛物线变化趋势，但 $Z \leftrightarrow Y$ 面上的抛物线弯曲程度较大，$Z \leftrightarrow X$ 面上的抛物线弯曲程度较小，说明南北方向土壤有效钼变异程度大于东西方向。同时表明黔南州植烟土壤有效钼具有明显的 2－order 趋势效应，所以在进行 Kriging 插值时，宜选择 2－order 趋势效应。

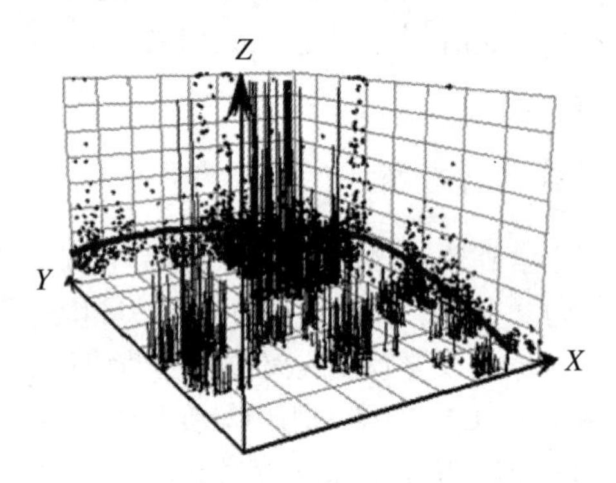

图 4－11　土壤有效钼含量空间趋势效应

X 轴指向东，Y 轴指向西，Z 轴表示所有点的值

（四）空间变异分析

运用 ArcGis 9.3 地统计软件的 Geostatistical Analyst 模块，可以方便地进行空间变量半方差函数模型拟合和相关参数分析。常用的半方差函数模型有圆状模型(Circular)、球状模型(Spherical)、指数模型(Exponential)和高斯模型(Gaussian)。判断半方差函数模型及其参数应符合以下标准：ME 最接近于 0；MSE 最接近于 0；RMSE 越小越好；ASE 与 RMSE 最接近，如果 ASE>RMSE，则高估了预测值，反之，如果 ASE<RMSE，则低估了预测值；标准化均方根误差(RMSSE)最接近于 1，如果 RMSSE<1，则高估了预测值，反之，如果

RMSSE>1,则低估了预测值。上述参数估计可用公式表示为

$$\text{模型总误差(TE)} = |ME| + |MSE| + |RMSE| + ||ASE| - |RMSE|| + |1 - |RMSSE|| \rightarrow \text{最小}$$

分别对半方差函数的 Circular、Spherical、Exponential 和 Gaussian 4 种理论模型的插值误差进行了比较和分析(表 4 - 3),Spherical 的 TE 最小,所以在进行 Kriging 插值时,半方差函数理论模型宜选择 Spherical 模型。

表 4 - 3　土壤有效钼含量半方差函数理论模型预测误差

趋势效应	理论模型	预测误差					
		平均值误差	均方根误差	平均标准化误差	标准化平均值误差	标准化均方根误差	模型总误差
2 阶	圆状模型	0.000 3	0.104 4	0.106 7	0.002 6	0.978 6	0.235 1
	球状模型	0.000 3	0.104 2	0.106 1	0.002 5	0.982 5	0.230 0
	指数模型	0.000 2	0.102 8	0.096 3	0.001 9	1.068 0	0.273 8
	高斯模型	0.000 4	0.109 1	0.117 4	0.003 6	0.929 3	0.305 9

通过适宜的半方差函数模型拟合可以得到 3 个重要参数,即块金值(Nugget)、基台值(Sill)和变程(Range),块金值和基台值分别用 C_0和 C_0+C 表示。从结构性因素的角度来看,块金效应即块金值与基台值之比[$C_0/(C_0+C)$]可表示系统变量的空间相关程度,如果 $C_0/(C_0+C)<25\%$,则表明变量具有强烈的空间相关性;如果在 25%~75%之间,则表明变量具有中等的空间相关性;如果>75%,则表明变量空间相关性很弱。土壤养分分布受结构性和随机性因素的共同作用。结构性因素,如气候、母质、地形、土壤类型等可以导致土壤养分具有强烈的空间相关性,而随机性因素如施肥、耕作措施、种植制度等各种人为活动使土壤养分的空间相关性减弱,朝均一化发展。选择 2 - order 趋势效应和球状模型进行半方差函数拟合,得到土壤有效钼含量半方差函数相关参数及函数图(图 4 - 12)。其中,$C_0/(C_0+C) = 24.218\ 8\%$,土壤有效钼

具有强烈的空间相关性。表明土壤有效钼含量的变化主要是由结构性因素(自然因素)作用的结果,而随机性因素(人为因素)起次要作用。长轴变程和短轴变程分别表示半方差在该轴方向上达到基台值的样本间距,长轴变程与短轴变程的比值(各向异性比)大于1时,空间变量具有各向异性;各向异性比为1时,空间变量具有各向同性。表4-4中长轴变程、短轴变程和各向异性比分别为0.948 3 km、0.537 8 km和1.763 4,表明土壤有效钼空间相关性最大滞后距离为0.948 3 km,同时也说明土壤有效钼含量具有各向异性。

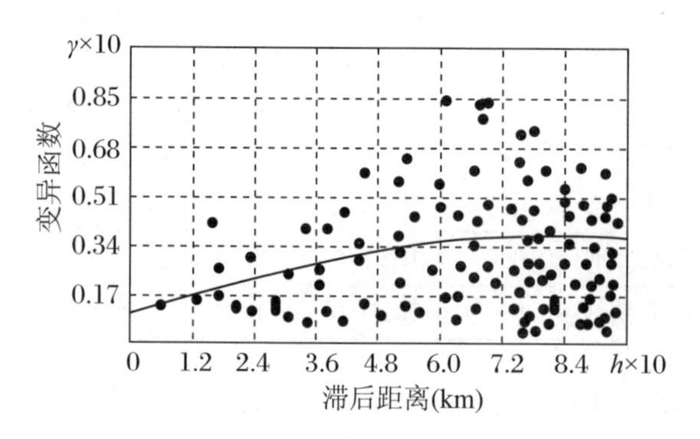

图4-12 土壤有效钼半方差函数

表4-4 土壤养分半方差函数理论模型及相关参数

趋势效应	理论模型	块金值 C_0	基台值 C_0+C	块金效应 $C_0/(C_0+C)$	长轴变程(km)	短轴变程(km)	各项异性比
2阶	球状模型	0.009 3	0.038 4	24.218 8%	0.948 3	0.537 8	1.763 4

空间变量的异质性是地统计分析的前提条件,空间变量的非均匀空间分布才需要空间插值,空间相关性则是空间插值研究的基础。在选择2-order趋势效应和球状理论模型并考虑空间变量各向异性的基础上进行Kriging插值,并参照本书前文0.2 mg/kg为植烟土壤有效钼缺乏的临界值,获得了黔南州植烟土壤有效钼含量空间分布图(图4-13)。从Kriging插值图中可直观地看出土壤有效钼

含量空间分布格局、板块形状及大小，表明黔南州植烟土壤有效钼含量具有明显的空间异质性，且空间分布状况与全局空间趋势效应分析结果基本吻合。

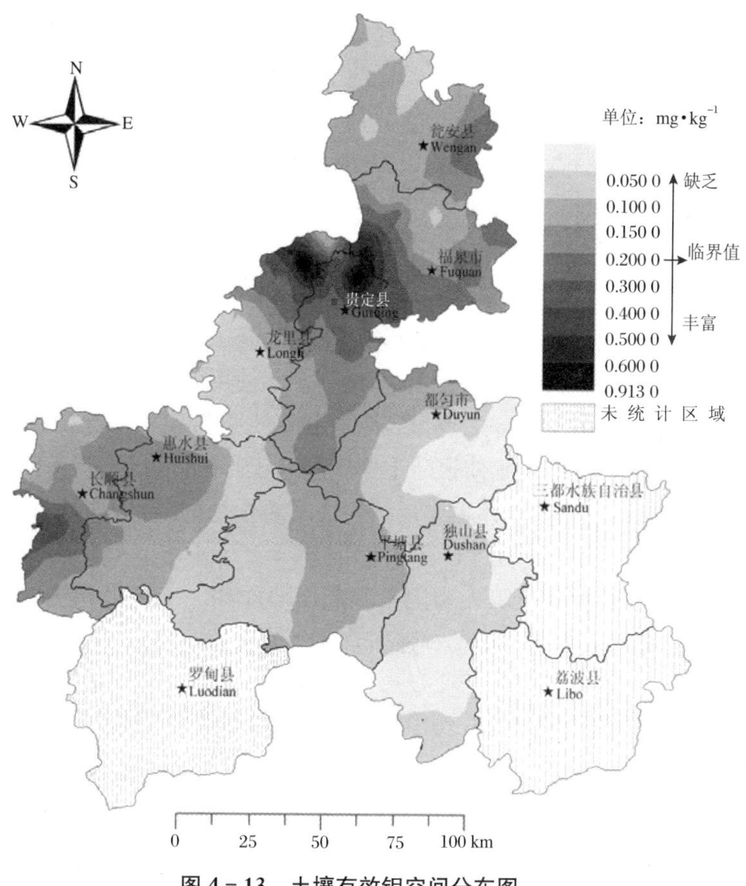

图 4－13　土壤有效钼空间分布图

通过对黔南山地植烟土壤有效钼空间变异和丰缺状况进行的分析和探讨，结果表明，植烟土壤有效钼含量平均值为 0.146 9 mg/kg，变幅在 0.002 6～0.913 0 mg/kg，为强变异性（CV＝106.807 4%）。土壤有效钼空间分布总体表现为西部和北部高，东部和南部低，由 2 个高钼中心向四周梯度状递减，1 个高钼中心分别位于龙里县和贵定县北部，另1个次高钼中心位于长顺县西南部。以0.20 mg/kg为植烟土壤有效钼缺乏临界值，则缺钼土壤占统计面积的83.81%。黔南州存在两个土壤有效钼含量都在0.30 mg/kg以上的富钼区域。在贵定县落北河乡、定东乡、德新镇、新铺乡和新巴镇，龙里县洗马乡和哪旁乡，福泉市仙桥乡、岔河乡、黄丝镇、藜山乡、陆坪镇、谷汪乡和兴隆乡等相邻区域存在一个明显的土壤富钼区，该区域较大而集中，由于土壤富钼，产出的烟叶油分足，叶片柔软疏松；易烘烤，杂色烟少，上等烟比例高；这也可能是以贵定为中心所产的烟叶具有"金黄粉底色鲜亮，油润光滑细如绸"的重要原因。另一个富钼区在长顺县以营盘乡为中心（包括与摆所镇和中坝乡部分）的相邻区域。

黔南州植烟土壤有效钼缺乏面积达83.81%。可能的原因如下：① 黔南州植烟土壤多为酸性土壤，酸性土壤导致土壤钼的有效性降低。② 2011年检测结果显示，黔南州多年使用的烤烟专用肥（基肥）的pH在4.20～4.93之间，长期使用酸性肥料使植烟土壤酸化加重，在烤烟生长期内则使根际土壤严重酸化。由此可见，黔南州植烟土壤有效钼空间异质性主要是结构性因素作用的结果，即成土母质、地形、土壤类型及土壤pH等自然因素导致了土壤有效钼含量具有空间异质性，而施肥等人为因素则起次要作用。上述分析同时解释了黔南植烟土壤有效钼具有强烈空间相关性的原因。

四、结论

黔南州植烟土壤有效钼空间分布总体表现为北部和西部高，东部和南部低，且呈明显的梯度状空间变化趋势，即由2个高钼中心向四周递减，其中1个高钼中心分别位于龙里县和贵定县北部，另1个次高钼中心位于长顺县西南部。

黔南州植烟土壤有效钼丰富的区域只占全州统计面积的16.19%，主要分布于黔南州北部和西部烟区，土壤有效钼缺乏的区域占全州统计面积的83.81%，主要分布于黔南州东部和南部烟区。结合前文对烤烟生产土壤和烟叶有效钼缺乏临界值的判断，黔南州土壤有效钼含量为0.003～4.0 mg/kg，平均为0.154 mg/kg，土壤有效钼低于缺乏临界值水平(<0.20 mg/kg)的土壤样品数占82.7%。其中，47.3%的土样属于有效钼极缺乏区域，土壤有效钼含量均低于烟叶油分土壤有效钼缺乏临界值，21.4%的土样属于有效钼缺乏区域，土壤有效钼含量均低于烟叶产量土壤有效钼缺乏临界值，11.4%的土样属于有效钼较缺乏区域，土壤有效钼含量均低于烟叶上等烟和杂色烟比例土壤有效钼缺乏临界值，10.3%的土样土壤有效钼含量在0.20～0.30 mg/kg适宜范围内，7.9%的土样土壤有效钼含量在0.30 mg/kg以上。空间分布极不平衡，南部独山县、都匀市、平塘县几乎全部区域，长顺县和惠水县大部区域；北部瓮安县、福泉市、龙里县和贵定县在部分区域土壤严重或较严重缺钼，需要补充钼肥。

根据项目对烤烟施钼技术的研究结果，在黔南土壤有效钼含量小于0.10 mg/kg的极缺乏区域，补充烤烟专用钼肥80～120 mL/667 m^2；土壤有效钼含量为0.10～0.15 mg/kg缺乏区域，补充烤烟专用钼肥80 mL/667 m^2左右；土壤有效钼含量为0.15～0.20 mg/kg的较缺乏区域，补充烤烟专用钼肥40～80 mL/667 m^2。以团棵期和现蕾期分2次叶面喷施为好，重点喷施中上部叶。或结合浇定根水浇施1次，现蕾期再叶面喷施1次。

值得注意的是，施入土壤的钼肥常有一定的后效，需要通过定位试验进行观察，明确当季施用后的残留量和连续施用时的积累情况，以便决定是否需要连年施用或者逐年减少用量，避免土壤中的钼素发生积累，并且能够节约肥效和降低成本。各种农作物对钼肥的需要量也不一样，有些时候前作和后作农作物都需要较多的钼素，前作消耗了较多的土壤钼素储备，这时后作对施用钼肥往往会有良好的反应。因此，钼肥的施用应当从整个轮作系统来考虑，既要考虑所施用的钼肥的后效，也要考虑前后茬作物对钼肥的不同要求。

第二节 烤烟钼肥推广效果

本项目通过对2008～2012年连续5年黔南多点大田试验数据采用描述性统计分析方法，主要针对钼肥对烤烟的经济性状、常规化学成分、香气成分和评吸质量等产质量方面的影响进行分析，明确钼肥对烤烟生产的不同产质量性状指标的影响程度。

一、施钼对烤烟经济性状的影响

通过对黔南多年多点大田试验的烤烟经济性状结果进行统计分析(表4－5)看出，施钼处理烟叶的产量、产值和上中等烟比例平均值均高于对照，杂色烟比例低于对照，经SSR测验均达到极显著水平。产量、产值和上中等烟比例增幅分别为6.19%、7.09%和4.65%，杂色烟比例较对照有明显降低，降幅达35.09%。说明施钼能明显改善烟叶等级，降低杂色烟比例，提高烟叶产量和产值，增加经济效益。

表4－5 烤烟经济性状的统计分析

指标	处理	样本数	最大值	最小值	平均值	标准差	变异系数	SSR测验
产量(kg/667 m^2)	CK	71	292.00	93.70	143.02	38.32	27.00%	B
	施钼	71	308.00	95.00	151.88	41.94	28.00%	A
产值(元/667 m^2)	CK	71	3377.00	1039.60	1966.37	531.16	27.00%	B
	施钼	71	3691.50	993.60	2105.74	532.74	25.00%	A
上中等烟	CK	71	92.70%	14.82%	64.93%	25.18	39.78%	B
	施钼	71	95.90%	25.50%	67.95%	23.59	34.72%	A
杂色烟	CK	15	41.04%	2.68%	15.22%	8.61	56.56%	B
	施钼	15	25.51%	1.13%	9.88%	6.44	65.20%	A

注：变异系数10%以下为弱变异，10%～100%为中等变异，高于100%为强变异。下同。

变异系数是反映数据离散程度的统计值之一,可用来反映样本的变异幅度的大小和稳定度,并用来进行指标间的比较。变异系数越大,变异幅度越大,稳定性就越差。从表 4－5 的描述性分析结果可以看出,除杂色烟和上中等烟比例的变异系数略高外,经济性状各指标的变异系数均在中等变异程度范围之内,施钼处理和对照烤烟的产量和产值的变异系数均在 30%以下,说明在相同产地和生产技术下,产量和产值数据集中度较高,而烟叶等级受人为因素影响较大,数据较为分散。

二、施钼对烤烟烟叶油分的影响

按照国家烤烟分级标准(GB 2635—1992)中“油分”因素分级要求,对施钼与未施钼处理的烤后烟叶进行档次划分,并按烟叶重量计算各档次的百分率。由图 4－14(2007 科大)可见,油分“多”和“少”两个档次施钼处理与未施钼处理差异不明显;油分“有”和“稍有”两个档次施钼处理与未施钼处理差异明显。如果将油分“多”和“有”两个档次作为油分“好”的烟叶,而将油分“稍有”和“少”两个档次作为油分“差”的烟叶来看,油分“好”的烟叶施钼处理比未施钼处理高 5.4 个百分点。

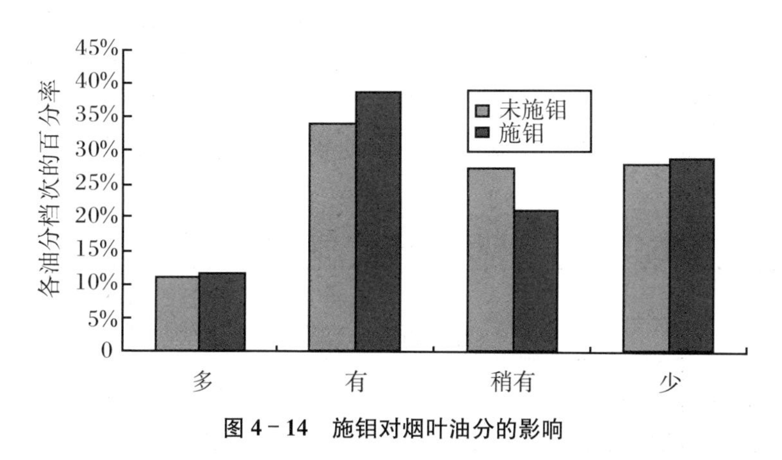

图 4－14　施钼对烟叶油分的影响

通过对 2008～2012 年黔南 23 个试验点的施钼处理

(80 mL/666.7 m^2)烤烟烟叶的油分性状进行分析,通过考察“多、有、稍有和少”4 个油分档次所占比例来评价钼素营养对烟叶油分的影响。从施钼与对照烟叶油分不同档次的分配比例数据总体来看(表 4-6),施钼处理的烟叶质量较好,油分档次为“多”的比例施钼处理比对照高出 14 个百分点,烟叶油分档次“有”的比例施钼处理与对照相当,“稍有”和“少”的比例施钼处理则比对照烟叶低 13 个百分点。说明施钼能改善烟叶油分,油分多的烟叶比例明显提高,烟叶外观质量得以提升(彩图 18)。

表 4-6 烤烟不同油分档次烟叶的分配比例(2008~2012)

处理	多	有	稍有	少
施钼	20%	65%	15%	0
CK	6%	66%	23%	5%

三、施钼对烤烟不同部位烟叶化学成分含量的影响

通过对 2008~2012 连续 5 年黔南多点大田试验 37~41 个样本的观察,对施钼与对照烤烟烟叶常规化学成分含量的统计分析可见(表 4-7),施钼处理上部烟叶的总糖、还原糖和钾含量较对照分别平均增加 10.44%、11.44%和 20.41%,烟碱和总氮含量较对照分别平均降低 6.02%和 5.32%,施钼处理烟叶的总糖、还原糖、钾、烟碱和总氮含量与对照差异极显著。烟叶氯素含量较对照平均降低 2.63%,差异不显著。

表 4-7 烤烟上部烟叶化学成分的统计分析

指标	处理	样本数	最大值	最小值	平均值	标准差	变异系数	SSR 测验
总糖	CK	41	31.70%	4.39%	18.58%	7.54	40.58%	B
	施钼	41	32.80%	7.20%	20.52%	7.29	35.52%	A

续表

指标	处理	样本数	最大值	最小值	平均值	标准差	变异系数	SSR测验
还原糖	CK	41	26.31%	1.37%	14.68%	7.28	49.57%	B
	施钼	41	26.75%	4.61%	16.36%	7.15	43.71%	A
总氮	CK	41	3.92%	1.63%	2.82%	0.61	22.00%	A
	施钼	41	3.74%	1.62%	2.67%	0.56	21.00%	B
烟碱	CK	41	6.37%	3.81%	4.65%	0.94	20.00%	A
	施钼	41	5.99%	3.46%	4.37%	0.84	19.00%	B
钾	CK	41	2.40%	0.62%	1.47%	0.49	33.65%	B
	施钼	41	2.63%	0.78%	1.77%	0.44	24.63%	A
氯	CK	41	0.62%	0.19%	0.38%	0.12	30.50%	NS
	施钼	41	0.67%	0.16%	0.37%	0.12	31.38%	NS
钼(mg/kg)	CK	41	1.31	0.09	0.49	0.32	67.26%	B
	施钼	41	16.24	0.13	2.68	3.64	136.13%	A

从表4－8可见，施钼处理中部烟叶的总糖和还原糖含量较对照分别平均增加3.06%和3.48%，总氮、烟碱和氯含量较对照分别平均降低1.27%、4.18%和3.13%，但差异均不显著。钾含量较对照平均增加7.08%，差异达极显著水平。施钼处理和对照烟叶化学成分的变异系数在19.39%～37.83%之间，都在中等变异范围之内。

表4－8　烤烟中部烟叶化学成分的统计分析

指标	处理	样本数	最大值	最小值	平均值	标准差	变异系数	SSR测验
总糖	CK	41	33.76%	6.03%	23.86%	8.05	33.74%	NS
	施钼	41	34.23%	8.40%	24.59%	6.57	26.72%	NS
还原糖	CK	41	27.89%	3.05%	18.11%	6.85	37.83%	NS
	施钼	41	28.89%	6.32%	18.74%	6.09	32.51%	NS

续表

指标	处理	样本数	最大值	最小值	平均值	标准差	变异系数	SSR测验
总氮	CK	41	3.62%	1.52%	2.37%	0.54	22.94%	NS
	施钼	41	3.33%	1.56%	2.34%	0.45	19.39%	NS
烟碱	CK	41	5.61%	1.76%	3.59%	0.93	25.93%	NS
	施钼	41	5.14%	1.83%	3.44%	0.90	26.28%	NS
钾	CK	41	3.10%	1.05%	2.12%	0.48	23.00%	B
	施钼	41	3.67%	1.12%	2.27%	0.54	23.77%	A
氯	CK	41	0.60%	0.20%	0.32%	0.11	33.10%	NS
	施钼	41	0.59%	0.14%	0.31%	0.10	33.40%	NS
钼（mg/kg）	CK	41	1.60	0.07	0.54	0.35	65.33%	B
	施钼	41	42.09	0.15	4.08	7.28	178.47%	A

从表4－9可见，施钼处理下部烟叶的总糖、还原糖、烟碱和钾含量较对照分别平均增加3.06%、3.48%、4.92%和0.75%。总氮和氯含量比对照分别平均降低0.42%和2.63%，但差异均不显著。施钼和对照烟叶化学成分的变异系数均在中等变异程度范围。

施钼和对照处理的上部叶常规化学成分含量数值的变异系数在19.00%～49.57%之间，中部叶在19.39%～37.83%之间，下部叶在18.93%～41.27%之间，均属于中等变异程度，说明在相同产地和生产技术下，常规化学成分数据集中度较高。

表4－9　烤烟下部烟叶化学成分的统计分析

指标	处理	样本数	最大值	最小值	平均值	标准差	变异系数	SSR测验
总糖	CK	37	33.76%	6.30%	23.86%	8.05	33.74%	NS
	施钼	37	34.23%	8.40%	24.59%	6.57	26.72%	NS
还原糖	CK	37	27.89%	3.05%	18.11%	6.85	37.83%	NS
	施钼	37	28.89%	6.32%	18.74%	6.09	32.51%	NS

续表

指标	处理	样本数	最大值	最小值	平均值	标准差	变异系数	SSR测验
总氮	CK	37	3.21%	1.42%	2.39%	0.52	21.74%	NS
	施钼	37	3.18%	1.50%	2.38%	0.45	18.93%	NS
烟碱	CK	37	3.96%	1.54%	2.64%	0.70	26.46%	NS
	施钼	37	4.79%	1.30%	2.77%	0.87	31.41%	NS
钾	CK	37	4.79%	0.40%	2.68%	1.11	41.27%	NS
	施钼	37	4.78%	0.26%	2.70%	1.09	40.16%	NS
氯	CK	37	0.66%	0.23%	0.38%	0.10	26.89%	NS
	施钼	37	0.69%	0.21%	0.37%	0.12	31.77%	NS
钼(mg/kg)	CK	37	1.60	0.07	0.65	0.38	57.74%	B
	施钼	37	22.90	0.08	4.21	5.49	130.53%	A

上部叶施钼和对照的钼含量变幅分别在0.13～16.24 mg/kg和0.09～1.31 mg/kg之间，施钼处理较对照平均增加446.94%，中部叶施钼和对照的钼含量变幅分别在0.15～42.09 mg/kg和0.07～1.60 mg/kg之间，施钼处理较对照平均增加655.56%，下部叶施钼和对照钼含量变幅分别在0.08～22.90 mg/kg和0.07～1.60 mg/kg之间，施钼处理较对照平均增加547.69%，施钼能明显提高三个部位烟叶的含钼量，且差异均达极显著水平。施钼和对照处理的变异系数均属于强变异程度，施钼烟叶中的钼含量变幅比对照明显偏大，这可能与土壤钼含量的本底值、施钼技术和气候条件等对烤烟钼素营养吸收的影响有关。

以上结果说明，施钼能显著提高各部位烟叶的含钼量，而且显著提高了上部叶糖分含量，降低上部叶烟碱含量，增加中、上部叶含钾量，使烟叶的化学成分(尤其是上部叶)更加协调。

四、施钼对烟叶香气成分的影响

通过对2008～2012连续5年黔南大田试验5～7个样本的观

察，由施钼与对照烤烟烟叶香气成分含量的统计分析表 4－10 可见，施钼处理对多种酸性香气成分含量有增有减，2－甲基丙酸、丁酸、戊酸、异戊酸、2－甲基戊酸、辛酸和苯甲酸 7 种香气成分含量施钼处理比对照分别平均降低 31.82%、36.00%、29.17%、15.31%、9.30%、25.00%和 7.69%，丙酸、4－甲基戊酸、己酸、壬酸 4 种香气成分含量施钼处理比对照分别平均增加 6.67%、50.00%、200%和 61.90%，酸性香气成分总量施钼比对照平均降低 11.33%，但差异均不显著。施钼处理与对照观测值除 4－甲基戊酸属强变异程度外，其他酸性香气成分均为中等变异程度。

由表 4－11 可见，施钼处理的多数中性香气成分含量增加，苯甲醇、苯乙醛、茄酮、大马酮、β－紫罗兰酮、二氢猕猴桃内酯、巨豆三烯酮 1、巨豆三烯酮 2、巨豆三烯酮 3、巨豆三烯酮 4、法尼基丙酮 11 种香气成分含量施钼处理比对照分别平均增加 15.06%、11.60%、1.05%、5.93%、8.26%、0、19.25%、2.87%、3.15%、18.61%、21.50%，糠醛、糠醇、香叶基丙酮和棕榈酸甲酯 4 种香气成分含量施钼处理比对照分别平均降低 8.75%、18.64%、8.55%、5.19%，中性香气成分总量施钼处理比对照平均增加 6.91%，香气指数 B 值施钼处理比对照平均增加 3.22%，但差异均不显著。中性香气成分施钼处理与对照观测值均属中等变异程度。

可见，施钼处理对烟叶香气成分含量影响差异不明显，但中性香气成分总量，特别是对香气质量贡献较大的，如茄酮、大马酮、巨豆三烯酮等均有不同程度的增加。

五、施钼对中部叶评吸质量的影响

通过对 2008～2012 连续 5 年黔南多点大田试验 24～27 个中部叶观察样本烟叶评吸质量指标的统计分析看出（表 4－12），施钼处理的各项评吸指标分值都有增加，香气质、香气量、杂气、刺激性、余味、浓度、劲头等指标得分施钼比对照分别平均增加 4.75%、1.98%、5.08%、1.63%、3.85%、2.39%、1.20%。其中香气质和杂气差异极显著，余味差异显著。施钼处理与对照观测值均属中等变异程度，变异系数都分布在10%～25%之间。

表4-10　烤烟中部叶酸性香气成分的统计分析

指标	处理	样本数	最大值(μg/g)	最小值(μg/g)	平均值(μg/g)	标准差	变异系数	SSR测验
丙酸	CK	5	0.19	0.05	0.15	0.06	38.78%	NS
	施钼	5	0.22	0.11	0.16	0.04	26.25%	NS
2-甲基丙酸	CK	5	0.51	0.01	0.22	0.18	81.37%	NS
	施钼	5	0.22	0.02	0.15	0.08	52.46%	NS
丁酸	CK	5	0.53	0.06	0.25	0.17	70.07%	NS
	施钼	5	0.22	0.09	0.16	0.06	37.14%	NS
戊酸	CK	5	0.53	0.02	0.24	0.21	88.51%	NS
	施钼	5	0.34	0.01	0.17	0.12	72.23%	NS
异戊酸	CK	5	20.10	0.30	9.99	8.19	81.95%	NS
	施钼	5	16.30	0.18	8.46	6.33	74.86%	NS
2-甲基戊酸	CK	5	0.61	0.15	0.43	0.20	45.64%	NS
	施钼	5	0.90	0.10	0.39	0.31	79.22%	NS
4-甲基戊酸	CK	5	0.29	0.01	0.10	0.11	112.99%	NS
	施钼	5	0.57	0	0.15	0.24	156.70%	NS
己酸	CK	5	0.16	0.04	0.11	0.05	41.25%	NS
	施钼	5	0.75	0.09	0.33	0.28	84.91%	NS
壬酸	CK	5	0.32	0.09	0.21	0.10	47.18%	NS
	施钼	5	0.67	0.12	0.34	0.22	64.84%	NS
辛酸	CK	5	0.50	0.10	0.28	0.16	57.24%	NS
	施钼	5	0.39	0.12	0.21	0.11	52.31%	NS
苯甲酸	CK	5	4.50	0.48	2.60	1.99	76.75%	NS
	施钼	5	4.50	0.13	2.40	2.03	84.69%	NS
总量	CK	5	26.81	3.17	14.56	10.40	71.43%	NS
	施钼	5	22.25	2.85	12.91	8.34	64.60%	NS

表 4-11 烤烟中部叶中性香气成分的统计分析

指标	处理	样本数	最大值(μg/g)	最小值(μg/g)	平均值(μg/g)	标准差	变异系数	SSR测验
糠醛	CK	7	22.23	2.39	11.20	8.08	72.17%	NS
	施钼	7	16.10	5.76	10.22	3.82	37.38%	NS
糠醇	CK	7	2.59	0.11	1.18	1.10	93.36%	NS
	施钼	7	2.06	0.13	0.96	0.80	83.49%	NS
苯甲醇	CK	7	20.21	0.38	9.76	7.97	81.68%	NS
	施钼	7	25.26	0.33	11.23	9.11	81.15%	NS
苯乙醛	CK	6	29.53	0.93	14.74	12.65	85.81%	NS
	施钼	6	31.58	1.14	16.45	13.93	84.68%	NS
茄酮	CK	7	27.77	12.43	21.90	5.45	24.87%	NS
	施钼	7	32.86	15.54	22.13	5.57	25.15%	NS
大马酮	CK	7	29.12	7.97	16.69	8.40	50.29%	NS
	施钼	7	27.41	6.54	17.68	7.56	42.78%	NS
香叶基丙酮	CK	7	2.07	0.28	1.52	0.59	38.81%	NS
	施钼	7	2.14	0.26	1.39	0.62	44.41%	NS
β-紫罗兰酮	CK	7	3.53	0.20	1.21	1.20	99.33%	NS
	施钼	7	2.99	0.43	1.31	0.85	64.94%	NS
二氢猕猴桃内酯	CK	7	1.49	0.11	0.60	0.47	78.24%	NS
	施钼	7	1.19	0.17	0.60	0.35	57.62%	NS
巨豆三烯酮 1	CK	7	3.09	0.55	1.87	1.11	59.41%	NS
	施钼	7	4.01	0.76	2.23	1.27	56.89%	NS
巨豆三烯酮 2	CK	7	21.10	2.36	10.81	7.45	68.86%	NS
	施钼	7	21.45	3.30	11.12	6.90	62.06%	NS
巨豆三烯酮 3	CK	7	3.03	0.36	1.27	0.94	74.12%	NS
	施钼	7	2.26	0.25	1.31	0.74	56.57%	NS
巨豆三烯酮 4	CK	7	20.97	4.34	11.34	6.57	57.93%	NS
	施钼	7	26.33	4.16	13.45	8.59	63.86%	NS
法尼基丙酮	CK	7	17.64	2.10	9.63	6.56	68.17%	NS
	施钼	7	23.41	4.26	11.70	7.94	67.86%	NS
棕榈酸甲酯	CK	7	1.60	0.36	0.77	0.45	58.26%	NS
	施钼	7	1.22	0.25	0.73	0.34	47.04%	NS
总量	CK	7	181.58	46.01	112.38	60.87	54.00%	NS
	施钼	7	181.82	56.32	120.15	58.09	48.00%	NS
香气指数 B 值	CK	7	0.76	0.48	0.62	0.11	18.00%	NS
	施钼	7	0.76	0.48	0.64	0.11	17.00%	NS

表 4－12　烤烟中部烟叶评吸质量的统计分析

指标	处理	样本数	最大值	最小值	平均值	标准差	变异系数	SSR测验
香气质	CK	27	8.00	4.50	5.47	1.17	21.36%	B
	施钼	27	8.30	4.00	5.73	1.29	22.54%	A
香气量	CK	27	8.10	4.50	5.56	1.32	23.81%	NS
	施钼	27	8.10	4.50	5.67	1.23	21.68%	NS
杂气	CK	27	7.60	4.00	5.32	1.21	22.68%	B
	施钼	27	8.00	4.00	5.59	1.20	21.44%	A
刺激性	CK	27	7.60	4.00	5.52	1.17	21.16%	NS
	施钼	27	7.90	4.00	5.61	1.14	20.31%	NS
余味	CK	24	7.00	4.00	5.20	1.02	19.57%	b
	施钼	24	7.30	4.00	5.40	1.01	18.71%	a
浓度	CK	24	7.20	4.50	5.45	0.97	17.74%	NS
	施钼	24	7.20	4.50	5.58	0.77	13.77%	NS
劲头	CK	24	8.00	5.00	5.82	1.13	19.37%	NS
	施钼	24	8.50	4.50	5.89	1.27	21.47%	NS

六、施钼对贵州特色烤烟品种油分和品质的影响

（一）材料与方法

1．试验设计

同第二章第四节。

2．测定和油分考察方法

采用油分指数来客观反映烤烟产区烟叶油分质量好坏。即将烤烟产区所取烟叶样本按国标中油分品质因素，将烟叶样品分为“多”“有”“稍有”和“少”4 个档次，并计算各档次烟叶重量占全部样品重量的百分比，按下列公式计算油分指数：

$$油分指数(\%)=\frac{油分多百分比\times 4+油分有百分比\times 3+油分稍有百分比\times 2+油分少百分比\times 1}{100\times 4}\times 100$$

油分指数≥75%划分为油分“丰富”，油分指数50%～75%划分为油分“中等”，油分指数<50%划分为油分“缺乏”。

常规化学成分和香气成分含量的测定方法同第三章第二节“材料与方法”。

（二）施钼对烤烟南江3号烟叶油分的影响

通过对钼在南江3号品种的油分试验结果进行分析(表4-13)，用施钼量80 mL和160 mL处理烟叶与对照相比，油分“多”的烟叶分别提高了11.3和12.7个百分点、油分“有”的分别提高9.5和9.3个百分点、油分“稍有”的分别减少6.9和1.0个百分点、油分“少”的分别减少14.0和20.9个百分点，施钼对南江3号烟叶的油分指数有明显提高。

表4-13 钼对南江3号油分含量的影响(2012瓮安)

处 理	各油分档次比例				油分指数
	多	有	稍有	少	
0 mL/株	17.2%	16.7%	24.7%	41.4%	52.4%
80 mL/株	28.5%	26.2%	17.8%	27.4%	64.0%
160 mL/株	29.9%	26.0%	23.7%	20.5%	66.3%

（三）施钼对南江3号烟叶化学成分的影响

从不同剂量钼对南江3号品种的化学成分含量影响来看(表4-14)，施钼量80 mL和160 mL与对照相比，总糖含量分别提高了8.50和4.25个百分点，还原糖含量分别提高6.88和3.78个百分点，总氮含量分别降低0.36和0.24个百分点，烟碱含量分别降低0.20和0.21个百分点，蛋白质含量分别降低1.47和1.28个百分点，钾含量分别提高0.18和0.21个百分点，化学成分协调性有明显改善。

表 4-14　不同剂量钼对南江 3 号烟叶化学成分的影响(2012 瓮安 混合样)

处理	总糖	还原糖	总氮	烟碱	蛋白质	K	Cl	pH	含钼量(mg/kg)
0 mL/株	14.20%	12.73%	3.26%	2.94%	11.88%	2.12%	0.37%	5.43	0.64
80 mL/株	22.70%	19.61%	2.90%	2.74%	10.41%	2.30%	0.36%	5.42	3.14
160 mL/株	18.45%	16.51%	3.02%	2.73%	10.59%	2.33%	0.34%	5.46	4.71

（四）施钼对南江 3 号烟叶香气成分的影响

烤烟烟叶的中性香气成分是影响香气质量的主要香气成分。由表 4-15 可以看出，施钼烟叶的中性香气成分总量有所增加，增幅最大为 8.09%。茄酮是浓香成分的代表物质，具有甘甜香及口感饱满丰富，并有抑制青杂气的作用。施钼对烟叶中茄酮含量有明显的增加作用，用 80 mL 和 160 mL 的钼肥处理烟叶，茄酮增幅分别为 50.45%和 81.66%。不同香气成分不同程度的影响着烟叶的香气质和香气量，施钼增加了烟叶中糠醛、糠醇、2-环戊烯-1,4-二酮、5-甲基糠醛、氧化异佛尔酮和 4-乙烯基-2-甲氧基苯酚等多种香气成分。

在酸性香气成分中，对烟叶香气质量贡献较大的是低级脂肪酸。施钼提高了酸性香气成分含量，80 mL 和 160 mL 的钼肥处理烟叶，酸性成分总量分别增加了 5.65%和 13.16%（表 4-15）。施钼明显提高了烟叶中戊酸、己酸和壬酸等低级脂肪酸含量。

表 4-15 不同剂量钼肥对南江 3 号烟叶香气成分的影响(2012 瓮安 混合样)

香气类型	香气成分	处理		
		0 mL	80 mL	160 mL
中性香气成分(μg/g)	二氢-2-甲基呋喃酮	0.253	0.28	0.256
	糠醛	6.083	7.59	7.382
	糠醇	0.221	0.281	0.386
	2-环戊烯-1,4-二酮	0.245	0.361	0.343
	5-甲基糠醛	0.105	0.324	0.167
	苯甲醇	4.192	6.113	3.514
	苯乙醛	9.353	7.954	6.126
	氧化异佛尔酮	0.209	0.368	0.444
	4-乙烯基-2-甲氧基苯酚	0.196	0.781	0.436
	茄酮	12.426	18.695	22.573
	大马酮	7.974	6.543	7.129
	二氢大马酮	0.93	0.763	0.949
	香叶基丙酮	0.276	0.26	0.22
	B 紫罗兰酮	2.1	2.988	2.059
	二氢猕猴桃内酯	0.542	0.6	0.559
	巨豆三烯酮 1	1.03	0.76	0.974
	巨豆三烯酮 2	6.962	4.439	4.985
	巨豆三烯酮 3	0.841	0.254	0.413
	巨豆三烯酮 4	5.766	5.457	4.7
	法尼基丙酮	5.425	5.571	4.887
	棕榈酸甲酯	0.677	0.736	0.485
	合计	65.8	71.12	68.99

续表

香气类型	香气成分	处理		
		0 mL	80 mL	160 mL
酸性香气成分(μg/g)	丙酸	0.144	0.222	0.207
	2-甲基丙酸	0.512	0.138	0.124
	丁酸	0.530	0.092	0.564
	戊酸	0.061	0.102	0.141
	异戊酸	0.302	0.184	0.187
	2-甲基戊酸	0.607	0.897	0.823
	4-甲基戊酸	0.293	0.568	0.327
	3-甲基戊酸	0.539	0.917	0.668
	己酸	0.040	0.085	0.189
	庚酸	0.361	0.534	0.265
	壬酸	0.092	0.124	0.123
	辛酸	0.102	0.131	0.098
	苯甲酸	0.489	0.308	0.892
	合计	4.072	4.302	4.608

七、结论

（一）施钼能提高烟叶产量和产值

多年多点试验表明，施钼处理比对照的烟叶产量、产值和上中等烟比例分别平均提高 6.19%、7.09% 和 4.65%，差异均达到了极显著水平，有利于增加烟农收入和烤烟企业经济效益。

（二）施钼能明显增加烟叶油分

钼素能明显提高烟叶“多”和“有”的油分档次分配比例，降低“稍有”和“少”的分配比例。施钼处理油分档次为“多”的比例明显比对照高出 14 个百分点，施钼处理和对照烟叶油分档次“有”的比例相当，而烟叶“稍有”和“少”的比例施钼烟叶减少了 13 个百分点。上部叶以施 MoO_3 量 8 mg/株烟叶油分最好，表现为施钼量越高，烤后烟叶油分指数越高；中部叶以施 MoO_3 量 4 mg/株烟叶油分最好，烤后烟叶油分指数最高；下部叶则油分指数以对照最好。

施钼能明显增加贵州南江 3 号特色烤烟品种的油分质量，烤后烟叶油分指数比对照提高 22.1%～26.5%。这对改善烟叶外观质量和提高烟叶等级具有重要作用。

（三）施钼能明显减少杂色烟

施钼杂色烟比例比对照降低 35.09%，差异均达到了极显著水平。这对提高中上等烟比例，改善烟叶等级结构，提高经济效益意义重大。

（四）施钼能调节烟叶化学成分的作用，改善烟叶化学成分的协调性，提高烟叶工业可用性

施钼对提高上部叶糖含量和不同部位烟叶的含钼量，降低上部叶烟碱含量有明显效果。施钼处理与对照相比，上部烟叶还原糖、总糖、钾含量分别提高 11.44%、10.44% 和 20.41%，烟碱含量降低 6.02%，差异达到极显著水平；中部烟叶总糖、还原糖和钾素含量分别提高 3.06%、3.48% 和 7.08%，烟碱含量降低 4.18%；下部烟叶总糖、还原糖、烟碱和钾含量分别提高 3.06%、3.48%、4.92% 和 0.75%。

（五）施钼能提高烟叶香气成分，改善烟叶香气质量

施钼处理与对照相比，多数施钼试验能提高香气成分（南江 3 号尤为明显）。其中，中性香气成分总量施钼处理比对照平均增加 6.91%；香气指数 B 值施钼处理比对照平均增加 3.22%。

（六）施钼能提高烟叶评吸质量

施钼能显著改善烟叶香气质和余味，显著减轻杂气，提高烟叶评

吸效果。

第三节　黔南烤烟施钼经济效益调查

项目组认真总结项目取得的研究成果，2009～2013年在项目区黔南州9个烤烟种植区进行了大面积推广应用，并辐射到广西河池市和遵义市，以及贵州省烟科院服务的工业基地单元。项目的推广应用提高了烟叶产量，改善了烟叶品质，有利于烟农增收、企业增利、国家增税，取得了明显的经济效益和社会效益。

烤烟施用钼肥产量提高5.86～8.24 kg/666.7 m^2，平均提高6.72 kg/666.7 m^2，增产率为6.05～6.59%/666.7 m^2，平均增产5.98%/666.7 m^2；收益增加值提高135.54～185.15元/666.7 m^2，平均提高149.13元/666.7 m^2，收益增加率为9.91%/666.7 m^2～10.94%/666.7 m^2，平均为9.75%/666.7 m^2。5年来，推广面积逐年扩大，经济效益逐年增长。截至2013年，累计推广面积4.03×10^8 m^2，新增产值10 785.18万元，新增利润1 294.34万元，新增利税2 372.96万元，综合经济效益14 453.48万元。

该项目成果推广对黔南烟区烤烟烟叶产量、产值和烟叶品质的提高效果突出，这对打造黔南特色烟叶品牌，提高烟叶等级质量，提高黔南烟叶原料市场竞争力，保障黔南烤烟持续、健康、稳定发展都具有重要的现实意义。

附　　录

一、土壤有效钼的测定（草酸－草酸铵浸提，KCNS 比色法）

对有效态钼的提取以草酸－草酸铵溶液（Tamm 溶液）法应用较为广泛，所浸出的钼包括交换态钼和一部分铁铝氧化物中的钼。草酸盐溶液的缓冲容量较大，基本上适用于各种反应的土壤，而其他浸提剂所浸出的钼则易随土壤 pH 的增高而增多。

土壤浸出液中钼的测定可以用比色法、极谱法和原子吸收分光光度法（AAS 法）。钼的比色测定主要有 KCNS 法和二硫酚法。KCNS 法灵敏度较高，但对显色条件有严格的要求；二硫酚法的专一性不强，铜和铁均干扰测定，必须先行分离后再用二硫酚显色，分析过程较长，但对显色条件的要求不如 KCNS 法严格。目前以 KCNS 比色法应用较为广泛。

近年来使用的极谱法测定钼，由于催化波的应用，灵敏度远远地超过了比色法，有取代比色法的趋势。

用 AAS 法测定钼时，由于钼的离解能较高，在使用乙炔－空气火焰时，仅有部分钼原子化，测定的灵敏度较低，并且受碱土金属的干扰，需要用乙炔－一氧化二氮高温火焰，或用分离及浓缩的方法，使钼的浓度提高到能适应 AAS 法的灵敏度。因此，用此法测定微量钼有一定的困难。

（一）方法要点

在酸性溶液中，硫氰酸钾（KCNS）与五价钼在有还原剂存在的条件下形成橙红色络合物 $Mo(CNS)_5$ 或 $[MoO(CNS)_5]^{2-}$，用有机溶剂（异戊醇等）萃取后比色测定。此络合物的最大吸收峰在波长 470 nm 处，摩尔吸收系数为 1.95×10^4。由于反应条件不同，可能形成颜色较浅的其他组成的络合物。因此，对显色的条件必须严格遵守。溶液的酸度和 KCNS 的浓度都影响颜色强度和稳定性。HCl 浓度应不大于 4 N，KCNS 浓度至少应保持 0.6%。

（二）主要仪器

往复振荡机，高温电炉，125 mL 分液漏斗，分液漏斗振荡机，分光光度计，石英或硬质玻璃器皿。

（三）试剂

(1) 草酸－草酸铵浸提剂　24.9 g 草酸铵（$(NH_4)_2C_2O_4\cdot H_2O$，二级）与 12.6 g 草酸（$H_2C_2O_4\cdot 2H_2O$，二级）溶于水，定容成 1 L。pH 为 3.3，必要时在定容前用 pH 计校准。所用草酸铵和草酸应不含钼。

(2) 6.5 N HCl　用重蒸馏过的 HCl 配制。

(3) 异戊醇－CCl_4 混合液　异戊醇（$(CH_3)_2CH\cdot CH_2CH_2\cdot OH$，二级）加等量（体积计）$CCl_4$（二级）作为增重剂，使相对密度大于 1。为了保证测定结果的准确性，应先将异戊醇加以处理：将异戊醇盛在大分液漏斗中，加少许 KCNS 和 $SnCl_2$ 溶液，振荡几分钟，静置分层后弃去水相。

(4) 柠檬酸（二级）。

(5) 20% KCNS 溶液　20 g KCNS（二级）溶于水，稀释至 100 mL。

(6) 10% $SnCl_2\cdot 2H_2O$ 溶液　10 g 未变质的氯化亚锡（$SnCl_2\cdot 2H_2O$）溶解在 50 mL 浓 HCl 中，加水稀释至 100 mL。由于 $SnCl_2$ 不稳定，应当天配制。

也可以用金属锡配制：将 5.3 g 薄锡片溶于 20 mL 浓 HCl 中，加热至完全溶解（注意不要使溶液蒸发），迅速用去离子水稀释至100 mL。也可以在前一天晚上溶解锡，不必加热，但是要使小块的锡留在管底，不要用水稀释；放置过夜，使锡片缓慢溶解，第二天早晨稀释到所需浓度。

(7) 0.05% $FeCl_3 \cdot 6H_2O$ 溶液　0.5 g $FeCl_3 \cdot 6H_2O$（二级）溶于1 L 6.5 N HCl 中。

(8) 1 mg/kg Mo 标准溶液　0.252 2 g 钼酸钠（$Na_2MoO_4 \cdot 2H_2O$，二级）溶于水，加入 1 mL 浓 HCl（一级），用水稀释成 1 L，成为100 mg/kg Mo的贮备标准溶液。吸取5 mL贮备标准溶液准确稀释至500 mL，即为1 mg/kg Mo 的标准溶液。

（四）操作步骤

(1) 待测液的制备　称取风干土壤（通过1 mm尼龙筛）25.00 g，盛在500 mL三角瓶中，加250 mL草酸－草酸铵浸提剂。加瓶塞后在往复振荡机上振荡8 h或过夜。过滤，滤纸事先用6 N HCl洗净，过滤时弃去最初的10～15 mL滤液。

(2) 测定　取200 mL滤液（含Mo量不超过6 μg）在烧杯中，于电炉上蒸发至小体积，移入石英蒸发皿或50 mL的GG－17玻璃烧杯中，继续蒸发至干。加强热破坏部分草酸盐后，移入高温电炉中于450 ℃灼烧，破坏草酸盐和有机物。冷却后加10 mL 6.5 N HCl溶解残渣。移入125 mL分液漏斗中，加水至体积约为45 mL。

加入1 g柠檬酸和2～3 mL异戊醇－CCl_4混合液。摇动2 min。静置分层后弃去异戊醇－CCl_4层。加入3 mL KCNS溶液，混合均匀，于是溶液呈现$Fe(CNS)_3$的血红色。加2 mL $SnCl_2$溶液，混合均匀，这时红色逐渐消失）。准确地加入10.0 mL异戊醇－CCl_4混合液，摇动2～3 min。静置分层后，用干滤纸将异戊醇－CCl_4层过滤到比色槽中，在波长470 nm处比色测定。

(3) 工作曲线的绘制　吸取1 mg/kg Mo标准溶液0，0.1，0.3，0.5，1.0，2.0，4.0，6.0 mL分别放入125 mL分液漏斗中，各加入10 mL 0.05% $FeCl_3$溶液，按上述步骤显色和萃取比色（系列比色液的浓度为0～0.6 mg/kg Mo），绘制工作曲线。

（五）结果计算

有效钼含量(mg/kg)＝(C ×显色液体积×分取倍数)/W

式中：

C——由工作曲线查得比色液的有效Mo；

显色液体积——10 mL；

分取倍数——浸提时所用浸提剂体积/测定时吸取浸出液体积＝250/200；

W——土壤样品重量＝25 g。

（六）注释

(1) 由于在有机溶液中络合物的颜色比在水溶液中稳定，并且试样含钼量一般都很低，常用有机溶剂如异戊醇、异戊醇乙酯、甲基异丁酮、醋酸乙酯或乙醚萃取浓缩。为了萃取操作方便，常以 CCl_4 作为增重剂，将 CCl_4 与其他有机溶剂混合，使混合液的比重大于1。测定的结果与使用单一的有机溶剂时相同。在异戊醇或异戊醇－CCl_4 中，钼含量在0.16～6 mg/kg时符合Beer定律。

(2) 显色时溶液的酸度应严格控制，只有在文中所述酸度下，过量的 $SnCl_2$ 才会使 Mo^{6+} 还原成 Mo^{5+}。在更高的酸度时则 Mo^{5+} 会进一步被还原，Mo^{3+} 的络合物是无色的。酸度的变化对颜色的稳定性影响很大，应尽量保持一致。

(3) 显色时试剂加入的顺序不宜改变，KCNS必须先加入，其浓度至少应当保持在0.6%；而后再加入 $SnCl_2$。如果先加入 $SnCl_2$，则形成了钼的含氯络合物，可能是 $K_2(MoOCl_5)$，$K_2(MoO_2Cl_3)$ 或 $K_3(MoCl_6)$，即使再加入KCNS也难于使其转化成硫氰酸钼。

(4) Fe^{3+} 被还原成 Fe^{2+} 以后，不但不干扰钼的测定，反而会使硫氰酸钼的颜色加深，并可以增加五价钼的稳定性。因此，在测定不含铁或含铁很少的试样时，应加入 $FeCl_3$ 溶液。溶液的含铁量或 $FeCl_3$ 的加入量，应当等于或大于溶液的含钼量。钨的干扰则可加入柠檬酸消除。

除植物种类以外，在评价分析结果时，有必要同时考虑土壤酸度。不同的土壤酸度下，钼的可给性不同。植物所吸收的钼随土壤pH的增高而迅速增多。有的研究者认为，在酸性土壤上，可用下述"钼值"作为评价土壤中钼的供给情况：

土壤的钼值 = pH + [有效钼含量(mg/kg) × 10]

土壤的钼值小于6.2时，表示钼的供给不足；6.2～8.2之间，表示钼的供给中等；大于8.2时，表示钼的供给充足。

二、烟叶中钼的测定
(草酸－草酸铵浸提，KCNS比色法)

(一) 方法要点

植物样品用干法灰化，用HCl溶解灰分，用KCNS比色法测定钼。由于植物含钼量低，称样量要大些，并且应加入适当数量的铁溶液。

(二) 主要仪器

同"土壤有效钼的测定"。

(三) 试剂

同"土壤有效钼的测定"。

(四) 操作步骤

称取烘干磨碎(0.5 mm)植物样品5.××～10.×× g(视植物种类而定)，盛于石英或瓷蒸发皿中，在电炉上缓缓加热进行预灰化。移入高温电炉中，逐步升高温度至50 ℃灰化，至灰化完全为止。冷却后，加少许水润温残渣，加盖表面皿，小心地分次加入30 mL 6.5 N HCl溶解灰分，加20 mL水，煮沸5 min。滤入100 mL容量瓶中，用热水洗涤蒸发皿和滤纸，冷却后定容。(如灰化不完全则将不溶物和滤纸烘干，重新灰化。将所获得的溶液合并在一起。也可以不定容，全部溶液均用于测定。）

吸取 50 mL 待测液放入 125 mL 分液漏斗中，加 10 mL $FeCl_3$ 溶液，混合均匀，加入 HCl 使其浓度≤4 N HCl。再加入 10 mL KCNS 溶液，这时溶液呈血红色。再加入 2 mL $SnCl_2$ 溶液，缓缓地摇动分液漏斗，使红色逐渐消失。准确地加入 10.0 mL 异戊醇－CCl_4 混合液，振荡 2 min 萃取钼，静置约 10 min，分层后将有机相放入比色槽中，在 470 nm 波长处比色测定。

工作曲线的绘制同“土壤有效钼的测定”。

（五）结果计算

参考“土壤有效钼的测定”。

植物含钼量一般在 0.1～0.5 mg/kg 之间，在少于 0.1 mg/kg 时，钼的供给不足，常常出现缺钼症状。豆科和十字花科植物含钼量较高，常多于 1 mg/kg。豆科牧草中含钼量多于 15 mg/kg 时，可能使家畜中毒，并且因铜和硫酸盐含量水平而异。铜和硫酸盐水平高时，家畜对钼有较大的容许量。

参考文献

[1] 范娟娟，豆淑艳. 微量元素与人体健康[J]. 河南科技，2014(8)：59.

[2] 张捷，朱淑琴，王小琴，等. 畜禽钼中毒的诊断要点及综合防治措施[J]. 兽医科技，2011(5)：109－112.

[3] 韦友欢，黄秋婵. 钼对人体健康的生理效应及其机制研究[J]. 广西民族师范学院学报，2010，27(5)：10－13.

[4] 邢光熹，朱建国. 土壤微量元素和稀土元素化学[M]. 北京：科学出版社，2003：35－36.

[5] Gupta U C，Chipman E W，Mackay D C. Effect of molybdenum and lime on the yield and molybdenum concentration of crops grown on acid sphagnum peat soil[J]. Can J Plant Sci，1978(58)：983－992.

[6] Chojnacki J. Influence of pH on the ionic mobilities of molybdic isopolyacides[J]. Rosz. Chem.，1963(37)：259.

[7] 刘铮. 我国缺乏微量元素的土壤及其区域分布[J]. 土壤学报，1982，3：209－223.

[8] Kaiser B N，Gridley K L，Brady J N，et al. The role of molybdenum in agricultural plant production[J]. Ann Bot，2005(96)：745－754.

[9] 刘铮. 中国土壤微量元素[M]. 南京：江苏科学技术出版社，1997.

[10] Stoimenova M，Hansch R，Mendel R R，et al. The role of nitrate reduction in the anoxic metabolism of roots. I. Characterization of root morphology and normoxic metabolism of

wild type tobacco and a transformant lacking root nitrate reductase[J]. Plant Soil，2003,253(1)：145－153.

[11] Davies E B. Factors affecting Molybdenum availability in soils[J]. Soil Sci,1956,81：209－221.

[12] Bostick B C,Fondorf S. Differential adsorption of Molybdate and tetrath Molybdate on pyrite[J]. Environmental Science and Technology，2003,37(2)：285－291.

[13] Mulder E G. Molybdenum in relation to growth of higher plants and microorganisms[J]. Plant and soil,1954,5：368.

[14] Bradley A L，Chobot S E，Arciero D M，et al. Adistinctive electrocatalytic response from the cytochrome c peroxidase of Nitrosomonas europaea[J]. J. Biol. Chem.，2004，279：13297－13300.

[15] Gupta U C. Soil and plant factors affecting molybdenum uptake by plants in agriculture[M]. New York：Cambridge University Press，1997：71－91.

[16] Kaiser B N,Gridley K L,Brady J N,Phillips T，Tyerman S D. The role of molybdenum in agricultural plant production[J]. Ann Bot,2005，96：745－754.

[17] 刘铮,朱其清,欧阳洮.土壤中的钼与钼肥的应用[C]//中国科学院微量元素学术交流会汇刊,科学出版社,1980：114.

[18] 刘铮,唐丽华,朱其清.红壤区土壤微量元素[M].北京:科学出版社,1982.

[19] 张宏彦,刘全清,张福锁.养分管理与农作物品质[M].北京:中国农业大学出版社,2006.

[20] Gupta U C，Lipsett J. Molybdenum in soilsplants and animals[J]. Advances in agronomy,1981,34：73－75.

[21] Lindsay W L. Chemical equilibria in soils[M]. New York：Wiley，1979.

[22] Das A K,Chakraborty R,Cervera M L and De la Guardia M. A review on molybdenum determination in solid geological

samples[J]. Talanta, 2007, 71: 987-1000.

[23] 刘鹏.钼、硼对大豆产量和品质影响的营养和生理机制研究[D].杭州:浙江大学,2000.

[24] 邵岩,雷永和,施永超.烟草中微量元素肥料的施用原理[J].云南烟草,1995(1):59-64.

[25] 曹恭,梁鸣.钼:平衡栽培体系中植物必需的微量元素[J].土壤肥料,2004(3):2-4.

[26] Xiong L, Ishitani M, Lee H, et al. The Arab idops is LOS5/ABA3 locus encodes a molybdenum cofactor sulfurase and modulates cold stress and osmotic stress-responsive-gene expression[J]. Plant Cell, 2001, 13(9): 2063-2083.

[27] Warington K. The influences of high concentrations of ammonium and sodium molybdate on flax, soybean and pea grown in nutrient solutions containing deficient or excess[J]. Ann Appl Biol, 1955, 43: 709-719.

[28] Reda T, Hirst J. Interpreting the catalytic voltammetry of an adsorbed enzyme by considering substrate mass transfer, enzyme turnover, and interfacial electron transport[J]. J. Phys. Chem. B., 2006, 110: 1394 - 1404.

[29] Davies E B. Factors affecting Molybdenum availability in soils[J]. Soil Sci, 1956, 81: 209-221.

[30] 朱瑞卫.蔬菜地土壤供钼临界值研究[J].土壤肥料,1998,157(3):29-32.

[31] Doyle P, Fletcher W K, Brink V C. Trace elements content of soils and plants from Selwyn Mountains, Yukon and Northwest Territories[J]. Can. J. Bot., 1973, 51: 421.

[32] Hille R. Molybdenum enzymes, cofactors and model system[J]. Biochem Biophys Acta, 1994, 11(84): 143.

[33] Jones R W, Abbott A J, Hewitt E J, et al. Nitrate reductase activity in Paul's Scarlet rose suspension cultures and the differential role of nitrate and molybdenum in induction[J].

Planta,1978,141：183－189.

[34] 张纪利,罗红香,杨梅林,等.施钼对烤烟叶片硝酸还原酶活性、硝态氮含量及产质的影响[J].中国烟草学报，2011,17(1)：67－71.

[35] 李章海,宋泽民,黄刚,等.钼对烤烟烘烤过程中酶促棕色化和烟叶质量的影响[J].中国烟草科学,2011,32(3)：46－50.

[36] 喻敏,王运华,胡承孝.种子钼对冬小麦硝酸还原酶活性、干物质重及产量的影响[J].植物营养与肥料学报,2000,6(2)：220－226.

[37] 焦峰,吴金花,郑树生.大豆钼素营养研究进展[J].中国农学通报,2005,21(9)：260－263.

[38] Aguey-Zinsou K F, Bernhardt P V, Leimkuhler S. Protein film voltammetry of Rhodobacter capsulatus xanthine dehydrogenase[J].J Am Chem Soc,2003,125(50)：15352－15358.

[39] Seo M, Koshiba T. Complex regulation of ABA biosynthesis in plants[J].Trends Plant Sci,2002,7(1)：41－48.

[40] Lopez-Huertas E,Corpas F J,Sandalio L M,et a1.Characterization of membrane polypeptides from pea leaf peroxisomes involved in superoxide radical generation[J]. Biochem J,1999,337(3)：531－536.

[41] 张纪利,李余湘,罗红香,等.施钼对烟草叶绿素含量、光合速率、产量及品质的影响[J].中国烟草科学,2011,32(2):24－28.

[42] 喻敏,胡承孝,王运华. 缺钼对冬小麦不同品种叶绿素含量和叶绿体超微结构的影响[J]. 华中农业大学学报，2005，24(5)：465－469.

[43] 喻敏,胡承孝,王运华.低温条件下钼对冬小麦叶绿素合成前体的影响[J].中国农业科学，2006，39(4)：702－708.

[44] 彭杰,李洪波,马绿巧,等.钼肥对苋菜生长及品质、产量的影响[J].广东农业科学,2012,39(4)：50－52.

[45] 韦莉萍,李杨瑞,韦飞燕,等.钼对甘蔗光合生理特性的影响[J].

广西农业科学,2007, 38(6): 613-617.
[46] 孙学成,胡承孝,谭启玲,等.低温胁迫下钼对冬小麦光合作用特性的影响[J].作物学报, 2006, 32(9): 1418-1422.
[47] 杜应琼,廖新荣,何江华,等.施用硼钼对花生生长发育和产量的影响[J].植物营养与肥料学报,2002,8(2): 299-233.
[48] 柳维扬,晏启文,王家强,等.钼对棉花养分叶绿素含量及光合生理特性影响[J].新疆农业科学,2011, 48(7): 1235-1239.
[49] 徐胜光,廖新荣,蓝佩玲,等.两种不同土壤上镁和微肥对豇豆营养品质和产量的影响[J].南京农业大学学报,2005, 28(2): 59-63.
[50] 甄志高,段莹,吴峰,等.Zn、B、Mo、Ca肥对花生产量和品质的影响[J].土壤肥料,2005,3: 48-50.
[51] 蔡永萍.植物生理学[M].北京:中国农业大学出版社,2008.
[52] 门中华,李生秀.钼对冬小麦硝态氮代谢的影响[J].植物营养与肥料学报,2005,11(2): 250-210.
[53] Venkatesan S, Ganapathy M N K. Impact of nitrogen and potassium fertilizer application on quality of CTC teas[J]. Food Chemistry,2004,84(33): 325-328.
[54] 秦亚光,王留兴,潘青霞,等.施钼对烤烟硝酸盐和亚硝酸盐含量的影响[J].河南农业科学,2008(7): 54-56.
[55] 孙智,郝秀梅.大豆籽粒脂肪及蛋白质含量与营养条件的关系[J].内蒙古农业科技,2004(6): 30-31.
[56] 魏文学,徐驰明,段明元,等.钼素营养与冬小麦籽粒蛋白质和氨基酸组成的关系[J].华中农业大学学报,1998,17(4):364-369.
[57] 曹卫星,郭文善,王龙俊,等.小麦品质生理生态及调控技术[M].北京: 中国农业出版社,2005.
[58] 孙学成,胡承孝,魏文学.钼肥对冬小麦脯氨酸及抗坏血酸含量的影响[J].三峡大学学报, 2001,23(5): 473-477.
[59] 闫晓燕,王艳丽,邱强,等.中、微量元素对大豆产量和品质的影响[J].吉林农业科学,2005,5: 42-45.
[60] 张学伟.化学调控对烤烟生理特性、化学成分及致香物质的影

响[D].河南农业大学,2010.

[61] 李余湘,张西仲,李章海,等.烤烟叶面喷施钼肥效应研究[J].贵州农业科学,2011,39(2):60-62.

[62] 甘巧巧.施钼对冬小麦钼酶、碳代谢相关酶类及细胞壁组分的影响[D].武汉:华中农业大学,2005.

[63] 常连生,韩志卿.锌钼微肥对鲜食油菜生长和品质的影响[J].河北科技师范学院学报,2005,19(3):20-25.

[64] 朱凤林.钼、硼对花椰菜产量及品质的影响[J].园艺学报,2005,32(2):310-313.

[65] Bowler C, Van Montagu M, Inze D. Superoxide dismutase and stresstolerance[J]. Annu Rev Plant Physiol Plant Mol Biol, 1992, 43: 83-16.

[66] 刘鹏,杨玉爱.钼、硼对大豆叶片膜脂过氧化及体内保护系统的影响[J].植物学报,2000,42(5):461-466.

[67] 聂兆君,胡承孝,孙学成,等.钼对小白菜抗坏血酸氧化还原的影响[J].植物营养与肥料学报,2008,14(5):976-981.

[68] 徐晓燕,李东亮,李卫芳,等.硼、钼对烟草膜脂过氧化及体内保护系统和钾吸收的影响[J].中国烟草学报,2002,8(2):6-10.

[69] Hudson J M, Heffron K, Kotlyar V, et al. Electron transfer and catalytic control by the iron-sulfur clusters in a respiratory enzyme, E. coli fumarate reductase[J]. J. Am. Chem. Soc., 2005, 127: 6977-6989.

[70] 孙学成.钼提高冬小麦抗寒力的生理基础及分子机制[D].武汉:华中农业大学,2006.

[71] 施木田,陈如凯.锌钼素营养对苦瓜产量、叶片多胺、激素含量与活性氧代谢的影响[J].热带亚热带学报,2004,12(3):247-251.

[72] Schwarz G, Mendel R R. Molybdenum cofactor biosynthesis and molybdenum enzymes[J]. Annual Review of Plant Biology, 2006,57:623-647.

[73] 王立克,洪法水.钼浸种对苜蓿硝酸还原酶活性及营养成分的影响[J].中国草地,1995,(6):37-38,61.

[74] 赵海泉，洪法水. 浸种对紫花苜蓿种子活力和产量的影响[J]. 中国草地，1998，1：74－79.

[75] 刘鹏，杨玉爱. 钼、硼浸种对大豆幼苗生理特性的影响[J]. 浙江大学学报，2003，30(1)：83－88.

[76] 施立善，盛丹丹，任艳. 钼肥拌种对花生产量及品质的影响[J]. 安徽农学通报，2009，15(11)：114－116.

[77] 郑承翔. 花生钼肥拌种的形态生理效应[J]. 湖北农业科学，1993(5)：34－35.

[78] 杨小霞，刘河忠. 春大豆钼肥试验初探[J]. 农村科技，2005(5)：16－17.

[79] 赵华建，林英杰，高芳，等. 铁、硼、钼肥不同施用方式对花生产量和品质的影响[J]. 山东农业科学，2011，2：53－56.

[80] 翁伯琦，黄东风，王义祥，等. 施用硼、钼肥对圆叶决明生长和叶肉细胞超显微结构的影响[J]. 亚热带资源与环境学报，2008，3(4)：31－36.

[81] Agarwala S C，Hewitt E J. Molybdenum as a plant nutrient IV：The interrelationships of molybdenum and nitrate supply in chlorophyll and aseorbie acid fraction in cauliflower plants grown in sand culture[J]. J Hurt Sci，1954，29：296－300.

[82] 张洪昌，段继贤，廖洪. 肥料应用手册[M]. 北京：中国农业出版社，2010：167－176.

[83] 蒂斯代尔，纳尔逊. 土壤肥力与肥料[M]. 北京：中国农业科技出版社，1998.

[84] 刘克峰. 土壤肥料学[M]. 北京：气象出版社，2001.

[85] 刘克峰. 土壤、植物营养与施肥[M]. 北京：气象出版社，2006.

[86] 杨克敌. 微量元素与健康[M]. 北京：科学出版社，2003.

[87] 陈耀邦. 中国土壤[M]. 北京：中国农业出版社，1995：958－983.

[88] 姜存仓，陈防. 棉花营养诊断与现代施肥技术[M]. 北京：中国农业出版社，2011.

[89] 刘铮，朱其清，徐俊祥，等. 中国土壤中钼的含量与分布规律[J].

环境科学学报,1990,1(2):182-188.
[90] 王荣萍,蓝佩玲,李淑仪,等.铜钼硅营养对苦瓜产量和品质影响的研究[J].土壤,2007,39(6):928-931.
[91] Jarvan M. Nitrate content in vegetables in relation to fertilizer application[J]. Agraarteadus,1995,6(3):257-277.
[92] 赵小英,刘明月,肖杰,等.氮钾钼对蕹菜硝酸盐积累和硝酸还原酶活性的影响[J].湖南农业大学学报,2003,29(3):239-241.
[93] Lyon B C,Beeson K C. Influence of toxic concentration of micronuttient elements in the nutrient medium on vitamin content of turnips and tomatoes[J]. Botanical Gazette,1948,109(4): 506-520.
[94] 韩冰,张菁华.钼的生物学作用及钼缺乏对生物体的影响[J].菏泽医学专科学校学报,2009,21(1):72-73.
[95] 武德传,陈永安,张西仲,等.黔南山地植烟土壤有效钼空间变异分析[J].云南农业大学学报,2012,27(6): 851-587.
[96] 武丽,李章海,叶文玲,等.钼胁迫对烟草光合荧光参数和叶绿体超微结构的影响[J].农业机械学报,2014,45(8): 262-269.

(a)

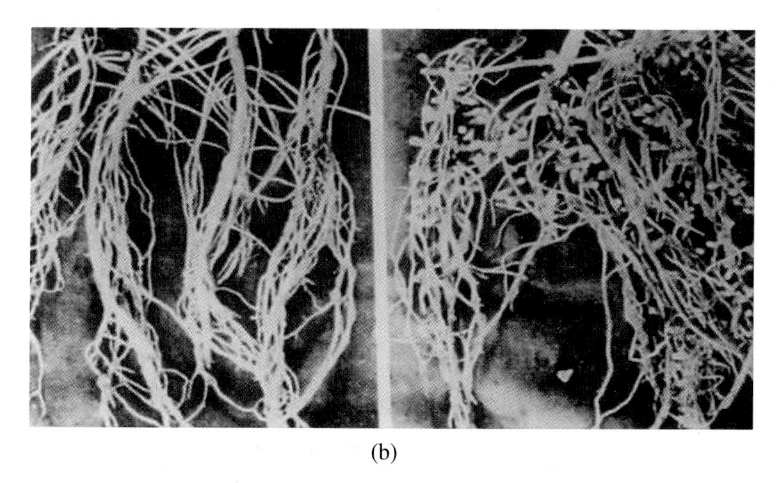

(b)

彩图1　大豆缺钼叶片和根系

(图(a)左一叶片正常,右三叶片缺钼。缺钼叶片褪绿,出现许多灰褐色小斑并散布全叶,叶片变厚、发皱,有的叶片边缘向上卷曲呈杯状)

彩图 2　花生缺钼叶片

（缺钼多发生在酸性土壤上，砂土尤甚。表现为全叶失绿或脉间失绿。花生缺铁失绿则多发生在碱性土壤上）

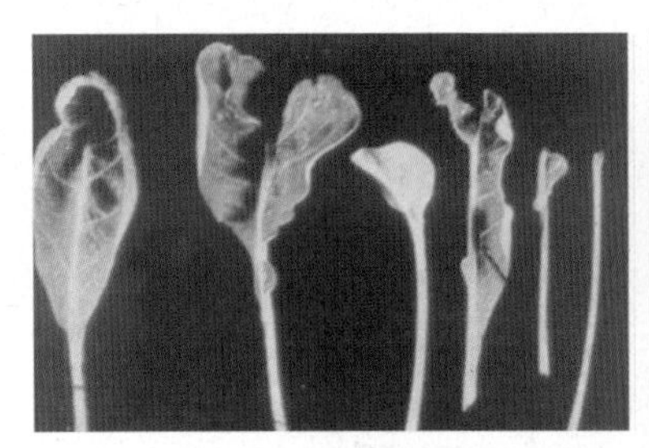

彩图 3　花椰菜缺钼叶片症状

（叶片扭曲，叶片面积减小，呈鞭尾状、杯状，叶尖和叶缘部分坏死）

彩图 4　苜蓿的缺钼症状

（缺钼叶片黄化，绿色的为正常叶片）

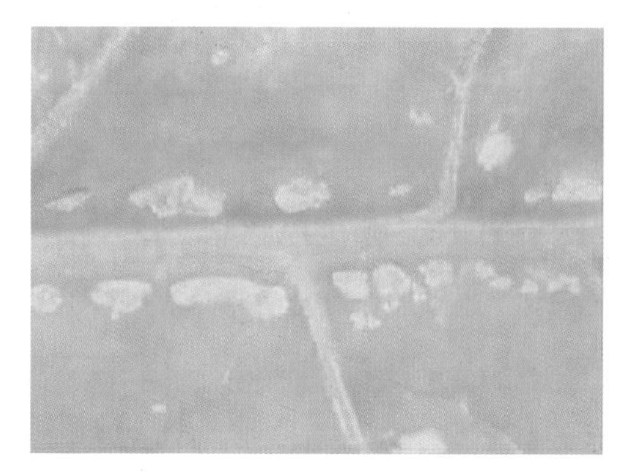

彩图 5　甜菜叶片缺钼症状

（沿叶脉出现显著坏死斑）

彩图 6　柑橘缺钼症状

彩图 7　小麦缺钼症状

彩图 8　番茄缺钼症状

(pH 为 4.0、无钼草炭上栽培。注意不要与缺铁和缺锰症状混淆)

彩图 9　菠菜缺钼叶片症状

(土壤有效钼含量为 0.04 mg/kg，pH 为 5.8。因缺钼，菠菜施用大量氮肥(18 g/m^2)后造成严重硝酸盐中毒症)

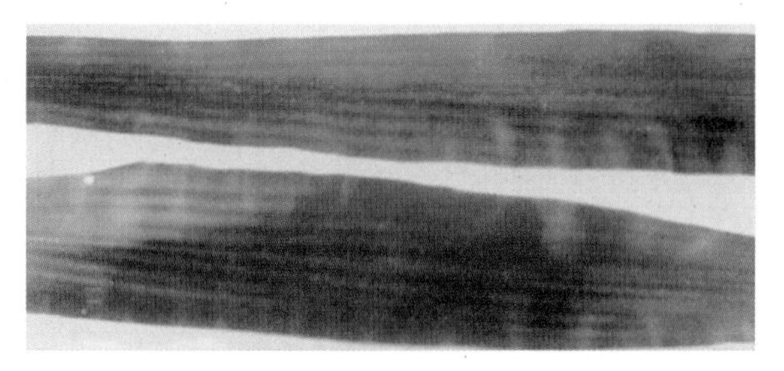

彩图 10　过量钼素营养液栽培的高粱叶片

（与缺磷症状相似）

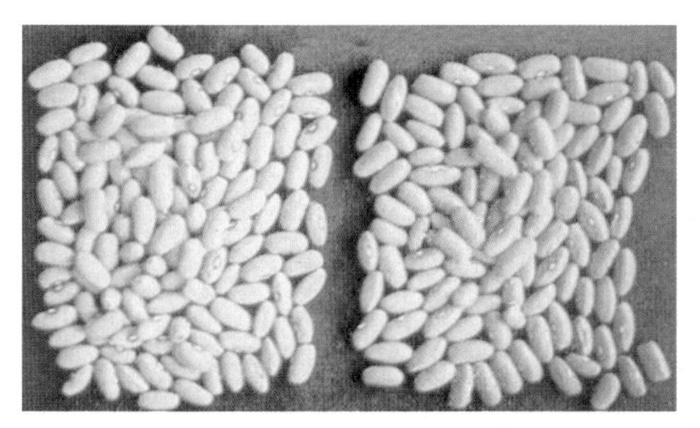

彩图 11　石英砂草炭土基质上栽培出的钼中毒菜豆种子

（菜豆种子为 Saxa 品种；每盆 960 mg Mo，呈深橘黄颜色；左为正常色）

彩图 12　盆栽紫花苜蓿钼中毒症

（大量施钼肥（300 mg/kg）造成，在施钼肥 100 mg/kg 时还能健康正常生长）

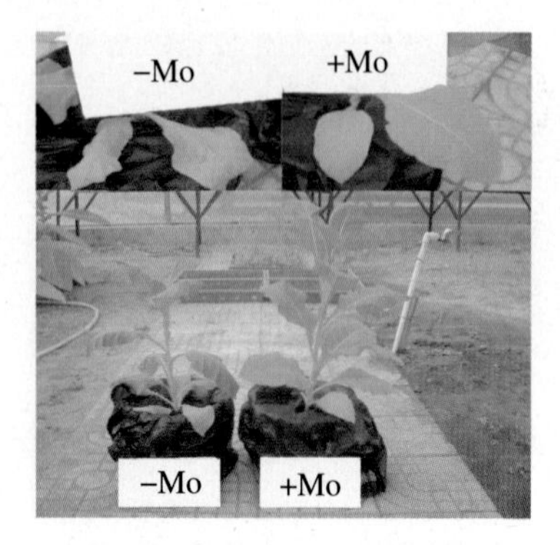

彩图 13　高温下缺钼烟草

彩图 14　中温下缺钼烟草

彩图 15　低温下缺钼烟草

彩图 16　田间缺钼烟草叶片上部叶出现黄斑

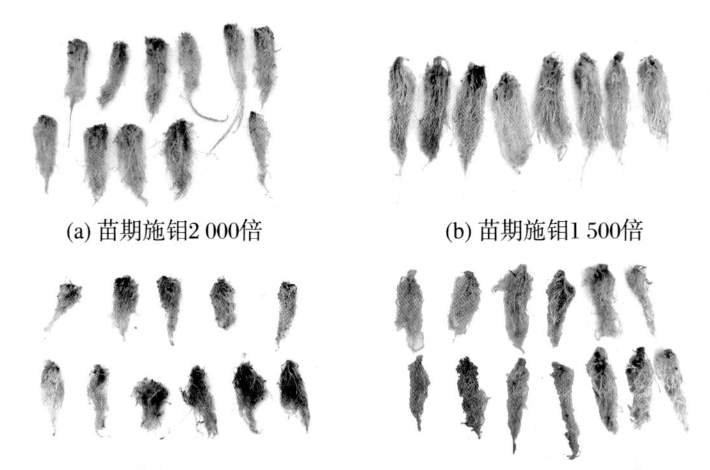

(a) 苗期施钼2 000倍　(b) 苗期施钼1 500倍

(c) 苗期施水　(d) 苗期施钼1 000倍

彩图 17　不同浓度钼肥对烟苗根系的影响

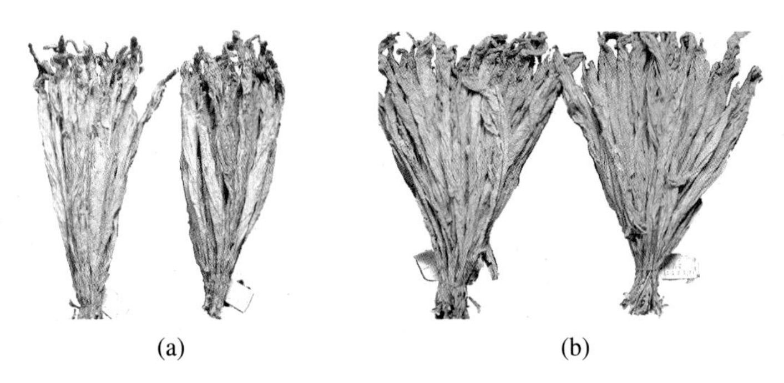

(a)　(b)

彩图 18　施钼对大田烟叶油分和杂色烟质量的影响

（各图中，左边为施钼，右边为未施钼）